KB266835

내일
날씨는
맑음

내일 날씨는 맑음

날씨의 장기 예측을
가능케 한
어느 기후학자 이야기

자가디시 슈클라 지음
노승영 옮김

반비

손녀 너태샤, 아스타, 아루시가
자신들이 물려받을 미래 기후에 적응하여
행복하게 살아가길 바라며

차례

일러두기

1. 모든 각주는 이해를 돕기 위해 옮긴이가 단 것이다.

2. 본문에 언급된 단행본이 한국에서 번역·출간된 경우 국내에 소개된 제목을 따랐다.

   원제는 국내에 출간되지 않은 경우에만 병기했다.

3. 영미식 도량형은 미터법으로, 화씨온도는 섭씨온도로 환산해 옮겼다.

4. 4부에 등장하는 IPCC 평가보고서의 용어는 기상청에서 번역한 한국어판을 따랐다.

들어가며 기후 101

나는 규모가 큰 대학에서 지구온난화를 가르친다. 수강 편람에는 '기후 101(기후학 입문)'이라고 나와 있는 과목이다. 해마다 첫 강의를 여는 질문은 간단해 보이지만 결코 간단하지 않다.

"밤이 되면 왜 추워지는지 아는 사람 손 들어보세요." 강의실의 거의 모든 학생이 손을 든다.

안달 난 학생을 가리킨다. 아주 기초적인 질문에 답하고 싶어서 좀이 쑤시는 듯한 얼굴이다. "해가 져서 지구가 햇볕을 받지 못하니까요." 매년 똑같은 답변이 돌아온다.

나머지 학생들은 동의한다는 듯 고개를 끄덕인다. 그들도 같은 생각이다.

나는 몇 점을 줘야 할지 고민하는 표정을 짓다가 말한다. "흠. 불완전한 답이니 B를 주겠네."

확신에 찬 얼굴들이 순식간에 어리둥절한 표정으로 바뀐다.

당신도 어리둥절할 것이다. 같은 답을 머릿속에 떠올렸을 테니까. 실제로 디너파티에서든 가족 모임에서든 새로 사귄 친구들과 대화를 나눌 때든, 내가 이 문제를 낼 때마다 거의 모두가 안달 난 대학 1학년생과 같은 답을 내놓는다. 틀린 답은 아니다. 경험적 관찰에 근거한 훌륭한 추측이다. 해가 하늘에 떠 있으면 따뜻하고 해가 지면 담요를 꺼낼 시간이다.

하지만 이게 전부가 아니다. 이 단순한 문제의 완전한 답을 알면 기후가 무엇이며 기후가 무엇 때문에 변화하는지 알 수 있다.

내가 학생들에게 말하듯 해가 지는 것은 분명히 정답의 일부다. 하지만 밤이 되면 왜 추운지 알려면 지구가 물리법칙의 지배를 받는 여느 물체와 마찬가지로 끊임없이 에너지를 잃고 있음에 주목해야 한다. 사람으로 가득한 방 안은 인체가 내뿜는 열 때문에 온도가 점점 올라간다. 지구도 인체와 같은 일을 한다. 낮에는 태양이 따뜻한 햇살을 지구에 쏟아부어 에너지 유실을 상쇄하지만 밤이 되면 지구는 계속해서 에너지를 잃는데 태양이 상쇄해주지 않으니 기온이 뚝뚝 떨어진다.

지구는 해마다 평균적으로 약 12경 2000조 와트의 에너지를 우주에 빼앗기는데, 태양으로부터 받는 에너지 양과 얼추 같다. 들어오는 에너지와 나가는 에너지의 균형이 지구의 평균 기후를 결정한다. 들어오는 에너지와 나가는 에너지가 1만 년 가까이 균형을 이루어 지구의 연평균 기온이 포근한 섭씨 14도를 유지한 덕에 생명이 생존하고 인류가 번성할 수 있었다.

금성에서는 이 균형으로 인한 연평균 기온이 섭씨 464도다. 금성이 태양에 더 가깝다는 걸 생각하면 놀랍진 않다. 하지만 행성이 태양으로부터 받아들이는 에너지 말고도 기후에 영향을 미치는 중요한 요인이 또 있다. 바로 대기의 화학조성이다. 금성은 이산화탄소(CO_2)가 대기의 95퍼센트를 차지하지만 지구는 약 0.04퍼센트에 불과하다. 적어도 **지금까지는** 그랬다.

지난 150년간 인류는 탄소를 흡수하는 숲을 벌목했으며 화석연료를 태워 주택을 난방하고 공장을 가동하고 차량을 구동하느라 전례 없이 많은 양의 CO_2를 대기 중에 배출했다. 온실의 유리 벽처럼 CO_2는 태양 에너지를 받아들이되 그 에너지가 지구를 떠나지는 못하게 한다. 그리하여 절묘하게 균형을 이루던 우리 기후는 순식간에 균형을 잃었다. 20세기에 대기 중 CO_2 농도가 증가하면서 지구의 평균 지표 온도가 섭씨 14도에서 15도로 상승했다.

이것이 기후변화라고 불리는 현상이다. 인간 활동으로 인한 기후변화는 관찰과 물리법칙에 의해 단단히 확립된 사실이다. 이 현상의 결과가 뚜렷해지고 있지만 앞으로 나아갈 길을 찾는 새 세대 과학자들의 역량도 뚜렷해지고 있다. 이것이 나의 주장이다.

1부
초기조건

하 나

벵골만 100~200미터 상공에서 비행기 앞 유리창에 금이 갔다. 창 밖 시커먼 바다 위로 흰 파도가 일렁거렸다. 암회색 구름은 수평선의 흔적마저 덮어버렸다. 총탄 같은 빗방울이 우리와 폭풍을 가르는 얇은 플렉시글라스를 두들겼다. 우리는 일렉트라 터보프롭 엔진 비행기에 타고 있었다. 업계에서는 '허리케인 헌터'라고 부른다. 일주일 동안 매일 우리가 추적할 수 있는 가장 강력한 몬순폭풍 속으로 곧장 파고들었지만 두려움을 느낀 것은 이번이 처음이었다.

나는 요아킴 퀴트너(Joachim Kuettner)를 흘끗 쳐다보았다. 독일의 대기과학자로, 우리 팀에서 가장 경험이 많은 대원이다. 전 세계를 누비며 현장실험에 잔뼈가 굵은 요아킴은 비행기에 탑승한 과학자 여섯 명과 조종사 사이에서 연락책을 자처하여 우리의 현재 좌표나 비행경로 변경 등의 메시지를 전달했다. 앞 유리창에 금이 갔으며 연료를 버리고 콜카타(당시 캘커타)로 회항할 거라고 침착하게 알려준 사람도 요아킴이었다. 일흔 살 먹은 얼굴의 주름살을 보면서 얼마나 걱정스러운 상황인지 읽어내려 애썼지만 그는 이마를 찌푸리지도 입술을 오므리지도 않았다.

우리의 공중 실험실에 탑승한 나머지 대원들을 훑어보았다. 날씨를 분석하고 모델링하는 데는 세계적으로 이름난 전문가들이었지만 다들 입을 열 엄두를 내지 못했다. 나의 인도인 파트너는 데브 라지 시카(Dev Raj Sikka)라는 과학자였는데, 책상 위에 꽉 쥔 자신의 손을 노려보고 있었다. 아침 내내 화면 위의 숫자에 대해 수다를 떨던 과학자 세 명도 데브 라지 바로 뒤에서 얼굴이 잿빛으로 변한 채 입을 닫았다. 우리는 일제히 똑같은 충동에 사로잡혀서는 승무원들이 가져다 놓은 바구니에서 망고와 바나나를 집어 들었다. 죽음을 앞두고서 한참 동안 딱히 할 일이 없었기에 껍질을 깐 과일을 시무룩하게 한입 베어 물었다.

불과 몇 분 전 우리는 모두 콘솔을 뚫어져라 쳐다보면서 각자 할당된 임무를 수행하고 있었다. 나는 1979년 하계 몬순 실험(Monsoon Experiment, 줄여서 모넥스(MONEX))의 수석 과학자로서 비행기의 항로를 추적하고 입력 데이터를 모니터링하고 낙하산에 장착한 작은 원통형 센서인 낙하존데(dropsonde)⚡를 또 하나 떨어뜨리라고 지시했다. 이 기구들은 하나씩 벵골만에 낙하하면서 방대한 데이터(고도, 기온, 습도, 기압, 풍속)를 수집하여 이를 비행기의 기록 장치와 탑승 과학자들의 컴퓨터 화면에 무선 신호를 통해 전송했다. 과학자들이 데이터 묶음을 뚫어져라 노려보는 동안 비행기는 강 위의 바위처럼 수평선에 늘어선 폭풍구름을 덜덜거리고 들썩거리며 통과했다.

비행기 본체도 노즈 및 동체 레이더, 여러 대의 카메라, 복사계, 그리고 구름을 꿰뚫는 레이저 탐침을 통해 정보를 수집하고 있었다. 그러는 동안 조종사는 날아다니는 실험실의 고도를 계속 낮추며 하늘을 여러 겹의 케이크처럼 반듯하게 켜켜이 저몄다. 마지막에는 수면과 하도 가까워서 물고기 마릿수를 셀 수 있을 정도였다. 하지만 창문에 금이 간 뒤에는 이 모든 근사한 장비와 새로 사귄 친구들 모두가 저 일렁거리는 물속에 처박힐지도 모른다는 생각이 들었다.

창밖으로 휘발유 줄기가 지나가는 광경을 쳐다보면서 내가 자란 시골 마을을 떠올렸다. 벵골만에서 차로 반나절이면 갈 수 있는 곳, 몬순폭풍의 위력을 난생처음으로 경험한 곳. 언젠가 내가 세상에서 가장 똑똑한 사람들과 한 비행기를 타고서 이 폭풍의 원인을

⚡ 기상관측 기계인 라디오존데의 일종. 비행기에서 낙하산을 붙여 떨어뜨려 비행 고도보다 낮은 대기의 기상 요소를 측정한다.

이해하려고 노력하게 될 줄은 꿈에도 몰랐다. 그때는 **자동차**라는 게 있는 줄도 몰랐다. 비행기는 말할 것도 없다. 해마다 우리 마을을 지나가는 폭풍은 밤중에 들판 가장자리에서 울부짖는 자칼만큼이나 수수께끼 같은 존재였다. 오면 오는 것이고 안 오면 안 오는 것이었다. 누구도 이유를 알려 들지 않았다.

모넥스를 위해 21개국 과학자들과 함께 콜카타에 머무는 몇 주 동안 많은 옛 친구와 친척들이 고향에서 찾아왔다. 만난 지 어찌나 오래됐던지 그들의 기억 속 나는 넝마로 만든 축구공을 차고 머리에 인 바구니에 소똥을 퍼 담던 맨발 소년이었다. 지금 나는 반짝거리는 구두와 넥타이 차림이었다. 나는 나사(NASA, 미국 항공우주국)에서 일했다. 옛 이웃들은 지금 내가 보여주는 새로운 미국식 삶에 예전의 나만큼이나 놀란 듯했다. 이제 서른다섯이지만 나는 여전히 시골 소년 같은 기분이었다.

아마도 이런 까닭일 것이다. 내가 몬순†을 연구하게 된 직접적 계기는 시골 마을에서 비가 사람들에게 얼마나 중요한지 두 눈으로 보았기 때문이다. 농부의 가족은 건조한 해에는 굶주렸으며 비가 너무 많이 와도 먹고살 길이 막막했다. 몬순강우를 예측하는 능력이 향상되면 이 농부들은 지금처럼 날씨에 휘둘리지 않을 것이다. 힘든 시기를 내다보아 파종 일정을 조정하고 재배 작물을 변경할 수 있을 것이다. 하지만 몬순은 너무나 불가사의했다. 무엇이 비

---

† 계절에 따라 주기적으로 일정한 방향으로 부는 바람. 계절풍이라고도 한다.

를 부르는지, 무엇이 폭풍의 세기에 영향을 미치는지 알 수 없었다. 모넥스는 지식의 커다란 빈틈을 메우기 위한 역사상 최대 규모의 시도였다.

그날 모넥스를 위해 데이터를 수집하던 비행기는 일렉트라만이 아니었다. 미국 해양대기청(NOAA) 소속 P-3과 나사 소속 CV-990도 자체 카메라, 레이더, 레이저를 장착한 채 고고도에서 대기를 조사했다. 인도양에서는 열여섯 척의 선박이 해수면 온도를 측정했다. 로켓존데(rocketsonde, 비행기에서 투하하지 않고 로켓으로 쏘아 올리는 센서)들이 폭풍 몰아치는 하늘을 뚫고 아치를 그렸다. 인도 동해안에 새로 지은 미(微)기상학 관측소들은 난기류를 기록했다. 기상관측 기구(氣球)들이 거의 매시간 하늘로 떠올랐다.

우리의 관측은 이번 하계 모넥스의 일부분에 지나지 않았다. 이미 아라비아해에서 2개월간 현장실험이 진행되었다. 남중국해 동계 모넥스에 참여한 과학자들은 벌써 본국 연구소에 돌아가 자신들이 수집한 데이터 보물 상자에서 의미를 끄집어내고 있었다.

놀랍게도 1979년 세계기상실험(Global Weather Experiment)의 깃발 아래에 진행된 지역별 실험은 모넥스 말고도 대여섯 건에 이르렀다. 세계기상실험은 수치예보라는 신생 분야를 발전시키기 위해 전 세계 대기·해양 관측값을 수집하려는 전례 없는 시도였다. 슈퍼컴퓨터가 점점 똑똑해진 덕에 수백만 건의 복잡한 계산을 단 몇 초 만에 해낼 수 있게 되자 계산 이면의 과학(기압, 바람, 산, 습도, 태양 복사, 구름양, 대기의 화학조성 등이 상호작용하는 방식)을 더 깊이 이해해야 할 필요성이 절실해졌다. 여름몬순 시기 벵골만 위의 하늘처럼 우리가 한 번도 데이터 수집을 시도하지 않은 장소에서 어마어마한 분량의 데이터를 수집하여 그 숫자들을 컴퓨터에 입력해야 했음은 말할 필요도 없다.

일렉트라가 돌풍에 들썩거리는 동안 나는 폭풍의 심장부를 응시하면서 비행기, 승객, 이 모든 귀한 데이터가 안전하게 육지에 도착할 수 있길 간절히 바랐다.

1961년 갓 당선된 케네디 대통령은 과학자문위원 제롬 위즈너(Jerome Wiesner)를 만나 예정된 유엔 회담에 대해 조언을 구했다. 케네디는 유엔에 제안할 근사한 새 프로젝트를 찾고 있었다. 냉전의 긴장이 고조되는 가운데 세계를 하나로 묶을 과학 사업이 필요했다. 그해 케네디는 의회에서 미국이 10년 안에 달에 사람을 보낼 것이라고 공언했다. 이제 그는 유엔의 정상들에게도 비슷한 도전을 제기하고 싶었다. 불신과 분열의 시대에 협력과 통합을 고취할 무언가를 내놓고 싶었다.

MIT에서 마이크로파 레이더를 개발하여 이름을 알린 전기공학자 위즈너는 대학 동료들에게 설문을 돌렸다.(그는 훗날 MIT 총장을 지낸다.) 인류가 다음번에 해결해야 할 시급한 과학적 과제는 무엇일까? 그는 이것이 궁금했다. 친구 줄 차니(Jule Charney)가 아이디어를 내놓았다. 세계기상실험이었다. 인류가 수백 년간 건설한 기상대 같은 기존 설비를 이용하는 데 더해 어느 때보다 멀리까지 관측할 수 있는 새 장비를 동원하여 1년간 매일 전 세계에서 날씨를 최대한 폭넓고 상세하게 관측한다는 것이었다.

당시 차니는 기상학 분야를 한창 혁신하고 있었다. 오랫동안 과학자들은 과거에 일어난 일을 기상예측의 바탕으로 삼았지만 차니는 슈퍼컴퓨터, 물리법칙, 초기조건(지금 이 순간의 대기 조건)만 가지고서 일기예보를 내놓았다. 오늘의 초기조건은 내일의 날씨와 모레의 날씨를 전적으로 좌우한다. 하지만 1961년은 위성이 지구 둘레를 돌기 전이었고 많은 나라가 본격적으로 일기예보 서비스에 투자하기 전이었다. 이런 필수 수치를 입수하기가 여전히 힘들었다. 차니는 세계기상실험을 일종의 과학 마라톤으로 구상했다. 관측을 더 많이 실시하여 초기조건을 더 정확히 파악하면 슈퍼컴퓨터의 일기예보 능력을 향상할 수 있음을 입증하려는 목표였다. 이런 사업은 수많은 사람의 삶을 개선할 뿐 아니라 인류에게 문화적·정치적 차이점보다 공통점이 많음을 전 세계인에게 상기시킬 터였다. 하긴 우리는 모두 같은 하늘 아래서 살아가니까.

위즈너는 차니의 말을 듣고서 좋은 아이디어임을 직감했다. 1961년 9월 25일 케네디는 유엔 평화유지군의 창설과 핵무기 실험 금지를 촉구한 뒤 "기상예측을 위해, 궁극적으로는 기상조절을 위해 모든 나라의 협력을 증진할" 것을 제안했다.

케네디의 연설로부터 몇 년 뒤 유엔 세계기상기구는 세계기상실험을 기획하기 시작했다.(차니실험이라고 부르기도 한다.)

이 야심 찬 사업을 조직하기까지는 20년 가까이 걸렸다. 그동안 지구상 거의 모든 나라가 기상관측 기술의 확대와 개선에 투자했다. 과학자들은 해양 모니터링의 빈틈을 메우기 위해 보트와 비행기에서 기상관측 부이를 내려보냈다. 상업 선박들에 기상관측 기기를 장착했으며 적도 바다에 연구선 마흔 척을 배치했다. 고층기상대 수백 곳에서 라디오존데를 하늘로 올려보낼 준비를 마쳤다. 정지궤도 기상위성 두 기가 지구 위 고정된 위치에 자리 잡았으며 극궤도 위성 여러 기가 약 800킬로미터 상공에서 지구를 공전하기 시작했다. 데이터를 기록하고 판독하고 분석할 수천 명의 과학자와 기관이 선발되었다.[1]

1979년 초 전 세계는 남극에서 북극까지 실제 기상을 관측하고 오늘의 조건이 내일의 조건으로 바뀌는 과정을 실시간으로 관측할 준비를 갖추어 빈틈과 추측을 어느 때보다 줄일 수 있게 되었으며, 지구 곳곳을 소용돌이치는 복잡계가 (매일 아침 현관에서 우리를 맞이하는) 기상 현상을 일으키는 과정을 더 속속들이 이해할 수 있게 되었다.

1979년 몬순을 연구하는 젊은 과학자이던 내게 세계기상실험은 가슴 두근거리는 기회였다. 지금 비행기에서 관측하고 있는 바로 그 몬순폭풍의 역학을 주제로 MIT에서 줄 차니의 지도하에 박사학위를 받은 것이 불과 3년 전이었다. 논문을 쓸 당시에는 지상에서 수집한 데이터에만 의존해야 했다. 입수할 수 있는 유일한 데이터였기 때문이다. 모넥스 벵골만 현장실험의 수석 과학자로 지명되었을 때 내 기분은 비유하자면 사탕 가게에서 사탕을 마음껏 집어

먹을 수 있게 된 아이도 아니었다. 사탕 가게 주인이 된 아이였다.

하지만 나를 흥분시킨 것은 몬순 연구만이 아니었다. 우리 분야의 많은 학자가 불가능하다고 치부한 가설을 입증하고 싶은 마음도 굴뚝같았다. 5~10일 뒤의 날씨를 예측하는 것에 더해 월평균과 계절평균을 예측할 수도 있다고 나는 믿었다. 장기 계절예측이 가능해지면 전 세계 사람들의 삶을 개선할 뿐 아니라 **목숨을 구할 수**도 있으리라는 생각이 들었다. 홍수를 예측하면 기근을 예방할 수 있다. 오락가락 변덕을 부리는 날씨가 사회의 가장 가난하고 취약한 사람들, 나와 어린 시절을 함께한 이웃 같은 사람들을 더는 덮치지 못하게 할 수 있다.

세계기상실험에서 기록한 방대한 데이터가 이 꿈에서 중요한 역할을 하리라는 것을 나는 똑똑히 알았다.

1979년 7월 대학과 연방 기관의 과학자, 학생, 비행기 승무원, 프로젝트 관리자, 기자, 기록원 등 약 150명이 한 달 일정으로 콜카타 공항 호텔에 모였다. 우리는 두 주간 현장실험 계획을 수립했으며 두 주간 흥미로운 몬순저기압이 형성되는 날마다 전세 비행기를 띄워 집중 관측을 실시했다. 매일 비행을 마치면 과학자들은 멋없는 회의실에 모여 지금까지의 모넥스 데이터로 작성한 기상도를 들여다보았다.(당시에는 기상도를 손으로 그렸다.) 무슨 일이 일어났고 왜 일어났는지 추측하고 이론을 세웠다. 앞으로 수년간 진행할 분석 작업의 워밍업이었다. 우리는 12개월이 조금 지난 뒤 다시 모여 모넥스에서 알아낸 것을 논문으로 발표하기로 했다.

그 한 달을 나보다 더 신나게 보낸 사람은 없을 것이다. 나는 몬순에 푹 빠진 과학자였으며 사랑하는 고국에 돌아와 있었다. 도심 길거리에 울려 퍼지는 힌디어 노래의 친숙한 박자, 뜨거운 기름과 빵 튀김 냄새, 억수같이 퍼붓는 시원한 몬순비까지 인도의 풍경과 소리를 다시 만나니 반가웠다.

세계기상실험 같은 복잡한 과학 사업은 실제로 해보면 기획 회의에서 구상한 것과 딴판이다. 콜카타에서 4주를 보내는 동안에도 당연히 사고, 갈등, 드라마가 끊이지 않았다.

비행기를 타고 있지 않을 때는 대부분 돌발 폭풍을 예의주시하면서 이튿날 비행경로를 짰다. 동료 과학자들과 나는 최대한 오래 하늘에 있고 싶었다. 지금 생각하면 우리를 태워달라고 조종사를 너무 들볶은 게 아닌가 싶다. 몇몇 동료는 전직 나사 조종사인 그가 지나치게 몸을 사릴지도 모른다고 경고했는데, 며칠 지나지 않아 우려는 현실로 입증되었다. 그는 승무원들에게 휴식이 필요하고 비행기를 매일 점검해야 하며 여건이 너무 열악하다고 말했다. 하지만 이런 핑계로도 우리의 비행 열망을 억누를 수는 없었다. 관측 인력과 장비를 쓸 수 있는 기간은 몇 주 되지 않았다. 예보의 내실을 다지고 논문을 쓰려면 매 순간이 중요했다.

더 안타까운 비극도 있었다. 연구가 소강상태에 접어들었을 때 우리 그룹의 구성원 몇 명이 콜카타 기상청을 방문하기로 마음먹었다. 그곳에서는 얼마 전 레이더 시스템을 설치하여 온갖 흥미로운 정보를 수집하고 있었다. 꼬불꼬불하고 콩나물시루처럼 비좁은 도심 길거리에서 기상청 건물을 찾는 일은 여러 시간이 걸리는 고역이었다. 콜카타 주민들이 엉뚱한 길을 가르쳐주는 선의를 베푸는 바람에 더더욱 애먹었다.(인도인은 너무 예의 바르기 때문에 도움을 청하는 사람에게 "몰라요."라고 말하는 법이 없다.) 마침내 기상청에 도착한 나의 과학자 친구들은 실망감을 감출 수 없었다. 레이더 장비가 꺼져 있었던 것이다. 그들을 맞이한 인도 기상학자들은 전자 기기인 레이더를 위해서 그랬다며 영문을 모르겠다는 표정으로 "레이더는 몇 시간씩 쉬게 해줘야 한다고요."라고 말했다.

한편 나는 도시를 관광하고 싶다는 우리 그룹 서구인들의 부탁을 들어주고 있었다. 문제는 그들이 도시를 보고 싶어 하는 만큼 도시가 그들을 반기진 않았다는 것이다. 당시 서벵골은 공산주의 치하에 있었으며 미국인 관광객은 입국 즉시 잠재적 스파이로 낙인찍혔다. 미국 대사관은 인도를 방문한 과학자들에게 남의 이목을 피하라고 권고했으며 나는 동료들에게 밤늦게 돌아다니거나 술집에 가지 말라고 신신당부해야 했다.

서운하게도 현장실험 초창기 어느 날 인류의 유익을 위해 격렬한 뇌우 속을 비행한 뒤 콜카타 신문들은 우리가 낙하존데와 연료를 벵골만에 떨어뜨렸다는 내용만 보도했다. 제목은 이랬다. "미국인들이 벵골만을 오염시키다."

케네디의 유엔 연설에서 세계기상실험에 이르는 18년간 많은 것이 달라졌지만 기술적 안목과 이를 조율하는 외교적 관계의 미비는 조금도 달라지지 않았다.

물론 금 간 유리창 문제도 빼놓을 수 없다.

약 10분간 조마조마한 심정으로 망고를 두어 개 먹고 나니 마침내 콜카타의 실루엣이 지평선에 나타났다. 비행기 옆면에서 콸콸 뿜어져 나오던 연료는 이제 찔끔찔끔 새는 수준이었지만 심장은 여전히 흉곽을 쿵쿵 두드렸다. 요아킴 말고는 모두가 겁에 질려 침묵했다.

세계에서 가장 높은 봉우리들의 정상에서 오랫동안 지내며 그 지형 위 기단의 움직임을 연구한 인물, 세일플레인을 타고 고약한 겨울 폭풍 속으로 돌진한 인물, 다름 아닌 앨런 셰퍼드*의 우주 비행을 준비시킨 인물인 요아킴은 약 오를 만큼 침착했다.

그가 웅웅거리는 엔진음 너머로 소리쳤다. "내가 기간트에 대해 얘기했던가?" 그랬다. 제2차 세계대전 때 요아킴이 항공기(당시 세계에서 가장 큰 기종이었다.) 시험 비행을 하는데 8000미터 상공에서 기체가 부서졌다는 이야기였다. 그 이야기를 다시 꺼내기에 안 성맞춤인 순간은 아닌 것 같았지만 요아킴은 내게 만류할 시간을 주지 않았다. "200미터쯤 남았을 때까지 낙하산이 안 펴지는 거야. 지금 생각하니 **구사일생**이었어!"

시야 가장자리에 다른 사람들이 불안한 눈빛을 주고받는 광경이 보였다. 나는 요아킴을 쳐다본 뒤 그들을 향해 조용히 고개를

⚡ 미국인 최초의 우주비행사.

끄덕였다. 요아킴이 힌트를 알아들었길 바랐다. 그가 구사일생 이야기를 하는 이유는 첫째, 자신이 살아남았기 때문이고 둘째, 우리가 이번에도 살아남을 수 있다는 희망을 심어주기 위해서였다. 하지만 요아킴 이야기의 해피엔드는 추락할지도 모르는 비행기에 타고 있는 승객들에게 위로가 되지 않았다.

그가 말을 이었다. "아, 1937년에 론 버저드도 있었지." 6700미터 상공까지 올라가 고도 세계 기록을 깬 오픈콕핏 글라이더 이야기였다. "발이 마비되고 손톱이 퍼레졌어. 해가 둘로 보이더라니까!" 요아킴이 독일식 너털웃음을 터뜨리며 말했다. "정신을 차리고 보니 온몸이 휘발유 범벅이더군."

바로 그때 조종사가(그날 아침에만 해도 심술궂은 훼방꾼 같았지만 지금은 수호천사처럼 느껴졌다.) 인터컴으로 착륙 준비를 하라고 말했다. 우리 여섯 명은 자리에 앉아 정면을 바라보았다. 바퀴가 활주로에 닿자 0.1톤짜리 근심이 어깨에서 미끄러져 내려갔다. 안도한 과학자들의 목소리가 기내에 울려 퍼졌다.

몇 시간 뒤 우리는 저녁 토의를 위해 호텔 회의실에 다시 모였다. 저녁 행사에서 쓸 기상도를 그리는 동안 데브 라지가 내 옆자리로 슬그머니 다가와 동료 과학자에게서 들은 얘기를 전해주었다. 일렉트라 터보프롭 비행기의 유리창은 일곱 겹으로 되어 있는데, 우리 비행기가 금 간 부위를 수리해야 하는 것은 맞지만 이날 비행에서 목숨을 잃을 위험은 전혀 없었다는 것이었다. 잠시 뒤 조종사 본인이 테이블에 모습을 드러냈다. 어리둥절하게도 그가 호주머니에서 신문 조각을 꺼내더니 내 앞에 내려놓았다. 기사 제목은 "슈클라의 소송이 기각되다."였다. (자세히 들여다보니 법정 투쟁을 벌이고 있는 슈클라라는 이름의 인도 정치인에 대한 기사였다.) 우리 조종사가 성화꾼 과학자들을 겁에 질리게 하고서 얼마나 흡족했을지 생각하니 미소가 절로 떠올랐다. 우리 둘 다 원하는 걸 얻었다는 생각이 들었다. 그는 비행기를 점검해야 한다는 자신의 주장을 입증했고 우리는 데이터를 손에 넣었으니까.

콜카타에서 일정이 끝났을 때 성대한 기념식이나 축하연은 전혀 없었다. 이제 우리는 수집한 데이터를 고개 처박고 분석하느라 여러 달을 보내야 한다. 장비를 이용해 대기에서 긁어내고 닦아내고 적셔낸 정보를 바탕으로 앞으로 몇 년간 100여 편의 논문을 써야 한다. 하지만 인도를 떠나 귀국하는 비행기에서 내가 아는 것은 이번에 해야 할 일을 완수했다는 사실뿐이었다. 이것은 승리였지만 여느 과학적 승리와 마찬가지로 잠잠하고 점진적인 승리였다. 손상을 입은 채 저공비행을 하는 비행기는 접어두자면 기후학자의 임무는 종종 이렇게 느껴졌다. 반드시 더 나은 답은 아니더라도 다음번을 위해 더 나은 질문을 찾으며 기계적으로 뚜벅뚜벅 나아가는 일.

직립보행을 시작한 뒤로 우리 인류는 통제권을 추구했다. 자연의 혼돈을 질서로 바꿀 방법을 모색했다. 역사에서 보듯 우리는 이 목표를 매우 성공적으로 달성했다. 열을 불로, 짐승을 가축으로, 황야를 식량으로 탈바꿈시켰다. 하지만 우리의 통제하에 들어오지 않은 것이 하나 있었으니 바로 날씨였다. 아주 최근까지도 인류는 무엇이 날씨를 일으키는지 전혀 이해하지 못했다. 예측은 어림도 없었다.

오늘날 우리는 휴대전화 앱을 열어서 오늘 무슨 옷을 입어야 할지 정하고, 뉴스를 검색해 야외 일정을 계획해도 될지 판단한다. 그렇기에 우리가 받는 정보(기온, 풍속, 강수 확률)가 슈퍼컴퓨터에서 풀어낸 수십억 개의 방정식과 끈질긴 철학자, 모험가, 과학자들의 수천 년에 걸친 노고 덕분임을 잊기 쉽다.

기원전 7세기에 인류 문명은 공식 일기예보를 시작했다. 인류의 가장 오래된 일기예보 기록 중 하나는 현대 이라크의 동굴에 보존된 고대 아시리아 점토판에서 발견되었다. 아시리아 왕 아슈르바니팔의 명령으로 점성술사와 마법사들이 진흙에 새긴 이 일기예보는 대부분 징조(이를테면 햇무리나 구름 모양)를 바탕 삼아 경고했다. 이런 식이었다. "남쪽에서 동쪽으로 번개가 치면 홍수가 날 것이다. 탐무즈* 달에 날씨 신의 목소리가 들리면 농작물이 잘 자랄 것이다."[2]

그 뒤로 수백 년간 일기예보는 대체로 이런 모습, 즉 징조를 토대로 힘겹게 얻은 지식이었다. 여기서 징조란 **경험적 관찰**의 옛날식 표현이다. A가 일어나고 B가 일어나는 일이 자주 생기면 A로부터 B를 예측할 수 있다. "해가 빛무리에 둘러싸이면 비가 내릴 것이다."와 같은 식이다. 우리 조상들은 **무엇이 일어나는지**는 알았지만 **왜 일어나는지**는 몰랐다.

예수가 이 땅에 내려왔을 즈음 사람들은 이런 규칙을 몇 가지 알고 있었다. 마태복음에서 예수가 말한다. "너희가 저녁에 하늘이 붉으면 날이 좋겠다 하고 아침에 하늘이 붉고 흐리면 오늘은 날이 궂겠다 하나니 너희가 날씨는 분별할 줄 알면서 시대의 표적은 분별할 수 없느냐."

한편 한나라 말엽 중국인들은 1년을 24절기로 나눴으며 그들이 고안한 역법 덕에 농부는 정확한 농사 시기를 알 수 있었고 모든 사람이 날씨와 관계된 명절을 기릴 수 있었다. 3월의 어느 한 날을 정해 봄소식을 알리는 게 아니라 우수, 경칩, 청명까지 두 주마다 다양한 방식으로 기념했다.

기원전 4세기 아리스토텔레스는 지진에서 무지개까지 모든 자연 현상이 (그가 '숨'이라고 부른) 찬 기체나 더운 기체의 결과라고 주장했다. 몇백 년 뒤 대(大)플리니우스는 특정 별

⚡ 메소포타미아 종교에서 믿는 풍요의 신.

자리가 나타나고 사라지는 것을 강우의 전조로 판단했으며 이후 기상점성술(astrometeorology)이 어찌나 널리 받아들여졌던지 크리스토퍼 콜럼버스는 1492년 아메리카 항해 중에 천체의 위치로 폭풍 날짜를 예측했다.

17세기 잉글랜드에서는 날씨가 궁금하면 『밴버리 양치기의 법칙(The Shepherd of Banbury's Rules)』을 들춰보았다. 저자가 오랫동안 들판에서 터득한 지식이 실려 있는 간략한 안내서다. 구름이 바위와 탑처럼 생겼으면 소나기가 내릴 것이다. 구름이 작고 둥글면 날씨가 화창할 것이다. 1827년 어느 대중용 백과사전에서는 치통이 생기거나 개미가 알을 개미집 위로 나르거나 촛불이 이글거리면 비가 온다고 설명했다. (오늘날은 이런 예측을 어림짐작으로 치부하지만 추측건대 소가 앉아 있는 모습을 보고서 비가 올 거라 생각하거나 그라운드호그가 겨울이 지나간 것을 어떻게 아는지 궁금해한 적이 많이들 있을 것이다.*)

1858년 워싱턴 DC의 스미스소니언박물관은 전국 일일 기상도를 로비에 전시했는데, 이 과학적 볼거리는 금세 방문객에게 인기를 끌었다.[3] 기상도 같은 따분한 것이 볼거리였다니 의아할지도 모르지만 21세기 사람들에게 날씨보다 흔한 이야깃거리가 있던가? 인류가 돌판에 일기예보를 새긴 지

<hr>

* 소가 앉아 있으면 비가 온다는 속설이 있으며 그라운드호그가 겨울잠에서 깨어 굴에서 나왔다가 제 그림자를 보면 봄이 안 왔다고 생각하여 다시 굴에 들어간다는 속설이 있다.

1000년 넘게 지난 오늘날 우리는 **여전히** 날씨에 매혹된다. 날씨가 우리의 존재를 거울처럼 비추기 때문이다. 날씨와 인간 둘 다 감탄스러우면서 무시무시하고 반복적이면서 변덕스럽고 필연적이면서 불가해하다.

우리가 날씨의 **왜**를 알아내기 시작한 기간은 지난 100년 남짓에 불과하다. 징조와 관찰에서 벗어나 왜 바람이 불고 눈이 내리는지를 수학과 물리학을 바탕으로 더 동적으로 이해하게 되었다. 20세기 중반이 되자 인공위성과 슈퍼컴퓨터 같은 신기술이 기상학 분야에 혁명을 일으켰으며 우리 분야의 과학자들은 날씨의 원인을, 더 나아가 날씨를 예측하는 방법을 마침내 터득하기 시작했다.

둘

내가 자란 외딴 마을에서는 날씨가 닥치기 전에 예측할 방법이 없었다. 1979년 7월 성난 벵골만 상공으로 비행기가 저공비행을 하던 때로부터 30년 전, 800킬로미터 떨어진 곳에서의 일이다. 네팔 국경에서 멀지 않은 작은 벽촌 미르다에는 라디오도, 신문도, 책도 없었다. 우리는 계절을 달력 삼고 태양을 시계 삼았다.

날씨에 대한 이해는 원시적일지언정 날씨와의 관계는 친밀하고 깊고 유구했다. 우리 삶에서 날씨가 눈에 띄는 동반자가 아닌 적은 한순간도 없었다. 때로는 흥겨운 집주인이 되어 보송보송한 흰 구름 아래 넘실거리는 들판에 누우라고 권했다. 때로는 격노한 부모가 되어 가뭄이나 무시무시한 열기로 우리를 벌했다. 하지만 어느 쪽이든 힘을 가진 편은 언제나 날씨였다.

튼튼한 석유 등잔이 없었기에 우리는 폭풍 치는 저녁을 칠흑 같은 어둠 속에서 견뎌야 했다. 날씨의 변덕에 따라 나의 초등학교 수업은 해가 나면 바니안나무의 거미줄 같은 가지 아래서, 비가 내리면 건초가 널브러진 외양간 바닥에서 진행되었다. 혹한의 겨울 아침 어른들이 집안일을 하는 동안 우리 같은 애들은 밖에 나가 집의 동쪽 벽에 등을 대고 턱을 하늘로 쳐들었다. 두프 카 라헤 하인. 직역하면 햇살을 먹는다는 뜻이다. 몬순을 앞둔 건기에는 흙먼지도깨비(dust devil, 해를 가리는 거대한 흙먼지 벽)가 기병의 함성과 함께 마을로 불어닥쳤다. 마을 사람들은 폭풍을 피해 집 안으로 뛰어 들어갔다. 나무를 쓰러뜨리고 지붕을 날려버릴 만큼 거센 폭풍이었다. 하지만 어린 소년에게는 망고 숲 피난처에서 바람과 돌 부스러기의 혼돈에 맞서 용기를 시험하는 통과의례였다. 칼리 안디(검은 폭풍)에게 거둔 승리는 서리한 과일로 축하했다. 자욱한 흙먼지 기둥이 서리 장면을 가려주었다.

몬순비가 내리기 시작하는 날은 그해 가장 행복하고 중요한 날이었다. 첫 몬순이 찾아오기까지 몇 주간 마을 사람들은 주식 투자자처럼 예측을 주고받았다. 서늘한 산들바람. 철새의 이주. 축축한 냄새. 순전히 찰나적인 것들이 추측의 근거였다. 인근 마을의 사제가 가진 판창(인도 농부가 쓰는 일종의 농사력)에는 천체 위치에 바탕을 둔 몬순 예보가 실려 있었다. 때로는 이 예보에 대한 소문이 소달구지 탄 방문객을 통해 미르다에 전해지기도 했다.

나머지 사람들은 하늘을 읽는 눈썰미를 기르고는 마냥 기다렸다. 특히 농부들은 만반의 준비를 갖추고 있었다. 첫 빗방울은 일종의 신호총이라 한 방울 떨어지는 순간 논으로 달려가 자신의 생계가 걸린 볍씨를 뿌렸다. 허위 경보일 때도 많아서 거대한 폭풍만 몰아치고 비는…… 오지 않았다. 이 속임수에 속아 넘어가면 파멸이 기다리고 있었다. 쌀이 없고 쌀을 살 돈도 없었다. 그래서 많은 사람은 한쪽 눈을 구름에, 한쪽 눈을 마을에서 가장 잔뼈 굵은 농부에게 향하고 있었다.

기다림은 고역이었다. 메뚜기가 들판에 남은 것을 싹쓸이했다. 꽃은 가뭄에 못 이겨 축 늘어졌다. 나무는 속이 빈 가지를 달가닥거렸다. 온 세상이 적막했다.

마침내 하늘이 열리면, 첫 빗방울 소리가 붉게 갈라진 땅을 둔탁하게 내리쳤고 할 일은 딱 하나였다. 밖에 나가서 기쁘고 의기양양하게 흠뻑 젖으라! 친구들과 내가 물이 붇는 웅덩이에 뛰어드는 동안 주위 세상이 순식간에 변했다. 사방에서 새의 노래가 울려 퍼졌고 모기들이 난데없이 나타났다. 진흙과 진창과 수렁과 진구렁이 온 땅을 뒤덮으면서 길과 비탈이 쓸려 내려갔다. 금세 모든 것이 갈색에서 초록색으로 바뀌었으며 벼 싹이 줄지어 솟아올랐다. 다시 한번 우물물이 가득 차 찰랑거렸다.

나중에는 이 모든 비의 신기함이 가시고 끝없는 폭풍우가 마을을 휩쓸었다. 급기야 맨발이 영영 마르지 않을 것만 같았다. 우리가 기다리고 기대하고 기도한 몬순은 눈치 없이 눌러앉은 손님이 되었다. 이제 우리는 몬순이 끝나길 기다리고 기대하고 기도했다. 건기를, 건기 축제를 갈망했다.

하지만 더 나쁜 상황은 비의 신들께 아무리 기도를 올리고 하늘을 올려다보며 뇌운으로 검게 물들길 아무리 바라도 몬순비가 찾아오지 않는 때였다. 수카, 수카. 다들 이 말뿐이었다. 메말랐어, 너무 메말랐어. 온 세상이 목말랐다. 땅은 아가리를 쩍쩍 벌린 채 해갈을 갈구했다.

기쁨과 슬픔, 고통과 위로—모든 것이 날씨에 달렸다. 날씨는 누구에게도 굴복하지 않았다. 날씨는 땅의 신이었다. 불가해한 만큼이나 불가항력이었다.

해마다 몬순비가 오거나 오지 않음에 따라 우리 가족과 마을 사람들의 삶이 달라졌다. 뇌우가 들판에 울려 퍼지는 몬순 극성기에 우리는 집 안에 옹송그린 채 담요와 깔개를 덮었다. 하지만 마을 주민 대다수인 극빈층에게 몬순비는 바깥일만이 아니었다. 초가지붕 틈새로 스며든 빗물은 옷, 잠자리 깔짚, 아이들의 머리카락을 몇 달간 적셨다. 우리 가족은 가문 해에도 식량 비축분이 있었다. 아버지가 학교 교사인 덕분에 큰 마을에 가서 식량을 사 올 수도 있었다. 하지만 마을 사람 대부분은 가문 해를 대비해 식량을 쟁여둘 여유가 없었다. 하루하루 입에 풀칠하기도 바빴다. 가뭄이 들면 비쩍 마른 이웃들의 얼굴에는 절망이 감돌았고 하인들의 눈에는 굶주림이 서렸으며 뼈만 앙상한 소들은 젖이 말랐다.

우리가 누린 복은 대부분 운이었다. 우리는 인도 사회의 최상위 계층인 브라만이었다. 아버지와 그의 쌍둥이 형제는 미르다에서 태어난 슈클라 가문 6대손이었다. 두 사람은 여덟 살에 이웃 마을 브라만 가문의 자매 둘과 결혼했다. 듣자 하니 기나긴 종교 의식을 치르는 동안 사내아이 둘 다 잠들었다고 한다. 여러 해가 지나도록 첫 결혼에서 아들이 생기지 않자 아버지는 두 번째 아내와 결혼했다. 어느새 30대 중반이 되어 대부분 하얘진 머리를 결혼식을 위해 검게 염색했는데 마을에서 처음이었다고 한다. 내가 어릴 적 나이 든 마을 어른들은 이 일을 농담거리로 삼았다.

우리는 아버지, 아버지의 두 아내, 나의 여동생 둘, 형 그리고 나까지 모두 함께 커다란 흙집에서 살았다.(다른 둘은 아기 때 죽었다.) 나는 형 마헨드라보다 2년 뒤에 태어난 차남이었다. 아버지의 첫째 아내는 '큰어머니', 둘째 아내는 그냥 '어머니'라고 불렀다. 두 여자는 대부분의 시간을 수다 떨며 설거지하고 밥하면서 함께 보냈다. 우리는 매일 차파티나 밥을 달과 함께 먹었다.[*] 제철에는 오크라나 가지를, 아닐 때는 감자와 양파를 곁들였다. 브라만이어서 육류, 생선, 달걀은 결코 먹지 않았다. 아버지의 쌍둥이 형제는 열한 명의

---

[*] 차파티는 발효하지 않은 통밀 납작빵이고, 달은 렌틸콩과 향신료가 들어간 인도 커리의 일종이다.

자녀와 많은 손자녀와 함께 옆집에서 살았다. 그래서 우리 집은 언제나 북적거렸으며 요리하는 냄새가 가시지 않았다. 돌이켜 보면 무척 부당했지만 아들인 마헨드라와 내가 먼저 양껏 먹고 나서야 두 여동생이 남은 음식을 먹었다.

분명히 말할 수 있는데, 어머니 등 뒤에는 후광이 비쳤다. 손목에 찬 색색의 팔찌만큼이나 뚜렷했다. 어머니는 걸인이 찾아오면 늘 문을 열고 음식과 담요를 선뜻 내어주었다.(그때 어머니의 얼굴에 감도는 기쁨을 보면서 남을 돕는 일이 행복에 이르는 가장 확실한 길이라고 생각하게 되었다.) 식사가 끝날 때면 우리가 얼굴과 손을 닦을 수 있도록 사리▸ 끝자락을 내어주었다. 어머니 어깨에 늘어뜨린 흰색 무명은 늘 강황과 카레의 주황색으로 물들어 있었다.

그와 반대로 아버지는 매우 권위적이고 엄격했다. 집에 없을 때가 많았지만(당시 집안 남자는 언제나 밖에서 잤다. 여성, 심지어 아내와도 너무 많은 시간을 보내면 사내 취급을 받지 못했다.) 행여나 집에 들어오면 나의 형제자매와 사촌들은 벌레처럼 사방으로 흩어졌다. 아버지가 두려웠다.

아버지는 5킬로미터쯤 떨어진 큰 마을에서 학생을 가르쳤다. 4헥타르의 농지에 월급까지 받았으니 우리 가족은 다른 사람들에 비해 넉넉했다. 대부분의 마을 사람들은 땅이 없었으며 오두막에

▸ 인도의 여성들이 입는 민속 의상. 바느질하지 않은 한 장의 기다란 비단이나 무명을 허리에 감고 어깨에 두르거나 머리에 덮어씌워 입는다.

서 잤다. 아버지는 자전거를 사서 매일 일터에 타고 다녔는데, 미르다에서는 누구도 보지 못한 문물이어서 많은 이들이 모여 감탄했다. 아버지는 마을에서 시계를 가진 유일한 사람이자 글을 읽을 줄 아는 몇 안 되는 사람 중 하나였다. 수 킬로미터 떨어진 곳에 사는 사람들이 편지를 우리 집에 가져오면 아버지는 그들에게 내용을 읽어주었다.

나는 부모님을 기쁘게 해드리고 싶은 마음이 간절했다. 서리한 망고 중에서 가장 좋은 것들은 부모님 몫으로 떼어두었다. 마헨드라는 늘 말썽을 일으켰지만 나는 규칙을 따르고 사촌들과 좀처럼 싸우지도 않고 말대답은 결코 하지 않았다. 여덟 살이 되었을 때는 가정사제가 되겠다고 자원했다. 일찍 일어나 바깥 우물에서 몸을 씻고 기도실의 기' 등잔에 불을 켜는 것이 임무였다. 브라만 가문은 모두 집에 기도실이 있었는데, 선반이 힌두교 신의 신상과 초상화로 빼곡했다. 우리 기도실은 작고 어두웠으며 백단향 향냄새가 진하게 풍겼다.

나는 아침마다 조심조심 기도실에 들어가 선반에 앉은 황금 신상 앞 작은 기 등잔에 불을 켜기 시작했다. 언제나 맨 처음은 사람 몸에 코끼리 머리가 달린 가네샤였다. 그다음 신들의 순서를 따라 내려가며 기도문을 암송했다. 하도 익숙해져 태어날 때부터 알고

✦ 인도의 주요 식용유로, 물소 따위의 젖으로 만든 버터를 녹여서 체로 걸러 만들며 조명 연료로도 쓴다.

있던 것 같았다. 파란색 얼굴에 분홍색 혀를 내민 파괴의 여신 칼리를 빠르게 지나치고 배움의 여신 사라스바티 앞에서는 좀 더 머물렀다. 사라스바티는 네 개의 손에 묵주, 책, 현악기, 물 항아리를 든 모습이었다. 촛불을 전부 켜고 향을 태우고 나면 눈을 감고 기도했다. 기도실은 진한 향으로 가득했다. 이 예식을 끝낸 뒤에야 어머니가 아침 식사를 준비하기 시작했다.

나의 우주는 매우 행복하고 아주 작았다. 마을 바깥의 세상이 얼마나 큰지 전혀 감이 없었지만 실마리가 머릿속으로 기어들기 시작하는 순간들은 있었다.

마을 밖으로 이어지는 흙길에 혼자 있던 어릴 적 어느 날이었다. 느닷없이 땅이 흔들리더니 거대한 회색 짐승이 지평선에 나타났다. 혼자이던 나는 겁에 질려 큰 소리로 울부짖기 시작했다. 코끼리에 타고 있던 조련사가 나를 다독였다. 흙바닥에 웅크린 내게 "그냥 비키면 돼."라고 말했지만 몸이 딱딱하게 굳어 말을 듣지 않았다. 그렇게 크고 웅장한 것은 한 번도 본 적이 없었다. 코끼리는 점점 가까이 다가왔다. 흰 엄니가 창처럼 앞으로 튀어나와 있었다. 나는 더 요란하게 울었다. 마지막 순간 조련사가 코끼리의 방향을 틀어 나를 비켜 갔지만 하도 가까워서 코끼리 발아래 돌멩이 부서지는 소리가 들릴 정도였다. 그 뒤로 코끼리가 나를 쫓아오는 악몽에 시달렸다.

미르다에서 남쪽으로 15킬로미터가량 떨어진 대도시 발리아에 처음 갔을 때는 더더욱 놀라운 것들을 접했다. 우리 가족이 소달구지를 타고 그곳에 간 이유는 '문다나'에 참석하기 위해서였다. 문다나는 어린아이의 머리카락(전생의 죄를 상징한다.)을 처음으로 깎아 신들에게 바치는 성스러운 힌두교 예식이다. 누구의 문다나였는지는 기억나지 않는다. 아이의 성긴 머리카락을 인도에서 가장 성스러운 강인 갠지스강에 던져 넣는 광경을 우리 가문의 여러 여자와 아이들이 보러 갔다는 것만 떠오른다. 내가 **똑똑히** 기억하는 것은 기차다.

도시 외곽을 가로지르는 철로 위를 기차가 우렛소리를 내며 지나가자 달구지에 탄 아이들은 전부 넋이 나갔다. 무시무시한 소리와 함께 주변의 모든 것이 덜덜거렸다. 이런 광포함은 하늘에서밖에 본 적이 없었다. 기적이 울리자 아이 몇몇이 울음을 터뜨렸다. 그날 밤 기차의 굉음이 머릿속에서 메아리치는 바람에 많은 아이들은 잠을 이루지 못했다. (그 뒤에는 믿기지 않는 마술을 목격했다. 어떤 사람이 우리에게 새 천장용 팬을 보여주었는데, 벽에 붙은 스위치를 올리자 팬이 돌아갔다!)

커다란 트럭이 마을의 흙길을 따라 달리던 그날, 나는 기차를 떠올렸다. 대부분이 자동차를 본 것은 그때가 처음이었다. 많은 아이가 트럭을 뒤따라 달리며 모터오일의 야릇한 냄새와 트럭 꽁무니에 이는 먼지구름에 경탄했다. 마치 칼리 안디 같았다. 다만 이 검은 폭풍은 평범한 인간의 명령에 따라 움직이는 듯했다.

거대한 코끼리를 다루는 사람, 방을 바람으로 채우는 사람, 큰 힘을 들이지도 않고 굉음을 내는 기차와 트럭을 모는 사람. 그때까

지만 해도 길들일 수 없어 보이던 자연에 인간이 어떻게 힘을 휘두
를 수 있는지 처음 엿보았다.

미르다에서 몬순은 한낱 자연 현상이 아니었다. **모든 것이었
다**. 통치자이자 신의 선물이자 축일이자 공통어였다. 하지만
그때는 몬순이 왜 오는지, 왜 안 오는지 전혀 몰랐다. 우리의
흙투성이 작은 마을에서 수백 킬로미터 떨어진 곳의 힘들이
몬순의 도착을 알린다는 사실도 알지 못했다.

'몬순'은 '비'를 뜻하지 않는다. '폭우', '홍수', '급류'도 아니다.
몬순이 몬순인 것은 물보다는 바람과 훨씬 큰 관계가 있다.

'몬순'이라는 낱말은 일상적으로 쓰이긴 하지만 원래는 '계
절'이나 '철'을 뜻하는 아랍어 '모심'에서 왔다. 몬순은 가장 강
한 바람인 탁월풍의 방향이 계절에 따라 역전되는 현상이다.
여러 달 지속되는 호우를 비롯하여 몬순과 주로 관계된 기상
현상을 바로 이 역전이 일으킨다. 하지만 마른몬순도 있다.

지구상에서 대체 무엇이 바람의 방향을 뒤바꾸는 걸까?
범인은 지구 자체다.

집, 빌딩 숲, 테니스장 아래에 놓인 땅은 플라스틱 덩어리
처럼 고정불변해 보이지만 실은 계절과 자전축 기울기에 따
라 가열되었다 냉각되었다 하면서 끊임없이 변형을 겪는다.
온도 변화는 기압 변화로 이어지고 이는 다시 풍향에 영향을
미친다.

공기는 기압이 높은 곳에서 낮은 곳으로 늘 움직이려 하지

만 지구의 자전 때문에 그 경로는 결코 직선이 아니다. 상쾌한 바닷바람에서 뼈 시린 겨울 돌풍에 이르기까지 바람을 만들어내는 것은 이 공기 움직임이다. 몬순은 땅이 데워져 저기압대가 형성될 때 생긴다. 그러면 습기를 머금은 바람이 바다에서 저기압으로 끌려든다. 습한 공기가 상승하여 냉각되면 공기 중의 수증기가 응결하여 구름을 형성하고 우리가 '몬순'이라는 낱말과 연결 짓는 큰비가 되어 내린다.

몬순이 시작되고 3개월 뒤 더운철이 끝나 땅이 바다보다 빠르게 냉각되면 바람 방향이 다시 한번 바뀐다. 겨울몬순은 땅의 습기를 가져가기 때문에 하늘이 맑고 기온이 낮고 날씨가 건조해진다. 이것이 마른몬순이다.

세계 인구의 60퍼센트인 수십억 명이 몬순지대에 산다. 이곳의 식수, 수력 발전, 농사는 전부 몬순이 해마다 찾아오는지, 얼마나 강한지에 달렸다. 하지만 그중에서도 가장 유명한 몬순의 왕은 인도의 여름몬순이다.

인도아대륙이라는 커다란 땅덩어리가 드넓은 인도양 북쪽에 자리 잡은 독특한 지리적 요인이 인도 몬순의 원동력이다. 봄철에는 땅과 바다가 둘 다 엄청나게 가열된다. 바람이 남동풍에서 남서풍으로 바뀌면 바다에서 막대한 물이 증발하여 바람에 끌려들어간 채 인도를 가로지른다. 습기를 머금은 이 공기가 결국 맞닥뜨리는 것은 커다란 벽돌벽처럼 인도 북쪽 국경과 나란히 뻗어 있는 히말라야산맥이다. 더는 갈 데가 없어진 공기는 상승하여 구름으로 응결해서는 몇 달간 무지막지한 비를 억수같이 뿌린다.

인도에서는 인구의 절반 가까이가 농업에 종사하고 몬순비로 경작지 대부분을 관개하므로[1] 몬순이 나라와 개인의 경제적 안녕에 지대한 영향을 미친다. 어찌나 지대한지 몬순은 인도의 진짜 재무장관으로 불렸으며 몬순가뭄으로 흉년이 들면 자살률이 치솟는다.[2]

근심 어린 표정으로 하늘을 올려다보는 사람들을 묘사한 그림, 폭풍구름을 부르는 민요 가락, 반가운 몬순비가 내리는 동안 사랑하는 이와 떨어져 있어야 하는 쓰라린 고통을 그린 시에서 드러나듯 인도 몬순은 이 나라의 민담, 문학, 예술에도 스며들었다. 실제로 인도 음악에서 가장 흔한 주제 중 하나는 우기에 연인과 함께 있고 싶다는 바람이다. 많은 인도 궁전에는 귀족이 억수 같은 비와 자신의 하렘 여인들을 한꺼번에 즐길 수 있는 전용 발코니가 있다. 심지어 검은 머리카락, 번개처럼 밝은 눈 같은 인도의 미인 기준에도 폭풍우에 대한 인도 문화의 선호가 반영되어 있다. 서구에서는 사람들이 햇빛과 은빛 구름 가장자리를 찾으려 한다.⚡ 이에 반해 인도에서 사람들에게 가장 큰 희망을 선사하는 것은 몬순 바람이 불러들인 비구름의 자비로운 그림자다.

⚡   둘 다 희망을 상징한다.

셋

인도에는, 적어도 내가 어릴 적 인도에는 소젖 짜는 광경과 실제 소젖을 보면 여행을 무사히 마치고 목적을 달성할 수 있다는 미신이 있다.

일곱 살 때 아버지와 함께 발리아로 떠났다. 평판이 아주 좋은 공립학교에서 4학년 과정을 시작할 예정이었다. 그 주에는 학교 기숙사에 묵기로 되어 있었다. 그렇게 나는 아버지 자전거의 뒷자리에 올라탔다. 꼭 움켜쥔 작은 가방에는 몇 안 되는 소지품과 깨끗한 쿠르타' 두 벌, 매일 입는 (파자마처럼 생긴) 흰색 면바지가 들어 있었다.

속이 거북했다. 가고 싶지 않았다. 어머니와 사촌들이 있는 마을에 머물고 싶었다. 하지만 아버지를 자랑스럽게 해드리고 싶은 마음도 간절했다. 자전거가 흙길을 달려 마을을 나설 땐 눈을 부릅떴다. 바람이 눈물을 말려주길 바라면서.

고작 2킬로미터 남짓 갔을 때 아버지가 느닷없이 흙바닥에 발을 디뎌 자전거를 세웠다. 아무 말도 없었다. 그러더니 몇 초 뒤 무슨 영문인지 자전거를 180도 돌렸다. 나는 뭐가 길을 막고 있는지 보려고 흙길을 내다보았다. 아버지가 자전거를 다시 돌렸다. 나는 고개를 돌려 우리가 왜 발이 묶였는지 알아내려고 더 멀리까지 내다보았다.

아버지의 등 근육이 팽팽해지는 게 느껴졌다. 아버지가 소리쳤다. "소 안 볼 거냐?"

화들짝 놀라 아버지가 쳐다보는 방향을 바라보았다. 그때 길가에 기우뚱하게 서 있는 작은 외양간이 보였다. 소와 젖 짜는 농부가 보였다. 들통에 담긴 젖이 보였다.

나는 어렸다. 사람들이 이 장면을 길조로 여긴다거나 효험이 있으려면 우연히 봐야 한다는 걸 몰랐다. 아버지는 한숨을 내쉬면서 다시 페달에 발을 올렸다. 발리아까지 가는 내내 한마디도 하지 않았다.

⚡ 인도의 회교도와 힌두교 남자들이 옆으로 여며 입는 엉덩이 길이의 긴팔 셔츠.

아버지는 학교에 나를 내려주었다가 일주일 뒤에 내가 잘 지내나 보러 왔다. 아버지와 인사를 나누는 기숙사 사감의 표정에 근심이 서려 있었다. 그는 아버지에게 내가 아버지를 떠나보낸 뒤로 아무것도 먹지 않고 매일 울었다고 말했다. 내가 집을 떠나 살 준비가 되지 않은 것 같다고 말했다.

아버지는 나에게 기대가 컸다. 내가 성공하길 바랐고 그러기 위해 최상의 교육을 받아야 한다고 생각했다. **그러려면** 마을을 떠나야 했다. 하지만 아버지가 사감에게 말하기로는 어머니도 나만큼 비탄에 젖었다. 어머니도 일주일 내내 울면서 식음을 전폐했다. 아버지는 나를 그 일대 최고의 초등학교에 다니게 한다는 계획을 포기하고는 자전거 뒷자리에 태워 집으로 데려갔다. 나는 평범한 시골 아이의 삶으로 돌아가 아침에 소똥을 줍고 몬순 시기에 진흙탕에서 놀고 바니안나무 아래 초라한 초등학교에 다녔다. 행운의 소젖을 혼자 힘으로 보았다면 운명이 달라졌으려나.

하지만 아버지는 향수병 같은 사소한 문제가 아들 교육의 걸림돌이 되게 내버려둘 생각이 없었다. 그래서 미르다에 초등학교 건물을 짓자는 캠페인을 벌였다. 늙고 우람한 바니안나무 아래에서는 몬순비와 집 나간 소 때문에 수업이 끊기기 일쑤라고 아버지는 주장했다. 브라만이 아닌 많은 가문은 반대했다. 논밭에서 일해야 할 아이들이 교육을 받으면 헛바람이 든다는 이유였다. 그럼에도 1년 남짓 물밑공작을 벌인 끝에 아버지는 마을 남쪽에 작은 학교를 짓는 데 성공했다.(건물 위치는 반대파를 달래기 위한 선택의 결과였다.

그들은 밉살스러운 학교를 거쳐 불어오는 바람을 맞고 싶어 하지 않았다.)
학교에는 진흙 벽, 교실 두 곳, 비를 막아줄 지붕이 있었다. 나는 초
등학교 마지막 해를 실내에서 보냈다. 애석하게도 학교 건물에 문
이 없었다. 종종 자칼, 여우, 닐가이영양이 밤새 돌아다녀 아침에
등교하면 교실이 아수라장이 되어 있었다.

그래도 아무 상관 없었다. 학교가 좋았다. 아버지처럼 교사가 되
고 싶었다. 형 마헨드라의 계획은 달랐다. 씨름꾼이 되겠다는 포부
가 있었다.

축구와 마상 창 시합에 더해 씨름은 마을의 주된 놀이였다. 앞
의 둘은 어설프게 하는 경우가 많았지만(골대는 돌멩이였고 창은 대
나무였다.) 씨름은 더 체계를 갖췄다. 씨름꾼은 마을을 대표해 출전
했으며 경기 소식은 하루이틀 전 발표되어 입소문으로 퍼졌다. 땅
을 골라 만든 임시 씨름판에서 근육질의 우락부락한 사내들이 알
몸에 긴 샅바만 두른 채 맞붙었다. 마을 사람 수백 명이 경기를 구
경하면서 함성을 지르고 야유를 보내고 격한 동작이 나올 때마다
움찔했다. 씨름꾼은 힘이 매우 중요했지만 요즘 TV에서 보는 레슬
링 경기처럼 기술, 전략, 속임수도 필요했다.

형은 힘세고 겁이 없었으며 뛰어난 씨름꾼이었다. 물론 아버지
는 마헨드라의 포부를 허락하지 않았다. 씨름꾼이 되기 위해 학업
을 중단하겠다고 했기 때문이다. 하지만 마헨드라는 이 일대 최고
의 씨름꾼이 되겠다는 각오가 단단했다. 우리는 무척 달랐다. 마헨
드라는 아버지의 기대를 속박으로 여겼지만 나는 아버지가 내게

품은 구상을 순순히 따랐다. 나의 미래를 위한 아버지의 반듯한 설계에서 크나큰 위안을 얻었다. 계절마다 계획이 있었고 문제마다 해법이 있었다.

새 초등학교에서 1년을 보낸 뒤 아버지가 교장으로 있는 중학교에 다녔다. 마을에서 5킬로미터가량 떨어진 곳이었다. 맨발로(진짜다.) 통학했으며 3년 뒤에는 인근 고등학교에 입학했다. 아버지는 내가 과학을 공부해 엔지니어가 되길 바랐지만 걸어서 갈 수 있는 고등학교에는 수학, 힌디어, 경제학, 산스크리트어 수업밖에 없었다. 그래서 그 수업을 들었다. 10학년을 마친 열두 살에 고등학교 졸업 시험을 치르고 대학 예비 과정에 진학했다. 그때 스스로에 대해 놀라운 사실을 알게 되었다. 나는 열두 살이 아니었다.

우리 마을 같은 외딴 시골에서는 모든 아이가 집에서 태어났으며 생년월일 공식 등록 절차가 없었다. 아이 생일은 초등학교 입학하는 날에 처음으로 기록했다. 자녀의 나이를 똑바로 쓰는지는 부모에게 달려 있었다. 이 자율 등록제는 매우 허술했으며 대부분의 부모는 자녀를 두세 살 어리게 등록했다. 그러면 나이에 비해 조숙해 보일 테니 말이다. 아이가 태어난 달이나 날을 아무도 몰랐으므로 교사는 학생이 초등학교에 처음 찾아온 날을 생일로 기록했다. 나와 같은 시기에 자란 아이들은 거의 모두 '생일'이 7월이었다. 내 생일은 1946년 7월 17일이었다.

1958년 인도 정부는 이 학업 농간을 끝장내겠다며 아동이 열네 살이 될 때까지는 10학년 고등학교 졸업 시험을 치르지 못하도록 하는 법을 통과시켰다. 생년월일에 따르면 나는 10학년을 마쳤을 때 열두 살로, 시험을 치르기엔 너무 어렸다. 이번에도 아버지는 물밑공작에 착수했다.

아버지는 고등교육을 담당하는 기관을 찾아가 내 생년월일을 1946년 7월 17일에서 1944년 7월 17일로 변경하는 데 성공했다. 오후 나절 만에 두 살을 먹었다. 그 뒤 고등학교 졸업 시험에 합격했고 새로운 생일이 졸업장에 찍혔다. 새로운 나이가 공식 나이가 되었다.

넘어야 할 허들은 이것만이 아니었다. 아버지는 내게 과학을 공부시켜 엔지니어로 만들겠다는 바람을 포기하지 않았다. 하지만 과학 수업을 평생 한 번도 듣지 않은 나를 어떤 대학도 과학 전공자로 받아줄 리 없었다. 아버지는 문제없다고, 따라잡기만 하면 된다고 생각했다. 그래서 발리아의 대학 총장(그도 브라만이었다.)을 찾아가 합의를 보았다. 내가 종합과학시험에 합격하면 조건부 입학을 허락한다는 것이었다. 그날 아버지는 책을 한 아름 안고 귀가했다. 살면서 이제껏 본 모든 책을 합친 것보다 많았다. 6학년, 7학년, 8학년, 9학년, 10학년용 과학 교과서였다. 아버지는 내게 이제는 한 해 걸러 여름마다 동네를 쏘다니거나 소를 먹이지 말고 시험 공부를 하라고 말했다. 그리고 나는 시험에 합격했다.

내가 과학을 공부해야 한다는 아버지의 의지가 그토록 완강했기 때문에 과학 과목이 내게 자연스러웠는지도 모르겠다. 물리학이 특히 좋았다. 어떤 현상이 일어나는 이유, 물체가 땅에 떨어지는 이유, 언덕을 내려가는 것보다 올라가는 게 힘든 이유를 설명하는 보이지 않는 힘에 대해 배워서 좋았다. 하지만 발리아에서 몇 년간 대학 예비 과정을 밟으면서 깨달았다. 화학과 생물학은 적성에 맞지 않았다. 화학 실험실에서는 유황 냄새가 코를 찔렀으며 생물학 수업에서는 개구리를 산 채로 해부해야 했다. 나는 브라만 가정 교육을 받았고 엄격한 채식주의를 실천했기 때문에 생명과학을 진로로 삼기엔 적합하지 않았다.

마침내 집을 떠날 차례였다. 1960년 7월 어느 후덥지근한 날, 실제 나이로 열여섯 살이 되었을 때 미르다에서 약 160킬로미터 떨어진 대도시 바라나시에 도착하여 기차에서 내렸다. 눈을 믿을 수 없었다.

사방이 차마(車馬)로 넘쳐났다. 승용차, 트럭, 릭샤, 소까지 모든 탈것이 인도에서 가장 오래된 성스러운 도시의 좁은 도로를 메웠다. 현지 주민 수백만 명에 더해 순례객 무리가 매일 바라나시를 찾았다. 상당수는 집에 돌아갈 생각이 없었다. 힌두교에서는 바라나시에서 죽어 갠지스강 옆에서 화장되면 천국에 직행한다고 믿는다. 죽음과 환생의 끝없는 순환에서 벗어나 마침내 해탈에 이를 수 있다는 것이다. 바라나시는 수천 곳의 사원뿐 아니라 많은 가트(강으로 내려가는 계단)로도 유명하다. 강가에서는 화장용 장작이 밤낮으로 탄다.

릭샤를 타고 최종 목적지에 도착하고서야 안심했다. 다행히 내가 다닐 대학은 이 광기로부터, 자욱한 배기가스 냄새와 시도 때도 없이 울려대는 차량 경적 소리로부터 수 킬로미터 떨어져 있었다. 바나라스 힌두 대학교(Banaras Hindu University, BHU)의 설립자는 위대한 학자이자 교육 개혁가이자 마하트마 간디의 동료 자유 투사 판디트 마단이다. 마단은 힌두교를 무척 자랑스러워했다. 대학 이름에 '힌두'를 쓰지 말라는 간디의 거듭된 만류에도 뜻을 굽히지 않았다. 아름다운 대학 캠퍼스는 이후 4년간 나의 보금자리가 된다. 이곳에서 물리학, 수학, 지질학 학사 학위, 지구물리학 석사 학위를 받았다.(아버지는 국가고시 응시료가 비싸고 경쟁이 치열한 것을 알고는 내게 공학을 전공하지 말라고 했다.) 처음부터 행복하지는 않았다. 내가 BHU를 선택한 이유는 친척 A. K. 티와리가 수학과 교직원으로 있기 때문이었다. 도착하고 몇 주 뒤 작은 여행 가방을 끌고 티와리의 집을 찾아갔다. 미르다에 돌아갈 거라고 말했다. 어릴 적 그랬던 것처럼 향수병을 견딜 수 없었다.

무엇보다 어머니가 그리웠다. 어머니의 요리와 애정이 그리웠다. 동네 친구들과 있을 때 느낀 편안함이 그리웠다. 나는 열여섯 살이었으며 미르다는 내게 가족만큼 필수 불가결하고 나의 정체성에 성(姓)만큼 중요했다.

티와리 박사와 동생 브리지 키쇼르 티와리는 집에 돌아가고 싶다는 나의 말에 귀를 기울였다. 두 사람은 몇 주만 더 머무르면 바라나시가 좋아질 거라고 말했다. 그때까지 참고 기다릴 수 있겠느냐고 물었다. 브리지 키쇼르 티와리는 나를 기숙사에 데려다주었으며 며칠마다 들러서 내가 잘 지내는지 들여다보았다.(내가 마을로 달아났는지 알아볼 심산이었을 가능성이 더 크지만.)

친절한 두 사람 덕분에 나는 대학에 남았으며 BHU를 점점 보금 자리처럼 느꼈다. 1년여 지나 미르다를 찾았을 때 왜 이렇게 오랜만에 왔느냐며 어머니는 나를 꾸짖었다.(오래 안 가긴 했다.) 심지어 편지도 거의 안 쓴다고 타박했다.

미르다는 몬순철이 막 시작된 6월이었다. 공기는 습기로 묵직했다. 방학을 맞아 집에 돌아온 나는 가족과 상봉하여 기뻤지만 벌써부터 도시의 삶이 그리웠다. 그곳에서 누리는 자유와 바라나시 자체가 좋아졌다. 몬순비가 내릴 때 우산이 만개한 길거리, 음대생 기숙사에서 흘러나오는 흥겨운 시타르 소리가 좋았다. 시골 출신 남자애들과 어울리면서 향수병도 가라앉았다. 우리는 부촌 출신 학생들에게 멸시받았지만 고향이 자랑스러웠다. 사감이 올까 봐 문밖에 보초를 세워둔 채 밤늦게 불법 포커 대회를 열기도 했다.

아버지가 나를 찾아오는 것도 좋았다. 하지만 아버지에게 개인적인 얘길 털어놓을 자신은 없었다. 아버지와 나는 기숙사 방에서 밤늦도록 대화를 나누거나 동네 카페에서 달과 차파티를 먹으며 이야기한 적이 없었다. 묵묵히 함께 앉아 있거나, 학생 식당에서 뭘 가져다드릴지, 잠자리를 어디에 어떻게 마련해드릴지 같은 따분한 얘기를 주고받을 뿐이었다. 나는 아버지가 방문한 동안 당신이 나를 위해 한 모든 수고가 성공을 거둔 것에 뿌듯해하길 바랐다. 그랬으리라 생각한다. 실은 애초에 나를 그 때문에 찾아온 것 같다.

노고의 결실을 두 눈으로 보기 위해서.

미르다에 머무르는 동안에는 오래 그랬던 것처럼 밤에 남자들과 밖에서 잤다. 사촌과 삼촌 수십 명이었다. 별이 하도 밝아서 때로는 불을 켜고 자는 것 같았다. 아버지는 함께하지 않았다. 오래전 집 2층에 취침용 발코니를 만들었다. 지붕이 비를 막아주었고 삼면에 난 문으로 산들바람이 불어 들었다. 아무리 봐도 위험하게 설계되었기에 지금 돌이켜 보면 왜 아무도 반대하지 않았는지 의아하다. 하지만 마을에서는 그런 일이 부지기수였다. 코브라와 전갈이 돌아다니는 어둠 속에서 맨발로 걷다 보면 그보다 사소하고 막연한 위험은 눈에 들어오지 않는다.

아버지가 추락한 밤 누가 나를 흔들어 깨웠는지는 기억나지 않는다. "네 아버지가 떨어졌어.", "등을 다쳤어."라는 다급한 외침만 기억난다. 실제로 아버지는 척추가 부러졌다. 한 시간 거리의 발리아까지 데려가려고 간이침대에 누일 때 이미 의식이 없었다. 오래전 아버지와 내가 자전거로 갔던 바로 그곳이었다. 다만 이번에는 내가 당신의 말 없는 몸을 받치고 있었다.

발리아의 의사는 재빨리 의견을 피력했다. 첨단 장비가 있는 더 좋은 병원에 모시고 가라고 했다. 서두르면 바라나시행 오전 기차를 탈 수 있었다. 내가 아버지와 동행하기로 신속하게 결정되었다. 바라나시 가는 길을 알기 때문이었다. 마헨드라는 어머니와 남았다. 마헨드라의 친구 셰오사가르가 나와의 동행을 자청했다.

기차에 올라타기 전 어머니는 집에서 가져온 기(인도인은 행운과

치유를 기원할 때 이 정제 버터를 쓴다.) 항아리를 가져가라고 닦달했다. 하지만 어수선한 와중에 항아리가 땅에 떨어져 산산조각 났다. 불길한 징조였다. 어머니는 흐느끼기 시작했다.

기차에 오르자 창밖 하늘이 자주색으로, 주황색으로, 다시 파란색으로 바뀌었다. 아버지는 몇 차례 잠시 의식을 회복했지만 신음을 내거나 힘겹게 몸을 움직일 뿐이었다. 나는 아버지가 누운 침대 옆에 앉아 당신 팔에 손을 올려놓았다. 문득 몇 시간째 한마디도 하지 않았음을 깨달았다.

아침나절에 바라나시에 도착했다. 셰오사가르와 나는 아버지의 침대를 들고 승강장을 나서 번잡한 거리로 들어갔다. 둘 다 손을 번쩍 들어 택시를 불렀다. 마침내 누르스름한 차 한 대가 멈춰 서자 우리는 침대를 내려놓았다. 나는 아버지의 팔 아래에 손을 넣었다. 대학병원에 다 왔어, 몇 분만 있으면 아버지는 훌륭한 의사들에게 진료받게 될 거야, 라고 혼잣말을 했다. 하지만 아버지의 육중한 몸을 택시의 해진 뒷자리에 내려놓는 순간 당신의 몸이 부르르 떨렸다. 아버지는 내 품에 안긴 채 마지막으로 가쁜 숨을 내쉬었다.

택시가 가장 성스러운 도시의 가장 성스러운 신전 연못 근처에 정차했을 때 아버지는 세상을 떠났다. 셰오사가르와 나는 화장하기 위해 아버지의 시신을 갠지스강에 곧장 모셔가기로 했다. 한 시간이 채 지나지 않아 A. K. 티와리 박사와 브리지 키쇼르 티와리 씨가 강가에서 우리를 맞이했다. 모든 일이 어이없을 만큼 간단했다. 장작을 파는 가게가 있었고 마지막 기도를 해줄 힌두교 사제들이 대기하고 있었다. 아버지의 시신이 불타는 광경을 바라보면서 생명의 본질에 대해, 그 우연한 잔혹함과 무의미한 비극에 대해 의문을 품었다. 아버지가 죽은 날 나는 오후 나절 만에 두 살을 먹었을 때와 마찬가지로 매우 빠르게 변화했다. 영영.

그날 저녁 발리아로 돌아가는 기차를 기다리는데 셰오사가르가 아버지의 행운에 감탄했다. 아버지는 본의 아니게 바라나시까지 와서 죽었다. 학생과 통근자와 순례객이 북적거리는 와중에 아버지의 영혼은 천국으로 올라갔다. 더는 환생도, 죽음도, 윤회도 없는 곳으로.

나는 행운이라고 느끼지 않았다. 길을 잃은 것 같았다. 아버지의 시선, 방향 제시, 모든 질문에 답을 내놓는 초자연적 능력 없이 앞으로 어떻게 해나갈지 막막했다. 나는 열일곱 살이 되기까지 스스로 결정을 내린 적이 단 한 번도 없었다.

우리는 미르다에서 온갖 예식을 진행하며 열사흘간 아버지를 애도했다. 하루는 고모들이 어머니의 손목에서 유리 팔찌를 벗겨 깨뜨렸다. 어머니는 과부가 되었기에 색색의 보석이나 의복을 다시는 걸칠 수 없었다.

마침내 바라나시에 돌아가자 나를 그토록 매혹한 도시가 황량하게 느껴졌다. 많은 사원의 그늘에서 아버지의 싸늘한 부재를 느꼈다. 끝없는 화장 연무에 눈이 따가웠다.

나는 교과서에서 위안을 찾았다. 아버지가 세상을 떠나고 몇 주 뒤 탐사지구물리학 석사과정을 시작했다. 한 달에 200루피의 장학금을 받을 뿐 아니라 석유천연가스위원회(Oil and Natural Gas Commission, ONGC)의 석유 시추 현장에 취업할 자격이 생긴다는 걸 알고서 내린 결정이었다. 나중에는 심지어 연구과학자가 될 수도 있었다. 아버지가 무척 자랑스러워할 것이다. 아버지는 곁에 없지만 당신이 내게 품은 꿈을 이룰 수는 있었다. 만사가 계획대로 진행되어 1년간 공부한 뒤 대학 취업지원부에 입사 지원서를 보냈다.

그즈음 인도 정부에서 기상청 수습 직원을 모집하기 시작했다. 동기들과 나는 신문에 실린 광고를 눈여겨보지 않았다. 우리의 전공은 탐사지구물리학이었기 때문이다. 바람과 폭풍 같은 기본적인 날씨 현상의 이면에 있는 과학을 배우는 기상학 수업은 한두 개밖에 듣지 않았다. 하지만 대학 취업지원부에서 우리 모르게 이력서를 정부에 제출했다.

입사 지원서에 대한 답변을 듣기 한참 전 뜻밖의 메시지가 편지함에 도착했다. 어머니가 보낸 엽서였다. 행운을 비는 강황 반죽이 발려 있었다. 내용은 이랬다. "혼사가 정해졌다. 집으로 오너라."

청년기의 격동(아버지의 죽음과 느닷없는 약혼)을 겪기까지 내 삶에는 변화가 별로 없었다. 내가 태어난 미르다는 아버지가 태어난 미르다, 할아버지가 태어난 미르다와 별반 다르지 않았다. 내가 아는 많은 이들이 똑같은 지역 안에서 살고 죽었다. 그들의 나날은 늘 같았다. 남자는 오전에 땔감으로 쓸 소똥을 줍고 오후에 소에게 풀을 뜯기고 저녁에는 여자들이 빵을 굽는 동안 모여서 담소를 나눴다. 계절만이 유일하게 기대할 수 있는 변화였다. 적어도 이 점에서 우리의 삶은 시대와 장소를 통틀어 모든 인류의 삶과 같았다. 오래전에 살았거나 멀리 떨어진 곳에 사는 사람들도 다르지 않았다.

바흐와 헨델의 동시대인인 베네치아의 작곡가 안토니오 비발디는 가장 위대한 바로크 작곡가로 손꼽힌다. 비발디는 500여 곡의 협주곡을 작곡했는데, 그중 가장 유명한 것은 「레 콰트로 스타조니(Le quattro stagioni)」, 즉 「사계」다.

이 네 곡의 바이올린 협주곡은 현대인의 귀에는 고풍스럽게 들리지만 비발디가 곡을 발표한 1725년에는 혁명이었다. 「사계」는 최초의 표제음악(서사를 전달하기 위해 작곡한 음악) 중 하나였다. 각 협주곡은 계절의 이름을 땄으며 아마도 비발디가 직접 썼을 소네트가 딸려 있다. 소네트는 각 계절의 여러 경이로움을 묘사하고 찬미했다.

가을에는 "서늘한 산들바람이 상쾌한 공기를 부채질하"고 겨울에는 "나름의 즐거움이 있"다. 봄에는 뇌우가 "하늘에 검은 망토를 씌우"며 염소지기와 충직한 개가 "꽃이 흩뿌려진 초원"에 누워 잔다. 이 서사 요소는 음악에도 반영되어 있다. 비올라는 개 짖는 소리를 흉내 내고 교향악단은 힘찬 우렛소리를 뿜어낸다.

비발디의 「사계」는 지금껏 작곡된 음악 중에서 최고의 명곡으로 꼽힌다. 물론 이것은 주로 작품의 음악적 혁신과 섬세한 매력 덕분이다. 하지만 감히 말하건대 이 협주곡이 세월의 검증을 이겨낸 데는 또 다른 이유가 있다. 「사계」를 들으면 누구나 그 주제에 대해 한마디 거들 수 있다. 심지어 지구상에서 가장 추운 곳과 더운 곳에도 계절은 있다. 데스밸리에도 눈은 내리고 남극에도 해가 지지 않는 여름이 있다. 어떤 사람은 여름과 겨울의 뚜렷한 차이가 창조성에 이롭다고 주장했다. 미국의 노벨상 수상자는 대부분 북동부에 있을 때 이룬 업적으로 상을 받았는데, 그곳은 사계절이 뚜렷하다.

계절의 추이를 보면 모든 것을 집어삼키는 우리 삶의 드라마에도 불구하고 시간이 언제나 앞으로 나아간다는 것을 실감하게 된다. 나이가 지긋해져 삶(흔히 말하듯 '인생의 춘하추동')을 되돌아보면 대학 안뜰에서 춤추던 붉은 단풍잎, 결혼식 날 내리던 봄비, 아기를 병원에서 집으로 데려가던 날 땅에 쌓인 눈 같은 계절적 기상 현상이 가장 생생한 기억들과 맞물려 있음을 깨닫는다.

인류가 계절과 깊은 신체적·정서적 관계를 맺고 있음에도 많은 사람은 계절이 왜 생기는지 모른다. 실제로 학비가 비싼 동부 명문대를 졸업한 학생들도 계절의 원인이 무엇이냐는 질문을 받으면 겨울에는 지구가 태양으로부터 가장 멀고 여름에는 가장 가까워서라고 하나같이 답한다. 하지만 이 대답은 실제와 정반대다! (오스트레일리아 학생이 말했다면 정답이었겠지만.)

지구의 공전 궤도가 완벽한 원이 아닌 것은 맞지만 계절은 지구와 태양의 거리보다는 자전축 기울기가 결정한다. 북반구에서 사람들이 겨우내 추위에 떨 때 그들은 사실 한 해를 통틀어 태양에 가장 가까이 있다. 하지만 지구의 자전축이 태양으로부터 멀리 기울어져 있어서 태양의 열에너지를 덜 받는다. 여름에 지구의 북쪽 절반은 공전 궤도 상에서 태양으로부터 가장 멀리 떨어져 있지만 자전축이 태양 쪽으로 기울어져 있다. 앞에서 보았듯 낮이 밤보다 따뜻한 이유는 낮에 태양으로부터 받는 에너지가 밤에 우주에 빼앗기는 에너지보다 크기 때문이다. 밤에는 정반대다. 마찬가지로 지구의 자전축이 기울어진 탓에 북반구의 12월, 1월, 2월에는 태양으로부터 받는 에너지가 우주에 빼앗기는 에너지보다 작다.

천문학의 관점에서 계절을 정의할 때는 분점(춘분점과 추분점)과 지점(하지점과 동지점)의 정확한 시점을 근거로 하는데,

이것은 해마다 달라진다. 하지만 기상학자는 계절을 천문학자와 조금 다르게 정의한다.

『버지니아주 비망록(*Notes on the State of Virginia*)』에서 토머스 제퍼슨은 윌리엄스버그에서 매일 관측한 결과를 바탕으로 기온, 강수, 바람의 월평균을 산출했는데, 가장 덥다는 이유에서 여름철을 암묵적으로 6월, 7월, 8월로 정했다. 제퍼슨은 기후가 사람, 동물, 식량 생산에 미치는 영향을 정교하게 기록한 최초의 현대 저술가로 간주된다. 기상학의 관점에서 계절을 묘사한 것도 그가 처음이었을 것이다.

윌리엄스버그와 마찬가지로 전 세계의 3개월 평균 기온은 6월, 7월, 8월이 가장 높고(북반구 사람들은 제퍼슨과 마찬가지로 이때를 기상학적 여름으로 정의한다.) 12월, 1월, 2월이 가장 낮다.(북반구 사람들은 이때를 기상학적 겨울로 정의한다.) 나머지 달은 이행기 계절이다. (남반구는 정반대여서 겨울이 6월, 7월, 8월이고 여름이 12월, 1월, 2월이다.)

기상학적 계절은 3개월 단위로 묶이며 언제나 같은 날 시작한다.(북반구에서는 봄은 3월 1일, 여름은 6월 1일, 가을은 9월 1일, 겨울은 12월 1일에 시작한다.) 이 방식은 매년 날짜가 바뀌는 천문학적 계절보다 훨씬 단순하기 때문에 과학자들이 계절 통계를 계산하고 비교하기 쉽다.(그래서 농사와 교역에 매우 유용하다.) 계절이 완벽에 가깝게 규칙적이어서 예측가능성이 높으며(퍼시 비시 셸리가 썼듯 "겨울이 오는데 봄이 멀리 있으랴?")

따라서 기후학의 과제는 평균적인 계절적 조건에서 벗어나는 편차를 예측하는 것이다. 이 과제는 내 인생의 소명 중 하나가 되었다.

하지만 정의가 어떻든 계절은 지구에서 살아가며 겪는 현상을 통틀어 논란의 여지 없이 가장 훌륭하고 흥미로운 측면 중 하나다. 인도의 저명한 시인이자 철학자 라빈드라나트 타고르는 계절에 대해, 특히 몬순비에 대해 많은 노래를 지었다. 봄의 의기양양한 초록 싹에서 가을의 투명한 첫서리까지 계절마다 제각각의 멋진 교향곡이 있다.

넷

어머니에게서 온 엽서를 기숙사 방에 가져와서는 침대에 앉아 찬찬히 읽어보았다. 어머니는 글을 거의 못 쓰기 때문에 누군가에게 말을 받아 적게 한 것이 틀림없었지만 맨 아래의 힌디어 서명만큼은 어머니 글씨가 분명했다. 가슴속에서 깊은 두려움이 피어올랐다. 17년간 나의 삶은 조립라인처럼 예측 가능하게 흘러왔다. 그런데 아버지가 급사한 지 반년도 지나지 않아 당혹스러운 사건이 또 일어난 것이다. 나는 결혼하고 싶지 않았다. 과학자가 되고 싶었다. 분노에 휩싸인 탓에 엽서에 가장 기본적인 정보가 빠진 것조차 알아차리지 못했다. 근데 누구랑 결혼하라는 거지?

재빨리 마음을 정했다. 결혼에 동의할 수 없었다. 몇 주 뒤 집에 돌아가 내 입장을 설명할 작정이었다. 심지어 결혼을 거부하여 집안과의 관계가 돌이킬 수 없이 망가질 경우를 대비한 비상 계획도 세워뒀다. 고향을 등지고 대학 동기의 가족과 함께 바라나시에서 살면 된다.

마을에 도착하자마자 우리 가족의 작전이 시작되었다. 삼촌들이 말하길 신부는 이웃 마을에서 존경받는 브라만 가문 출신이며 총명한 학생이라고 했다. 신부 아버지는 시청에서 유력한 지위에 있다고 했다. 그가 마헨드라에게 초등학교 교사 자리를 주고 발리아에 있는 우리 아버지의 오래된 건물을 수리해주겠노라 약속했다는 얘기도 있었다. 형과 삼촌들은 내가 결혼해야 하는 이유를 줄줄이 읊었다. 나는 가만히 앉아 고개를 저으며 바라나시에서의 새 삶을 궁리했다.

마침내 무엇으로도 나를 설득할 수 없다는 걸 알게 된 그들은 최후의 수단을 동원했다. 가족들은 내게 아버지가 죽기 전에 혼사를 주선했고 이것이 당신의 마지막 소망이었다고 말했다. 아버지가 그런 약속을 했을 리 만무하지만 진위를 알 도리가 없었다. 이 결혼이 아버지가 나를 위해 세운 계획일 가능성이 조금이라도 있다면 존중해야 할 것 같았다. 결혼 거부는 아버지가 내 삶에 쏟은 모든 노고를 짓밟는 짓이었다. 그리하여 한 달 뒤 나는 결혼식을 위해 미르다에 돌아갔다.

인도 시골에서 결혼은 토요일 오후 몇 시간 만에 끝나는 행사가
아니라 다양한 예식과 함께 몇 년간 계속되는 축제다. 내가 참여한
첫 예식은 틸라크라고 부른다. 힌두교도가 이마에 그려 넣는 표식
의 이름이기도 하다. 이 예식에서는 장인이 신랑의 이마에 백단과
강황 반죽을 문질러 칠한다. 신부 집안이 신랑 집안에게 지참금을
내어주는 것도 이때다. 오늘날 틸라크는 지참금의 규모와 성격을
놓고 두 가문 사이에 벌어지는 진지한 흥정의 정점이다. 공개적으
로 건네는 현찰은 얼마로 하나? 따로 건네는 현찰은 얼마로 하나?
주방용품은 무슨 종류로 몇 개나 하나? 철제로 하나, 은제로 하나?
오토바이를 줘야 하나, 자가용을 줘야 하나?

우리 집안이 받을 지참금을 구경하려고 미르다의 모든 사람이
모인 것 같았다. 내가 작은 백단 장작불 옆에 마련된 임시 무대에
앉자 장인이 반짝거리는 새 루피 동전을 내 손바닥에 올려놓았다.
나는 장인이 동전을 한 움큼 건넬 때마다 구리 들통에 떨어뜨렸다.
여봐란듯이 쨍그랑 소리가 나면 구경꾼들이 술렁거렸다. 이렇게
많은 돈은 평생 한 번도 보거나 들어본 적이 없는 사람들이었다.
모두 3000루피였다.(오늘날 화폐 가치로 40달러쯤 된다.) 마을 사람들
이 기억하기로 이제껏 건네진 지참금 중에 최대 액수였다. 그런데
도 삼촌들은 더 받아야 했다고 투덜거렸다.

다음 예식은 결혼식으로, 대개 신랑 신부의 별자리에 맞춰 사
제들이 택일한 날짜에 거행한다. 결혼식을 위해 신랑 집안은 악단,
무용단, 하객 그리고 형편이 닿는 한 최대한 많은 코끼리, 낙타, 말

을 대동하고 신부 집으로 간다. 마을 사람들은 이름난 사제의 아들인 또 다른 슈클라의 결혼식을 늘 입에 올렸다. 그의 아버지는 아들 결혼식을 위해 코끼리 50여 마리, 말 58마리를 마련했다. 우리 집안은 작은 시골의 기준에서는 부유했지만 코끼리를 한 마리밖에 마련할 수 없었다. 신부 집안이 우리 행렬을 맞이하려고 늘어서 있었는데 초라한 퍼레이드를 보고서, 특히 네발짐승이 한 마리뿐인 것을 보고서 못마땅한 기색이 역력했다.

두 마을의 거의 모든 주민이 떠들썩한 잔치를 즐기는 동안(인도 결혼식의 또 다른 특징이다. 모든 사람을 초대한다.) 신부와 나는 긴 예식을 위해 처가에 불려 들어갔다. 사제 두 명이 갓 자른 대나무 아래서 거행하는 예식이었다. 두 사제는 몇 시간 동안 산스크리트어로 중얼거리다 이따금 내게 기도를 시키거나 가족들에게 우리 앞의 소똥 신에게 돈을 더 바치라고 요구했다. 간간이 바깥에서 흥청거리는 소리가 들렸다. 배에서 꼬르륵 소리가 났다. 지루하고 맥 빠졌다. 내 옆에는 사리와 숄로 얼굴을 가린 신부가 엷은 커튼 뒤에 앉아 있었다. 무슨 생각을 하는지 궁금했다. 나처럼 괴로우려나. 결혼식 내내 한 번도 신부를 보지 못했다. 아직 이름도 몰랐다.

전통적으로 결혼식이 끝나면 두 집안이 저녁 식사 자리에 모여 다시 선물을 교환한다. 그리고 신랑 아버지는 신부 아버지에게 점잖게 마지막 요구 사항을 내놓는다. 이것은 대체로 형식적인 절차이며 모두가 결혼을 축하하고 연회를 즐기는 방법이다. 하지만 아버지가 돌아가셔서 집안의 가장 노릇을 하게 된 마헨드라가 자전거를 요구했을 때 신부 집안은 진저리를 쳤다. 그들은 요구를 거절했다. 형은 물러서지 않았고 장인도 완강했다. 느닷없이 쑥덕거리는 소리가 들리더니 얼음장 같은 침묵이 흘렀다.

시골 소년과 시골 소녀의 결혼은 인형 결혼식* 같았다. 신랑 신부는 가만히 앉아서 하라는 대로 했다. 신랑인 나는 조용히 앉은 채 우리 가족이 시키는 대로 했다. 손위 삼촌과 사촌이 많이 있었지만 그들은 관여하지 않았다. 내가 영문을 알기도 전에 가족들이 나를 데리고 우르르 빠져나갔다. 저녁도 먹지 않았고 작별 인사랄 것도 없었다. 얄궂게도 VIP 초대 손님들이 먹지도 않고 집에 돌아가는데 나머지 하객들은 집 밖 공터에서 저녁을 먹고 춤과 노래를 즐기고 있었다.

전통에 따라 나는 아침에 신부 집에 돌아가 신부와 장모를 마지막으로 만나야 했다. 하지만 간밤의 불화 때문에 집안사람 전부 지체 없이 미르다로 돌아가기로 했다. 신부와 나는 둘 다 매우 어렸기 때문에 다음 예식 '가와나'는 5년이 지나야 열린다. 성인으로서 함께하는 삶이 그때 시작된다. 당분간 신부는 발리아에서 가족과 지내고 나는 학교로 돌아갈 예정이었다.

내가 석유 시추 현장에 취업하게 되었음을 알리는 석유천연가스위원회(ONGC)의 편지가 바라나시에 도착했을 즈음 나는 유부남이 되어 있었다.

* 인도에서는 몬순비가 오지 않으면 기우제 격으로 인형이나 동물의 결혼식을 올린다.

데라둔은 히말라야산맥 자락에 자리 잡은 그림 같은 도시다. 이곳은 영국 식민지배자들이 애용하는 산간 피서지였다. 고도가 높아서 번잡한 아래 도시들의 열기와 소음으로부터 벗어날 수 있었다. 데라둔에는 석유천연가스회사(위원회에서 회사로 명칭이 바뀌었다.) 본사가 있다. 내가 대학을 졸업한 뒤인 1965년 이곳이 나의 새 보금자리가 되었다.

나는 깔끔한 교외 길가의 아파트를 배정받았다. 룸메이트도 있었다. 카일라는 펀자브 출신 물리학자로, 나처럼 석사과정을 갓 졸업했다. 우리 둘 다 ONGC의 석유 탐사 훈련 과정에 등록했다. 독립한 지 15년이 조금 지난 당시 인도는 산업 발전에 연료를 공급할 석유와 가스가 필요했으며 이를 위한 시설을 건설하고 있었다. 우리는 1년간 수습하는 대가로 훈련이 끝난 뒤 ONGC에서 3년 이상 일하겠다는 계약에 서명해야 했다. 회사에 남지 않겠다면 훈련 비용을 물어내야 했다. 우리는 기꺼이 서명했다. 여러 해 동안 야외에서 시도 때도 없이 일해야 했지만 마침내 연구자가 될 기회를 얻었기 때문이다. 진짜 과학자 말이다.

대부분의 훈련은 데라둔에서 한 시간가량 떨어진 유전에서 실시되었다. 그곳은 땅이 푸석푸석하고 황량했다. 회사 버스는 우리를 아침에 태우러 올 때도 있었고 해 질 녘에 올 때도 있었다. 카일라와 나는 뒷자리에 앉아 신문을 반으로 나눴다. 다 읽으면 바꿔 읽었다. 일터에 도착하여 할 임무는 조사였다. 다양한 깊이로 구멍을 뚫고 센서를 내려뜨려 지하 지질구조를 파악하고 땅속 암석과

지하수의 성질을 측정했다.

흥미진진한 업무는 아니었지만 매달 우리 가족의 생활비로 어머니에게 보낼 만큼 충분한 급여를 받았다. 그래서 델리에서 면접 볼 날짜와 시각이 적힌 기상청의 편지가 도착했을 때는 그냥 구겨서 쓰레기통에 버릴 뻔했다. 기상청에서 일한다는 생각은 한 번도 해본 적이 없었다. 내 석사 학위는 탐사지구물리학이지 기상학이 아니었다. 나는 스무 살이고 유부남이고 전공을 살려 일하고 있었다. 데라둔은 산지 풍경이 근사하고 날씨가 온화했으며 몇 년 지나면 아내가 고향을 떠나 이곳에서 나와 함께 살 것이다. 심지어 맘에 들어 할지도 모른다. 나의 운명은 언제나처럼 정해진 듯 보였다.

하지만 카일라가 다른 제안을 내놓았다.(그도 면접 연락을 받았다.) 그땐 몰랐지만 내 삶에서 가장 중요한 전환점이 될, 별 뜻 없는 즉흥적인 제안이었다.

카일라가 말했다. "아무튼 델리에 가자."

내가 따져 물었다. "무슨 돈으로?" 나는 편지를 룸메이트처럼 처음부터 끝까지 꼼꼼히 읽지 않았다. 면접은 명성이 자자한 연방공무원위원회에서 열릴 예정이었다. 가장 중요한 정부 직책을 위한 면접이 실시되는 곳이었다. 위원회는 델리까지 오는 열차 2등칸 요금을 대주겠다고 했다.

카일라가 아이디어를 냈다. "3등칸에 타고 남는 돈으로 밥을 사 먹는 거야."

"호텔은 어쩌고?"

"시 외곽에서 우리 부모님과 지내면 돼. 면접 끝나고 델리 구경 시켜줄 수도 있어. 델리에 한 번도 못 가봤다고 했잖아. 이번 아니면 언제 델리에 공짜로 갈 수 있겠어?"

카일라 말이 맞았다. 인도의 세계적 수도 델리에 가서 그곳의 명소인 붉은 요새와 인도문을 보고 싶었다. 그렇게 큰 도시를 혼자 여행하라면 망설였을 테지만 내게는 잠자리를 마련해주고 여행 가이드를 해줄 친구가 있었다. 그리하여 1965년 산들바람 부는 봄날 카일라와 함께 델리행 3등칸 열차에 몸을 실었다.

연방공무원위원회 홀에서 왔다 갔다 하는 나머지 후보들과 달리 나는 이름이 불리길 느긋하게 기다렸다. 나의 가장 큰 관심사는 면접비였다. 면접이 끝나자마자 받고 싶었다. 그래야 카일라와 곧장 관광하러 갈 수 있기 때문이었다.

차례가 되자 휑한 회의실에 들어가 면접관 세 명 앞에 앉았다. 면접이 얼른 끝났으면 하는 마음에 건성으로 인사했다. "반갑습니다."

면접관들은 무뚝뚝하게 고개를 끄덕이더니 질문을 던지기 시작했다. 대부분의 용어는 친숙했다. 바라나시에서 기상학 수업을 들을 때 배운 것들이었다. 하지만 한 번도 못 들어본 이론, 방정식, 현상에 대한 용어도 있었다.

답을 알지 못하는 질문이 나오면 명랑까지는 아니더라도 솔직하게 "모르겠습니다."라고 말했다.

마지막 질문은 우박에 대한 것이었다. 오른쪽에서 진지한 표정을 짓고 있던 나이 지긋한 면접관이 물었다. "구형 우박을 자르면 왜 동심원이 들어 있지요?"

"정말 그렇습니까?" 내가 몸을 앞으로 숙이며 말했다. "그런 건 한 번도 못 들어봤습니다!"

세 면접관은 알쏭달쏭한 눈짓을 주고받았다. 지원자에게서 이런 경박한 답변을 듣고서 당황한 것이 틀림없었다.

나는 우박 질문에 흥미가 생겨서 생각을 주절거리기 시작했다. 그러다 정답을 찾았다는 생각이 들었다.(이런 식이었다. 우박이 형성되어 구름 속으로 올라가면 얼음으로 층층이 덮인다. 그러다 너무 무거워져 구름이 지탱하지 못하면 땅에 떨어진다.) 나는 면접관들이 고개를 끄덕이는 것을 보고서 시간 내주셔서 감사하다고 말하고는 곧장 수당을 받으러 갔다.

3주 뒤 데라둔에 돌아와 있을 때 기상청에서 편지가 왔다. 푸네(당시 푸나)에 있는 인도열대기상연구소(Indian Institute of Tropical Meteorology, IITM)에 발탁되었다는 내용이었다. 한 번도 못 들어본 기관이었다. IITM은 몬순 연구를 위해 신설된 연구소였으며 내가 제안받은 직책은 초급과학연구관이었다. 편지에는 (케네디의 감동적인 연설 이후 활발하게 활동하고 있는) 유엔개발계획의 기금으로 연구원을 외국에 보내 훈련 기회를 제공한다고 나와 있었다. 한마디로 나는 진짜 과학자가 될 수 있었다. 지금으로부터 몇 년 뒤가 아니라 바로 지금 말이다.

딱 하나 문제가 있었으니 바로 석유천연가스회사와 맺은 계약이었다. 이미 몇 달간 수습 기간을 거쳤는데, 빠져나오려면 돈을 좀 토해내야 했다. 그래도 카일라는 제안을 거절하는 건 미친 짓이라고 말했다.(그는 연구소에서 취업 제의를 받지 못했다.) 나도 그의 말이 옳다는 걸 알고 있었다.

주말에 기차를 타고 미르다에 돌아가 어머니에게 조언을 청했다. 어머니는 단도직입적으로 말했다. "너를 석유 시추 현장에서 일하게 하려고 그 많은 돈을 교육에 쏟아부은 게 아니다. 밤에 야외에서 일하기엔 넌 너무 어리고 작단다." 어리다는 말은 맞았지만 그건 걱정거리 축에도 들지 못했다.

내가 대꾸했다. "돈은 어쩌고요."

"내 보석을 내놓으마. 넌 수도에서 일해야 한다. 석유 시추 현장으로 돌아가지 말거라."

그날 밤 마을을 산책했다. 내 앞의 선택지 사이에서 마음이 오락가락했다. 때는 초여름이었다. 몬순비가 내려야 할 시기가 훌쩍 지났지만 아직 비가 오지 않았다. 땅은 여전히 마르고 갈라졌으며 들판은 음울하고 칙칙한 갈색이었다. 아까 이웃들과 인사하는데 익숙한 근심이 눈에 어려 있었다. 극심한 가뭄의 위협이 하루하루 다가오고 있었다. 담소를 나누는 동안에도 그들의 생각은 딴 데 가 있었다. 풀 수 없는 계산으로 골머리를 썩이고 있었다. 올해 어떻게 돈을 벌어 가족을 먹여 살리나? 우물물이 얼마나 오래가려나? 소들을 어떻게 건사해야 하나? 나는 이제 이곳을 떠난 지 오래되었고 빠르게 현대화되는 인도 사회에 열성적으로 참여하고 있었지만 집에 올 때마다 마을은 매번 같은 위기를 겪으며 신음했다. 실은 수백 년간 마을을 괴롭혀온 위기였다.

우리 할아버지의 전성기이던 1877년에 800만 명 이상의 인도인이 재앙적 몬순가뭄으로 목숨을 잃었다. 어쩌면 할아버지의 경험(고통과 불굴의 의지)이 내 DNA에 새겨졌는지도 모르겠다. 앞으로 나아가라고 촉구하는 내면의 목소리를 이것으로 설명할 수 있을지도 모르겠다.

잠시 내가 IITM에서 하는 일이 우리 마을 같은 곳의 사람들에게 변화를 일으킬 수 있다는 상상을 했다. 인생에서 가장 중요한 계획을 세울 때 더는 풍문과 징조에 의지하지 않아도 된다면? 몬순이 언제 도착할지, 얼마나 오래 머물지, 심지어 비를 얼마나 뿌릴지 알 방법이 있다면 어떻게 될까?

내가 이 선택을 내릴 수 있는 자리까지 온 것은 오로지 아버지의 부단한 노력, 어머니의 뒷받침, 내 생각에 영향을 미친 많고 많은 스승의 지혜 덕분이었다. 하지만 기상청에 취업할지 말지를 결정하는 것은 오직 내 몫이었다. 스스로 내린 최초의 결정이었다.

그리하여 여정이 시작되었다. 마을에서 버스를 타고 발리아로, 발리아에서 작은 열차를 타고 바라나시로, 바라나시에서 큰 열차를 타고 뭄바이(당시 봄베이)로 갔다. 뭄바이에 도착해서는 승강장에서 푸네행 열차를 기다렸다.

뭄바이에서 푸네로 가는 열차가 하도 혼잡해서 여행 가방과 몸을 출입구에 채 욱여넣기도 전에 열차가 움직이기 시작했다. 두 시간

넘도록 객실에서 땀을 뻘뻘 흘린 뒤 다시 열차에서 꾸역꾸역 빠져나와 시바지나가르역(17세기의 전사 차트라파티 시바지의 이름을 땄다.)에서 내렸다.

역에서 5분 걸어간 곳에 값싼 모텔이 있어서 월세로 빌렸다.(새일터인 IITM에서도 도보로 5분 거리였다.) 처음 하루이틀은 모텔이 뜨내기손님으로 가득해서 복도에서 마주쳐도 서로 모른 체했다. 하지만 며칠 지나자 객실이 나 같은 장기 투숙객으로 채워지기 시작했다. 새 직장을 얻어 푸네에 온 청년들이었다. 나중에는 모텔이 기숙사처럼 느껴졌다.

푸네에서 첫 며칠을 보내는 동안 나의 감정은 흥분과 두려움을 오가며 요동쳤다. 흥분한 이유는 월급이 500루피였기 때문이다. 이 정도면 내게는 큰돈이었으며 적잖은 몫을 어머니에게 보내기에 충분했다. 두려운 이유는 내가 합격한 이유와 경위가 무엇인지, 앞으로 무슨 일을 하게 될 것인지 전혀 몰랐기 때문이다.

델리의 면접관들이 나의 심드렁한 태도를 자신감의 발로로 오해한 게 아닐까 하는 생각이 들었다. 사실 나의 기상학 지식은 변변찮았고 물리학 지식은 아예 없는 거나 마찬가지였다. 고등학교 졸업 때까지 과학 수업을 한 번도 들어본 적이 없었기 때문이다. 나는 어떤 곳에 제 발로 걸어 들어간 걸까?

첫날 두근거리는 가슴을 안고서 푸르고 화창한 하늘 아래로 가로수가 늘어선 푸네의 길거리를 걸어 람두르그 하우스에 위치한 연구소로 갔다. 으리으리한 2층 건물에 넓은 베란다가 딸려 있었다. 틀림없이 엄청난 부자의 소유였을 것이다.

나는 초급과학자였기에 사무실을 동료와 함께 써야 했지만 몇 가지 혜택도 있었다. 하나, 창문이 있었다. 둘, 비서가 있었다. 비서의 주된 임무는 사무실 밖 걸상에 앉은 채 과학자들의 지시를 기다리는 것이었다. 이를테면 서류를 어딘가에 가져가거나 우리에게 차와 물을 가져다줬다. 그를 불러들이고 싶을 땐 책상 위에 놓인 단추를 눌렀다. 그의 공식 정부 직함은 유감스럽게도 '피온(peon)'⚡이었다.

나의 상관은 K. R. 사하 박사였다. 퇴역한 공군 대위였는데, 나를 보자마자 마음에 들어했다. 우리가 만난 첫날 그는 나의 흰색 쿠르타를 한 번 쳐다보더니(미국에서라면 오버올 작업복에 밀짚모자를 쓰고 사무실에 출근한 것과 비슷했을 것이다.) 이렇게 외쳤다. "시골 출신이 들어오니 좋군!" 나의 출신 성분은 채용 서류를 작성하는 과정에서도 드러났다. '기혼' 칸에 체크하고 나서 다음 줄에 정보를 기입할 수 없었다. '배우자 이름'을 쓰는 칸이었다. 그때까지도 아내의 이름을 몰랐다. 사무관은 내가 무엇 때문에 쩔쩔매는지 알고서 의심과 조소가 섞인 표정으로 나를 바라보았다.

사하 박사에게 지구물리학 석사 학위가 있다고 말하자 그의 얼굴이 밝아졌다. 그가 내게 맡긴 첫 임무는 어느 일본인 학자가 열대저기압에 대해 쓴 최신 리뷰논문을 읽고서 동료들에게 발표하

⚡ 식민지 시절 채무노예를 일컫는 말.

는 일이었다. 임무를 부여받아서 안도감이 들었지만(너무 쑥스러워서 무엇을 읽어야 하는지 물을 엄두도 나지 않았다.) 두렵기도 했다.

일과가 끝나고 곧장 도서관에 가서 기상학 용어 사전을 대출했다. 그 뒤로 며칠간 깨어 있는 모든 시간(또한 자야 하는 많은 시간) 동안 열대저기압을 독학했다. 알고 보니 열대저기압은 열대 바다 위에서 생기는 폭풍과 구름의 회전하는 계를 일컫는 일반 과학 용어였다. 허리케인과 태풍 둘 다 열대저기압이다.

발표 날이 되었을 때 나는 긴장했지만 준비가 되어 있었다. 동료들 앞에 서서 자신 있게 리뷰논문을 설명했다. 강한 태풍의 눈 주위를 도는 격렬한 바람, 태풍의 눈 주위에 형성된 심층 대류의 벽, 태풍의 눈 바로 위 맑은 하늘에 대해 이야기했다. 잔뼈 굵은 기상학자들의 질문에 재깍재깍 대답할 수 있어서 스스로도 놀랐다. 이 일은 전환점이 되었다. 나를 시골뜨기로 치부하던 선배 과학자들이 존중하는 태도를 보이기 시작했으며 나 자신의 자신감도 부쩍 커졌다.

금세 나는 학술논문을 얼마나 많이 발표하느냐가 연구자를 판단하는 잣대임을 알아차렸다. 논문을 쓰려면 좋은 과학적 질문과 이에 필요한 계산을 할 수 있는 전문 기술을 갖춰야 했다. 하지만 내게는 둘 다 없었다. 그래서 손에 넣을 수 있는 논문을 죄다 읽고서 떠오르는 질문을 적기 시작했다. 그다음 선배 과학자들을 찾아가 내 질문에 함께 답을 찾을 의향이 있는지 물었다. 그 과정에서 그들로부터 전문 기술을 눈동냥 할 수 있으리라는 기대도 있었다.

수리야나라야나 박사가 나와의 공동 연구를 수락했을 때는 적잖이 놀랐다. 수리야(다들 이렇게 불렀다.)는 연구소에서 IBM 1620(이곳에서 성능이 가장 뛰어난 컴퓨터였다.)을 유일하게 쓸 줄 알았다. 나는 인도 전역의 기상대에서 측정한 직전 5일간 평균 기온·기압과 직후 5일간 평균 기온·기압의 관계를 나타내는 통계 기법을 개발하자고 제안했다. 수리야도 동의했다.

그러려면 자료를 구할 수 있는 인도의 모든 기상대에서 수집한 50년 분량의 데이터를 분석해야 했다. 통계학자들이 '백미러로 앞을 내다보기'라고 부르는 과정이다. 여러 면에서 우리는 몬순에 관심을 가진 과학자 길버트 워커(Gilbert Walker)의 발자취를 따르고 있었다. 1904년 영국 정부는 수학자 워커를 기상청장으로 인도에 파견했다. 그의 임무는 19세기 후반 재앙적 몬순가뭄을 일으킨 원인을 알아내는 것이었다. 당시 기근이 만연하여 수백만 명이 목숨을 잃었으며 이 때문에 영국은 인도 식민지에서 제국의 미래가 어떻게 될지 우려했다. 워커는 날씨 변수 하나와 몬순비 강도의 관계를 찾고자 과거 데이터를 분석했다. (워커는 인도에서 장기 예보의 첫발을 떼는 데는 성공했지만 그의 예보는 별로 정확하지 않았다.)

60년 뒤 우리는 선형회귀의 계산이라는 사실상 같은 시도를 하고 있었다. 한 변수의 값을 바탕으로 다른 변수의 값을 예측하는 방법이다. 이를테면 델리에서 과거 어떤 주의 기온과 기압에 따라 그다음 주의 기온과 기압이 일정하게 나타나면 이번 주의 기온과 기압이 전자와 비슷할 경우 다음 주의 기온과 기압이 후자와 비슷하리라 예측할 수 있다. 우리의 발상은 컴퓨터를 활용한 새로운 예보 기법을 도입한다는 것이었으며 우리의 바람은 향후 5일간의 기온과 기압을 알 수 있다면 강수 예보의 정확도가 높아지리라는 것이었다.

여러 해 동안 과학자들은 이런 방법으로 날씨를 예측했다. 그들은 과거에 무슨 일이 일어났는지 들여다보아 변수들의 관계를 확립했다. 애석하게도 이 방법은 효과가 별로 없다. 계절적 순환에서 벗어나는 편차가 반복되지 않는다는 간단한 이유에서다.

하지만 당시 수리야와 내가 방대한 날씨 데이터와 컴퓨터를 동원하여 한 작업은 인도에서 한 번도 시도된 적이 없었다. 새로운 발상은 아니었지만 컴퓨터를 이용한 일기예보는 인도에서 참신한 방법이었다. 우리는 결과를 요약한 논문을 발표했다. 나의 첫 논문이었으며 연구소의 과학자들에게 많은 관심을 받았다.

놀랍게도 그들은 나를 '똑똑한 시골뜨기'라고 부르기 시작했다.

수리야와 내가 IBM 1620으로 실시한 실험에서는 통계적 기상예측이라는 방법을 활용했다. 자연 현상들 사이의 관계를 단순히 파악하는 과정보다는 정교하지만 따지고 보면 그와 별반 다르지 않다. 오랫동안 통계적 기상예측은 과학자들에게 최상의 방법이었다. 그러다 19세기 중반 세계를 뒤바꾼 기술이 등장하여 느리지만 꾸준한 과학 혁명의 시동을 걸었다.

현대 기상예측의 원동력은 최신 기상관측 기기가 아니라 1835년 발명된 전신(電信)이었다. 느닷없이 멀리 떨어진 지역의 관측 결과를 실시간으로 수집하는 일이 가능해졌다. 그 덕분에 일기계(weather system)가 전 세계를 누비면서 어떻게 진화하고 행동하는지 알아낼 수 있게 되었다. '예보(forecast)'라는 낱말을 처음 쓴 사람은 영국의 해군 장교이자 과학자 로버트 피츠로이(Robert FitzRoy) 중장이다.(다윈의 전설적 항해를 함께한 비글호의 선장으로 더 유명하다.) 그는 전신을 이용하여 일기 연구를 발전시켰으며 일기예보를 정부 업무로 공식화했다.

피츠로이는 뱃사람이었기에 군사 전략, 상업 활동, 동료 선원의 안전에 날씨가 얼마나 중요한지 뼈저리게 실감했다. 1854년 그는 영국 최초로 설립된 기상청(오늘날 영국 'Met Office(기상청)'의 전신)의 수장이 되었다. 이 권한을 가지고서 방대한 관측 수집 시스템의 창설을 감독하고 인도의 거의 모든 항구에 기압계를 배치하고 열다섯 곳에 육상 기상대를 설치하고 수십 척의 선박에 기상관측 기기를 장착했다. 수집된 데이터는 전부 경이로운 신문물인 전신을 통해 런던으로 전송되었다. 이로써 피츠로이는 역사를 통틀어 가장 상세한 기상도를 제작할 수 있었다.

1859년 북대서양 최악의 침몰 사고 중 하나(웨일스 앞바다에서 로열차터호가 침몰하여 450명이 목숨을 잃었다.)가 일어난 뒤 피츠로이는 자신의 기상도를 이용하여 폭풍 경보를 발령할 권한을 부여받았다. 2년 뒤 그는 세계 최초의 '일기예보'를 런던의 《타임스》에 발표하여 수도 런던이 화창할 것이며 최고 기온은 15~17도일 것이라고 예상했다.(예보는 매우 구체적이었다.)[1] 얼마 지나지 않아 이 과학적 묘기는 영국 전역의 신문에 공급되었다. 피츠로이의 예보는 정확한 적이 드물었지만 엄청난 인기를 끌었다.

하지만 결국 신기함은 잦아들었고 사람들은 말 그대로, 또한 비유적으로 우산 없이 비를 맞는 일에 금세 신물이 났다.⚡ 피츠로이는 부정확한 예측 때문에 오랫동안 경멸과 조롱을 당했으며 결국 1865년 스스로 목숨을 끊었다. 오늘날 사람들

⚡ '우산 없이 비를 맞다(caught without an umbrella)'에는 '준비 없이 어떤 일을 당하다.'라는 비유적 의미가 있다.

은 피츠로이에게 훨씬 연민을 품을 수 있다. 그는 선구적 과학자였으며 주어진 조건 안에서 최선을 다했다. 기상도는 바로 지금 무슨 일이 벌어지고 있는지에 대해 많은 것을 알려줄 수 있지만 대기를 좌우하는 물리법칙을 이해하고 적용하지 않는다면 기상도만으로 미래를 예측할 수 없다.

그 뒤 19세기 나머지 기간 동안 피츠로이처럼 기상을 예측한 사람들은 데이터와 직관을 얼기설기 뒤섞은 일기예보를 내놓았다. 그들은 과거 날씨와 직감에 의존하여 내일 어떤 일이 일어날지 어림짐작했다.

1904년 기상예측 분야에 간절히 필요한 혁신이 다시 한 번 찾아왔다. 노르웨이의 물리학자 빌헬름 비에르크네스(Vilhelm Bjerknes)가 「역학과 물리학의 관점에서 본 기상예측 문제」라는 혁신적 논문을 발표한 것이다. 널널한 일곱 쪽짜리 논문에서 비에르크네스는 대기에 대해 수학 모델을 만들어 기상예측을 도출한다는 아이디어를 제안했다. 수치예보의 탄생이었다.

비에르크네스는 정확한 예측을 위해 과학자들에게 필요한 것은 두 가지뿐이라고 주장했다. 첫째, 초기조건, 즉 지금 이 순간 날씨가 어떤지를 알아야 했다. 둘째, 초기조건이 시간 경과에 따라 어떻게 달라지는지 서술할 정확한 수학 공식이 필요했다. 논문을 읽은 사람들에게는 다행하게도 비에르크네스에게 이 공식을 위한 확고한 과학적 근거가 있었다. 이

원시방정식(primitive equation, 훗날 이렇게 불리게 되었다.)은 운동 법칙과 열역학을 토대로 삼았으며, 올바르게 대입한다면 5분 뒤, 1일 뒤, 1년 뒤 날씨를 예측할 수 있었다. 유일한 걸림돌은 1904년 과학자들에게 그날 날씨를 제대로 읽어낼 관측 능력이 없다는 것이었다. 시간적으로 유의미한 예측을 내놓는 데 필요한 천문학적 개수의 방정식을 풀 수 있는 사람이나 기계도 없었다.

하지만 과학자들은 포기하지 않았다.

가장 대담한 시도를 벌인 사람으로 영국 수학자 루이스 프라이 리처드슨(Lewis Fry Richardson)이 있다. 퀘이커교도 리처드슨은 1910년 5월 20일의 조건을 이용하여 독일 뮌헨 인근 지역의 6시간 뒤 예측을 여러 달에 걸쳐 실시했다. 예측은 부정확했지만(문제는 계산이 아니라 그가 선택한 방정식에 있었다.) 중요한 진일보였다. 직접 계산을 통한 세계 최초의 기상 예측이었으니 말이다. 1922년 리처드슨은 『수치 계산에 의한 기상예측(*Weather Prediction by Numerical Process*)』이라는 책을 출간했다. 책에서 그는 일기예보 공장을 구상했다. 전 세계를 200킬로미터 간격으로 구획하여 기상관측기구로 데이터를 수집하고 이를 이용하여 6만 4000명의 계산원이 끊임없는 계산을 실시하고 공유한다는 계획이었다. 이 정도는 되어야 정확한 적시의 예측을 내놓을 수 있으리라는 것이 그의 주장이었다.

하지만 정작 필요한 것은 수만 명의 계산원이 아니라 한 대의 초고성능 컴퓨터였다.

컴퓨터를 이용한 최초의 기상예측은 1950년 뉴저지 프린스턴고등연구소에서 실시되었다. 이 시도를 주도한 인물은 세계적 수학자이자 오늘날 현대 컴퓨터의 아버지로 기억되는 요한 폰 노이만(Johann von Neumann)과 지금쯤 당신에게도 친숙할 줄 차니였다. 폰 노이만은 리처드슨의 접근법을 높이 평가했고 컴퓨터 제작을 지휘했으며 차니는 방법론적 노하우를 제공하여 비에르크네스의 방정식을 단순화함으로써 (리처드슨의 시도를 망친) 군더더기 절차를 걸러냈다. 24시간 후를 예측하는 데 24시간이 걸렸지만 수치예보의 과학적 토대는 단단히 확립되었다.

이 결정적 성취는 기상예측 모델의 발전에 박차를 가했다. 전 세계 연구소에서 어떤 식으로든 컴퓨터를 이용할 수 있던 연구자들은 공들여 모델을 만들었다.

오늘날 대부분의 나라는 독자적 기상 모델이 있다. 이것은 국가 위신의 증표인 동시에 국가 안보 문제이기도 하다. 모든 기상예측 모델은 얼추 비슷한 방식으로 작동한다. 대기를 격자 모양 3차원 셀로 나눈 뒤 각각의 셀에 대해 기온, 기압, 습도, 풍속 등의 변수가 결부된 복잡한 계산을 수없이 실시한다. 이 방정식은 모든 셀에서의 현재 날씨를 바탕으로 각 셀의 날씨 변화 속도를 알려준다. 이 변수의 미래 값을 얻으려면, 즉 기상예측을 하려면 변화 속도에 예측 기간을 곱해 현재 값에 더한다.

기상예측이 모델마다, 나라마다, 스마트폰 앱마다 조금씩 다른 이유는 구름, 우박, 스콜선(squall line) 같은 현상의 영향에 보편적으로 적용되는 법칙이 없기 때문이다. 모델마다 다른 기법을 쓰고 다른 결과를 뱉어낸다. 허리케인 예보를 보면 알 수 있다. TV 기상예보관들은 허리케인의 경로를 예측할 때 유럽 모델과 미국 모델을 종종 비교한다.

유럽 모델은 여러 유럽 나라 과학자들이 개발했으며 일반적으로 세계에서 가장 정확하다고 평가받는다. 하지만 미국 모델도 결코 허술하지 않아서 세계에서 가장 빠른 슈퍼컴퓨터 중 하나로 초당 8000조 번의 계산을 수행한다.

다섯

나는 순풍에 돛을 달고서 흥미로운 연구 주제를 찾기 시작했다. 연구소에 몸담은 첫 몇 달간 동료들이 'NWP'에 대해 하는 얘기를 들었다. 수치예보(numerical weather prediction)의 약자였다. 말하는 투로 보건대 이 분야에서 가장 새롭고 흥미진진한 것이었다. 하지만 무엇인지 전혀 알 수 없었고 누구에게 물어볼 엄두도 나지 않았다. 연구소에서 조금씩 인정을 받고 있었지만 내가 얼마나 모르는지 들킬까 봐 여전히 조마조마했다. 인도에서 수치예보를 본격적으로 연구하는 고참 과학자는 단 두 명이었는데, 한 명은 푸네에 한 명은 델리에 있었다. 두 사람의 명성은 신에 버금갔다. 내가 그런 슈퍼스타에게 줄을 댈 방법은 전혀 없었다.

그래서 다시 한번 도서관에 돌아가 자료를 닥치는 대로 읽었다. 이번에는 수치예보에 대해서였다. 수치예보란 대기에 대한 단순한 수학 모델을 만들고 어마어마한 개수의 방정식을 풀어 다음번 날씨 패턴을 알아내는 것이다. 이 모델들이 어떻게 해서 생겨났는지, 어떤 과학자가 올바른 방정식을 발견했는지, 심지어 이 방정식들을 어떻게 풀어야 하는지조차 전혀 몰랐지만 가장 단순한 방정식 중 하나의 단계별 풀이법을 알아낸다면 수치예보의 작동 방식을 천천히 독학할 수 있겠다는 생각이 들었다.

알고 보니 일본인 연구자가 그 방법을 제시하는 논문을 최근 발표했다. 기본적으로는 기상학에서 말하는 순압대기 모델(barotropic model, 대기를 하나의 층으로만 나타내는 모델. 이와 달리 오늘날의 모델들은 대기를 수백 개의 층으로 나누기도 한다.)을 이용하여 대규모 날씨 패턴을 단기적으로 예측하는 방법이었다. 나는 몇 주 동안 이 논문 이해하기를 유일한 과제로 삼아 그의 절차를 철저하게 따라 했다. 심지어 컴퓨터 프로그램까지 직접 만들었다.

수리야와 내가 실험에 쓴 컴퓨터는 프로세서가 두 개였는데, 하나는 조명과 단추가 일렬로 배치된 네모난 회색 책상처럼 생겼고 다른 하나는 크기와 모양이 자동판매기와 비슷했다. 그때 IBM 1620은 연구소에서 가장 강력한 컴퓨터 축에 들었지만 데이터 처리 속도는 오늘날 휴대전화와 비교하면 수백만 배 느렸다. 당시의 여느 컴퓨터와 마찬가지로 모니터와 키보드가 없었으며 천공카드(직사각형 구멍이 무작위로 숭숭 뚫린 뻣뻣한 종이)로 프로그램을 입력하면 구멍 뚫린 기다란 종이에 결과를 출력했다.

프로그래머가 프로그램을 작성하는 방법은 다음과 같다. 우선 코딩시트라는 양식에 코드를 적는다. 그런 다음 타자기처럼 생긴 천공기를 이용하여 코딩시트를 천공카드로 변환한다. 이때 두 번째 사람이 같은 카드를 천공(구멍 뚫기)하고 둘을 비교하여 오류가 없는지 점검하기도 한다. 마지막으로, 카드를 판독기에 넣으면 모든 구멍이 전기 신호로 변환된다. 프로그램에 데이터를 입력하는 방법도 마찬가지다.

코드를 작성하고 수천 매의 카드를 천공하고 카드를 판독기에 주입하는 것은 오랜 시간이 걸리는 따분한 작업이었다. 하지만 나 같은 과학자들은 그 덕분에 계산을 수작업보다 훨씬 빠르게 할 수 있었다. 연구소에서 유일하게 에어컨을 갖춘 방에서 지낼 수 있다는 이점도 있었다.(컴퓨터가 과열되지 않도록 냉방해야 했기 때문이다.)

나는 일본인 연구자의 방법을 따라 한 장소에서 다른 장소로 이동할 때의 날씨 변화 속도를 내놓는 수학 방정식의 해법을 터득했다. 우선 다양한 지점에서 관측된 날씨의 실제 숫값(기온이나 풍속)을 천공했다. 그러면 컴퓨터가 두 값의 차이를 계산하여 변화 속도에 근거해 예측을 내놓았다. 5분 예측은 10분으로, 결국에는 24시간으로 늘어났다. 사실 계산은 매우 간단했으며 방정식은 손으로도 풀 수 있었다. 하지만 컴퓨터를 쓰면 계산을 훨씬, 수백만 배 빠르게 할 수 있었다.

방법을 익히고 나서 스스로 프로그램을 짤 수 있는지 알아보기로 했다. 내가 습득한 컴퓨터 기술, 순압대기 모델, 그날의 날씨 관측 자료(초기조건)를 이용하여 인도 전역의 24시간 뒤 바람 패턴을 예측하기로 했다. 카드를 천공하여 컴퓨터에 입력하는 지루한 과정을 시작했다.

나는 초급과학연구관이 된 지 1년도 지나지 않아 이 일을 해냈다. 인도 전역의 바람 패턴에 대한 24시간 예측 방정식을 풀 수 있는 컴퓨터 프로그램을 IBM 1620에서 작성하는 데 성공했다. 예측의 정확성을 문제 삼는 사람은 아무도 없었다. 실제 대기흐름 패턴을 닮은 것으로 충분했다. 느닷없이 동료들에게서 관심이 쏟아지기 시작했다. 그들은 장안의 화제 시골뜨기를 보려고 내 연구실에 들렀다. 심지어 학회에 초청받아 결과를 발표하기도 했다.

나는 프로그램을 더 많이 작성하기 시작했다. 이번에는 뭄바이에서 세 시간가량 떨어진 타타기초과학연구소에 있는 훨씬 성능 좋은 컴퓨터를 이용했다. 이 연구소에서는 다양한 과학 분야의 연구가 수행되고 있었다. 나는 이번 작업을 위해 '원격 컴퓨터 제어 시스템'을 고안했다. 우리 비서가 매일 천공카드 상자를 들고서 뭄바이행 기차를 탄다. 뭄바이에 도착하여 카드를 제출하고 전날의 결과를 받아 저녁 기차로 푸네에 복귀한다.

더 복잡한 과제를 맡으면서 내가 푸네에 온 계기가 된 일에도 착수했다. 몬순강우와 바람 패턴에 대한 과거 관측 자료를 분석하여 여름몬순의 시점과 세기를 연구하는 것이었다. 하지만 데이터에서는 어떤 패턴도 나타나지 않았다. 몬순강우가 왜 해마다 이렇게 다른지는 여전히 수수께끼였다. 해, 땅, 바다, 언덕, 계곡, 모든 주요 천문학적 요인이 동일했기에 더더욱 의아했다. 논문을 발표하고 학회에서 강연했지만 내가 무엇을 하고 있는지 실제로는 모른다는 느낌을 떨칠 수 없었다. 대기의 물리학이나 역학을 온전히 이해하지 못하고 있는 것 같았다. 앎이 커지면서 자신감도 커지길 바랐지만 둘 다 진척이 더디게 느껴졌다.

푸네에 온 지 1년 반쯤 지나 1966년이 되자 떠나고 싶어서 몸이 근질거렸다. 연구소에 올 때는 우리 마을 사람들 같은 이들을 돕겠다는 열망을 품었지만 지금껏 내가 한 일은 카드를 천공하고 또 천공하는 일뿐인 것 같았다. 삶을 개선하고 싶었지만 하루 예측에 몇 달이 걸려서는 무슨 유익이 있을지 확신할 수 없었다. 설상가상으로 어머니와 형은 내가 정부 일자리를 얻은 것을 자랑스러워는 했지만 나의 일기예보 작업에는 그다지 감명받지 않는 듯했다.

그때 모텔 위층에 사는 동료가 인도고위공무원단(Indian Administrative Service, IAS) 시험을 준비하고 있다고 귀띔했다. IAS는 인도 정부에서 가장 큰 존경을 받는 집단으로, 판사, 행정관, 기관장 같은 정부 직책을 맡을 공직자를 전국에서 선발한다. IAS 공직자는 우리 가족이 자랑스러워할 만한 명성과 권력을 누렸다. 게다가 실질적이고 심층적인 변화를 일으킬 수 있기에 IAS 공직자가 되겠다는 친구의 포부가 더 솔깃했다. 그래서 나도 시험을 보기로 했다.

나는 스물두 살이었으며 여러모로 미숙하지만 야심만만했다. IAS에 지원하고서 답변이 오기도 전에 상관(IITM 소장이자 인도에서 가장 존경받는 기상학자 중 한 명인 피샤로티 박사)에게 내가 다른 자리에 지원했으며 만일 선발되면 이곳을 그만둘 것 같다고 말했다. 늦은 저녁 내 연구실에서였다. 바깥 하늘은 진한 자줏빛이었다. 돌아서서 나가기 전 그의 얼굴에 떠오른 경멸과 우리 둘 사이에 감돈 적막은 결코 잊지 못할 것이다.

한 달 뒤 연구소 몫의 유엔개발계획 방문연구원으로 선정되어 앞으로 8개월간 미국과 일본에서 지내게 되었다는 소식을 들었다. 지명한 사람은 피샤로티 박사였다. 나를 연구소에 붙들어둘 미끼로 그랬을 수도 있고 내가 그만둔다고 말하기 전에 지명한 것을 지금쯤 땅을 치며 후회하고 있을 수도 있었다. 어느 쪽이든 그는 내가 연수를 받아들이는 날까지 단 한 번도 내게 말을 걸지 않았다.

1967년 1월 인도를 출발한 방문연구원은 네 명이었다. 첫 방문지는 워싱턴 DC에 있는 국립기상청이었다. 우리는 그곳에 펼쳐진 신기술의 향연에 어안이 벙벙했다. 기상학 분야의 최신 과학적·기술적 발전상을 목도했지만 공식 교육은 전혀 제공되지 않는다는 걸 금세 알아차렸다. 나는 일본에서 온 방문연구원 닛타 다카시(Nitta Takashi)와 자주 얘기하면서 많은 것을 배웠는데, 그는 나의 평생 지기가 되었다.

우리는 워싱턴 DC에서 4개월을 보내기 위해 아파트를 임차했다. 아직 가구가 설치되지 않아서 바닥에서 잤으며 구닥다리 가스스토브로 대충대충 밥을 지었다. 일하지 않을 때는 시내 구경을 하러 돌아다녔다. 백악관 방문은(당시는 일반인에게 사실상 완전히 개방되어 있었다.) 난생처음 양복을 입고 넥타이를 맬 기회였다. 쇼핑몰도 갔다. 백화점에서는 상상할 수 있는 모든 물건을 파는 것 같았으며 식료품점에는 믿기 힘들 만큼 다양한 식재료가 있었다. 도로조차도 경이로웠다. 무척이나 깨끗하고 넓었으며 번쩍거리는 '수입차'(인도에서 쓰는 표현)로 가득했다.

4개월이 지나고서 데브 라지 시카(훗날 나와 모넥스 비행기를 타게 된다.)와 나는 마이애미에 새로 설립된 국립허리케인센터에 파견되어 마이애미 대학교 기숙사에서 묵었다. 엄청난 인명 손실을 겪고 10년이 지난 1967년 미국은 허리케인 경보 네트워크를 구축하려고 심혈을 기울이고 있었다. 1954년에만 16개의 어마어마한 열대폭풍이 대서양을 가로질렀으며 7개는 영락없는 허리케인이었다. 3개의 대형 허리케인(앨리스, 바버라, 헤이즐)은 1000명가량의 사상자를 냈는데, 그중에는 전설적 기상예보관 그레이디 노턴도 있었다. 노턴은 의사에게서 혈압이 위험 수치라는 경고를 받았음에도 열두 시간 넘게 헤이즐의 경로를 추적하다가 심장발작으로 사망했다.

국립허리케인센터를 방문하게 되어 들떴다. IITM에서의 첫 강연 이후로 열대저기압에 강박에 가까운 관심이 생겼기 때문이다. 하지만 센터에서는 우리 둘 다 할 일이 별로 없었다. 마이애미에서는 과학 실험보다는 사교 실험으로 보낸 시간이 더 많았다.

미국에서 보낸 첫 몇 달은 점잖게 말해 놀라웠다. 나는 미국의 업무 문화에 무척 매혹되었다. 직원들은 모두 정시에 출근했으며 (인도에서는 시간이 상대적 개념에 가깝다.) 허구한 날 주말에 대해 이야기했다. 그들은 내게 물었다. "이번 주말에 뭐 하실 거예요?" "주말 보낼 준비 하셨어요?" 그들은 언제나 나의 대답에 실망한 눈치였다. 나는 주말에 당일 여행이나 목적 있는 휴식 같은 특별한 의미가 있다는 걸 이해하지 못했다. 내게 주말은 일주일의 여느 하루에 불과했다.

한편 대학 캠퍼스에서 지내다 보니 이 나라에서 자란다는 게 어떤 것인지 속성으로 배울 수 있었다. 젊은 남녀가 기숙사 복도에서 입맞춤하거나 잔디 마당에서 다리를 프레첼처럼 포갠 채 담요를 덮고 있는 광경을 보았을 때는 눈을 의심했다. 젊은 학생들이 서로 입을 맞추거나 마치 결혼한 것처럼 행동하는 것은 명백히 부도덕하다는 생각이 들었다. 한번은 몸이 불편하고 배앓이가 통 낫지 않아 워싱턴의 교육 프로그램 관리자의 승인을 받아 의사를 찾아갔다. 꼼꼼히 진찰해도 신체적 원인이 드러나지 않자 의사는 불안증이라고 결론 내렸다. 문화 충격이라는 것이었다. 불안의 해법은 인내뿐이었다. 시간이 흐르면서 나는 미국의 색다른 문화적 기준과 관행에 익숙해졌다.

미국에서 6개월을 보낸 뒤 마이애미를 떠나 일본에 갈 때가 되었다. 미국은 실망스러웠지만 일본은 엄청난 기대감을 선사했다. 나는 감보 간자부로(Gambo Kanzaburo) 박사가 이끄는 일본 기상청에서 일할 예정이었다. 그는 존경받는 과학자로, 컴퓨터와 수치예보를 일본 기상예측에 접목하려고 노력하고 있었다.

감보 박사는 프린스턴고등연구소에서 지낼 때 줄 차니라는 기상학자를 만났다. 감보는 열대 대기 상층과 하층의 수직상호작용에 대한 차니의 연구를 내게 보여주었다. 차니에 따르면 두 층은 거의 상호작용하지 않으며 이 때문에 열대지방의 기상예측에는 심각한 난점이 있었다. 날씨는 공기가 상승하거나 하강할 때만 생기기 때문이다.(따뜻하고 습한 공기가 상승하여 비가 되는 것을 생각해보라.)

감보는 내게 차니의 아이디어를 살펴보고 입증하거나 반박할 수 있는지 알아보라고 독려했으며 자신이 기상청의 IBM 704로 제작한 단순한 두 층 대기 모델을 쓰게 해주었다. 그는 자신의 모델을 이용한 매우 기초적인 시뮬레이션 두어 개를 컴퓨터에서 작동시키는 방법을 일러주었다. 하나는 통제 실험이었으며 다른 하나에서는 대기 온습도의 수직 구조(기상학자들은 '수직안정도(vertical stability)'라고 부른다.)를 변화시켰다.[*]

알고 보니 모델 실행은 실험 과정에서 가장 빨리 끝낼 수 있는 부분이었으며 정작 오랜 시간이 걸리는 부분은 앞뒤의 조사 과정

---

[*] 기상학에서는 '연직'이라는 용어를 쓰지만 이 책에서는 독자 편의를 위해 '수직'으로 표기한다.

이었다. 처음에는 모델에 대한 감보의 연구를 살펴보았고 다음으로 컴퓨터가 뱉어내는 종이를 들여다보았다. 1970년대 후반에는 기상예측 모델을 실행하면 숫자와 글자가 줄줄이 찍힌 지도가 출력되었다. 그러면 연구자는 지도를 꼼꼼히 분석하여 실험이 컴퓨터 속 대기에서 어떤 변화를 일으켰는지 알아내야 했다.

도쿄에서 지낸 두 달간 나는 이 문제를 연구했으며 푸네에 돌아온 뒤에도 계속 매달렸다. 마침내 결과를 얻었다. 나의 실험은 차니의 연구와 정반대의 결론을 입증했으며 대기 온습도의 수직 구조가 인도 여름몬순 기간의 값과 비슷하면 상당한 수준의 수직상호작용이 일어나 하층의 습기가 상승하고 응결하여 비가 된다는 사실을 밝혀냈다. 이를 이용하면 기상학자들이 더 정확한 예측을 해낼 수 있다.

감보는 결과를 국제수치예보심포지엄에 제출하라고 독려했다. 이 분야에서 가장 크고 명망 있는 학회였다. 내 논문이 채택되거나 설령 채택되더라도 구두 발표 논문으로 선정될 가망은 희박했다. 이듬해인 1968년 도쿄에서 열리는 학회의 참가 경비를 IITM에서 대줄 가능성은 더더욱 희박했다. 수치예보에 대한 전문성으로 인도에서 유명한 두 명의 고참 과학자가 학회 참석을 놓고 경쟁한다는 것을 알고서는 내게 기회가 돌아올 리 만무하다고 확신했다.

운이 무척 좋았다. 내 논문이 구두 발표 논문으로 선정되었을 뿐 아니라 인도 기상청장이(두 고참 과학자를 별로 좋아하지 않는다는 소문이 있었다.) 내게 경비를 지원하기로 결정했다. 선택의 여지가 없다고 느꼈는지도 모르겠다. 두 고참 과학자 중 누구도 논문을 제출하지조차 않았으니 말이다. 어쩌면 나 같은 신참 과학자가 당돌하게도 이런 주요 학회에 논문을 제출한 것에 감명받았는지도 모르겠다. 실제로 도쿄에 돌아가 학회에서 발표하게 되었다는 것을 알고서 나는 두 가지 감정에 휩싸였다. 어리둥절함과 두려움이었다.

1968년 국제수치예보심포지엄은 마치 전 세계인 모두가 참석한 것 같았다. 수백 명의 학자가 호텔의 크리스털 샹들리에가 매달린 화려한 연회장에서 서성거렸다. 인도에서 참석했던 소규모 학회와 달리 수첩을 든 기자와 오르되브르 접시를 든 종업원으로 가득했다. 양복 차림의 남자들이 담배를 뻐끔거리며 최근 학술지 논문의 장단점을 놓고 큰 소리로 토론을 벌였다. 내가 미르다의 먼지투성이 소몰이 길에서 멀리 왔다는 게 실감 났다.

　이 광경에 가슴이 북받쳐서 내가 무얼 하러 여기 왔는지 되새기며 마음을 다잡았다. 나는 수직상호작용에 대한 논문을 발표하고 감보 박사가 내게 보여준 줄 차니의 논문에 반론을 제기하러 왔다. 얼마 전까지만 해도 이 분야에 문외한이었던 나는 차니가 세계에서 가장 유명한 기상학자이며 날씨를 연구하는 과학자들 사이에서 진짜 유명 인사라는 사실을 몰랐다. 그가 수치예보의 선구자이고 저명 수학자 요한 폰 노이만과 긴밀히 협력하여 세계 최초로 컴퓨터 기반 기상예측을 했다는 사실, 로버트 오펜하이머가 소장이던 시절 두 사람이 연구하던 고등연구소의 복도를 따라 내려가면 알베르트 아인슈타인의 연구실이 있었다는 사실도 전혀 몰랐다. 하지만 발표를 몇 시간 앞두고 내가 누구의 연구를 비판하려는 것인지는 알아야겠다는 생각이 들어서 주최 측 인사에게 줄 차니가 어느 분이냐고 물었다.

그를 보았을 때 가슴이 철렁했다. 차니는 빼어난 외모의 소유자로, 나이는 50대였으며 숱 많은 머리카락, 움푹 들어간 눈, 스타 영화배우 같은 편안한 미소의 소유자였다. 차니가 발언하려고 일어설 때마다 실내에는 정적이 감돌았다. 다들 숨죽인 채 귀를 기울였다. 카메라 플래시 터지는 소리만이 들렸다. 내가 발표하기 전 커피 타임에도 그는 추종자 무리에 둘러싸여 있었다. 그러는 와중에 내게 다가온 기자들은 심포지엄의 최연소 참가자로서 어떤 심정인지 궁금해했다. 내 이름이 호명되었을 즈음 나는 잔뜩 주눅이 들어 있었다.

발표 때 내 말이 어찌나 빨랐던지 진행자가 두 번이나 끼어들어 속도를 늦춰달라고 말했다. 나는 강연을 마치고 질문을 받을 때가 되어서야 고개를 들 수 있었다. 손을 든 사람이 아무도 없어서 안도감이 들었다. 하지만 그때 내 앞에 펼쳐진 청중의 바다에서 손 하나가 불쑥 올라왔다. 차니였다.

그가 얼굴에 친근한 미소를 지으며 말했다. "질문이 네 개 있습니다."

차니와 나는 그의 연구와 내 연구에 대해 한동안 말을 주고받았다. 돌이켜 생각해보면 어떻게 그와 이야기할 용기를 냈는지 상상이 안 된다. 논쟁에서 이기진 못했지만 설득력 있는 논증을 펼치긴 했던 것 같다. 물론 최후의 승자는 차니였다. 그는 대수롭지 않은 듯 말했다. "당신의 논문은 제 가설을 입증합니다."

그리고 세션 말미에 내 삶을 영영 바꿔놓은 사건이 일어났다. 대부분의 참석자가 회의실에서 줄줄이 빠져나갈 때 차니가 내 테이블로 걸어왔다. 유명한 기상학자에게 말을 붙이려고 여러 명이 줄을 선 가운데 그는 몇 분을 나에게 할애하여 열대 대기에 대한 자신의 새로운 연구에 대해 설명했다. 너무 놀라서 그의 말에 집중하기 힘들었다. 내가 IITM에서 했던 연구도(동료들은 벌써부터 내가 언젠가 소장이 될 거라 예언하고 있었다.) 바깥세상에서 벌어지는 찬란한 과학에 비하면 초라하다는 생각뿐이었다. 차니 때문만은 아니었다. 그날 들었던 한마디 한마디가 가슴에 박혔다. 문득 인도에서 내가 걸어온 궤적의 한계가 훤히 보였다. 차니는 자신이 쓴 최근 논문의 사전 인쇄본을 주겠다며 호텔 방에 가자고 했다. 그와 이야기하려고 기다리던 사람들도 따라왔다. 차니의 스위트룸은 책과 논문으로 덮여 있었다. 차니가 세계기상실험을 한창 계획하고 있었다는 사실은 나중에야 알았다. 그가 서류 더미에 파묻히고 무엇보다 그날 동료 과학자들이 그와 대화하고 싶어한 것은 이 때문이었다. 호텔 복도까지 우리를 따라온 사람들은 모두 기상학계의 권위자들이었다.

그와 작별 인사를 할 즈음 새로운 무언가가 내 안에 뿌리를 내리고 있다고 느꼈다. 그것은 내게 결여되었던 자신감, 확신이었다.

내가 학회에 참가한 것은 우연이었지만 이제는 새로운 목표가 생겼다.

도쿄에서 귀국하자마자 차니에게 편지를 써서 인도 출신의 초급과학연구관에게 귀한 시간을 내준 것에 감사했다. MIT에 가서 그와 함께 연구하고 싶은 마음이 굴뚝같다고도 했다.

차니는 답장을 보내지 않았지만 몇 주 뒤 내가 가족을 만나러 미르다에 와 있을 때 집배원이 우리 집 앞에 자전거를 세우고는 미국에서 편지가 왔다고 큰 소리로 외쳤다. 그가 난생 처음 배달해보는 유의 편지였다. 금세 마을 사람들이 봉투를 보려고 몰려들었다. 봉투 가장자리에는 빨간색과 파란색 줄무늬가 위풍당당하게 그려져 있었다.

MIT 기상학과 학과장 노먼 필립스(Norman Phillips) 박사가 보낸 편지였다. 안에는 대학원 입학 지원서가 들어 있었다.

2부
카오스 한가운데에서의 예측가능성

여섯

나는 미국에 돌아갔다.(고맙게도 풀브라이트 재단에서 여행 경비를 지원받아 금전적 부담을 덜었다.) 또다시 문화 충격을 받았지만 비서를 거느린 존경받는 과학연구관에서 저녁 식사를 직접 요리해야 하는 비천한 대학원생으로 신분이 낮아진 것이 훨씬 힘겨웠다. 푸네에서 일하는 동안 쓴 논문 몇 편을 바나라스 힌두 대학교에 제출하여 박사 학위를 받았다. 그땐 학업을 끝마쳤다고 생각했지만 학창 생활이 다시 시작되었다. MIT에서 소소한 장학금을 받긴 했어도 연구소에서 받던 월급에 비하면 없는 거나 마찬가지였다. 스물여섯 살에 처음부터 새로 시작한다는 느낌이 들었다.

물론 고마웠다. 행운에 조금 얼떨떨하기도 했다. 어쨌거나 나는 기상학의 본진에 들어섰다. 발전의 측면에서나 긴장도의 측면에서나 기상학의 최고봉이었다. 매사추세츠주 케임브리지에 와서 첫 몇 주간 만난 과학자들은 기상예측의 한계를 밀어붙이는 동시에 그 장벽에 호되게 부딪히고 있었다. 한편으로 위성과 슈퍼컴퓨터가 기상학 분야에 혁명을 일으켜 이제껏 상상할 수 있었던 것보다 더 많은 데이터와 더 복잡한 모델을 학자들에게 공급하고 있었다. 이를테면 대기의 어느 지점에서든 기온을 확인하고 그 데이터를 컴퓨터에 입력하여 내일의 강수량에 어떤 영향을 미치는지 볼 수 있게 되었다. 위성 기술이 등장하기 전에는 실물 장비를 설치할 수 있는 곳에서만 데이터를 수집할 수 있었는데, 느닷없이 어마어마한 변화가 일어난 것이다. 다른 한편으로 그 지식의 내재적 한계를 다루는 새로운 이론들이 등장하고 있었다. 이 이론들은 인간이 언젠가 먼 미래를 내다볼 수 있으리라는 일말의 희망마저 꺾어버리는 것 같았다.

이 밀고 당기기는 나의 두 지도교수 줄 차니와 에드워드 로렌즈(Edward Lorenz) 사이에서 가장 뚜렷이 드러났다. 이 분야의 두 거인 차니와 로렌즈는 나의 생각, 그리고 나의 삶을 영영 바꿔놓는다.

줄 차니는 1917년 새해 첫날 샌프란시스코에서 태어났다. 부모는 러시아 이민자이자 공공연한 사회주의자였으며 아들이 책, 음악,

저녁 식탁에서의 허심탄회한 정치 토론을 접하게 했다. 차니는 열네 살 때 친척의 책꽂이에서 미적분 교과서를 우연히 발견했다. 그는 페이지를 넘기다가 자신이 이미 몇몇 방정식을 풀 수 있음을 깨달았다. 수학과 과학에 대한 평생의 관심은 이렇게 탄생했다.

차니는 UCLA에서 물리학과 수학을 공부했으며 학사 학위를 받은 뒤 같은 학교 대학원에서 물리학을 전공했다. 1940년에 예르겐 홀름보에(Jørgen Holmboe)를 만났는데, 홀름보에는 초기조건과 몇 가지 수학 방정식만 이용하여 날씨를 예측할 수 있다는 주장으로 유명해진 과학자 빌헬름 비에르크네스의 조교였다. 홀름보에는 UCLA에 새로 개설된 기상학과에 차니를 초빙했다. 당시 기상학을 개설한 학교는 거의 없었지만 제2차 세계대전의 전운이 감도는 상황에서 군사력이 팽창하고 있던 탓에 기상학에 대한 관심이 부쩍 높아졌다. 전쟁에서 정확한 기상예측은 총이나 탱크만큼 요긴하기 때문이다.

당시 UCLA 기상 프로그램 책임자는 비에르크네스의 아들 야코브 비에르크네스(Jacob Bjerknes)였다. 그는 북극에 도달한 최초의 비행선에 기상학자로 탑승하여 명성을 얻었다.(전설적 극지방 탐험가 로알 아문센의 팀에 속해 있었다.) 1919년 아들 비에르크네스는 두 기단과 그 사이에서 격동하는 경계선(그는 여기에 '전선(front)'이라는 이름을 붙였는데, 제1차 세계대전 전장이 떠올랐기 때문이다.)이 기상요란(weather disturbance)의 주요 동인이라는 개념을 내놓았다.

이 명석한 선각자들 사이에서 차니는 승승장구했다. 1945년에는 대기 중위도 기류의 불안정성에 대한 박사 논문을 완성했다. 이를 위해 어마어마한 양의 계산을 손으로 해야 했는데, 기상학에서 일찍이 본 적 없는 수준의 수학이 동원되었다. 1946년 박사후 연구원이 되기 위해 오슬로로 가는 길에 세계 유수의 기상학자 칼구스타프 로스뷔(Carl-Gustaf Rossby)를 만나러 시카고 대학교에 들렀다. 로스뷔는 로스뷔파(지구 자전에 의해 생기는 대기와 해양의 행성파)라고 불리는 현상을 발견했으며《타임》표지를 장식한 유일한(아직까지도!) 기상학자였다. 로스뷔는 차니에게 연구원 취직을 1년 미루고 자신과 함께 시카고에서 연구하자고 설득했다. 그 시기에 로스뷔는 프린스턴고등연구소 회의에 차니가 참석하도록 주선했는데, 그곳에서 차니는 슈퍼컴퓨터를 제작하고 있던 요한 폰 노이만을 만났다. 폰 노이만은 컴퓨터가 기상예측과 기상조절에서 중요한 역할을 하게 되리라 믿었다.

1947년 차니는 오슬로에서 연구원 생활을 시작했다. 그곳에서 패러다임을 바꿀 기술의 전망에 영감을 얻은 그는 빌헬름 비에르크네스가 1904년 제안하고 루이스 프라이 리처드슨이 1922년 사후 6시간 예측에 이용한 방정식을 다듬는 일에 착수했다. 얼마 안 가서 차니는 몇몇 쓸데없는 잡음(음파와 중력파)을 없애면 더 정확히 예측할 수 있음을 입증했다. 차니가 수립한 방정식 집합은 오늘날 준지균 모델(quasi-geostrophic model)이라고 불리며 현대 기상학에서 가장 중요한 성취로 손꼽힌다.

어느 행성에서든 바람, 회전, 기압경도(두 지점의 대기압 차)는 서로 밀접하게 연관되어 있다. 기압경도력과 회전력이 완벽하게 균형을 이루는 수평바람을 지균풍(geostrophic wind)이라고 부른다. 거의 균형을 이루지만 완벽하지는 않은 수평바람은 준지균풍(quasi-geostrophic wind)이라고 부른다. 이 작은 불균형이 폭풍을 비롯한 기상요란의 필수 성분이다.

이 주제에 대한 1948년 논문에서 차니는 이렇게 썼다. "대규모 대기요란의 운동을 지배하는 것은 두 가지다. 하나는 온위(potential temperature)✦와 절대잠재소용돌이도(absolute potential vorticity)의 보존 법칙이고 다른 하나는 수평 속도가 준지균적이고 기압이 준정역학적(quasi-hydrostatic)이어야 한다는 조건이다." 50년 뒤 미국의 이름난 기상학자 노먼 필립스는 이 문장을 일컬어 "20세기를 통틀어 가장 효과적인 기상학적 명제"라고 말했다.[1] 어쨌거나 폰 노이만이 차니를 프린스턴고등연구소 기상학 그룹의 수장으로 초빙할 만큼 효과적이긴 했다.

차니와 아내는 연구소 사택에 입주했으며 오펜하이머 부부와 친한 친구가 되었다. 당시는 전쟁, 날씨, 기술이 밀접하게 얽혀 있었다. 1950년 봄, 차니의 모델을 시험 가동할 준비가 끝났다. 폰 노이만이 연구소에서 제작하던 컴퓨터가 아직 완성되지 않았기 때문에 차니 팀은 메릴랜드에 있는 애버딘시험장에 가서 미 육군의 에

✦ 수증기를 함유하지 않은 공기 덩어리를 열을 차단한 채 표준 기압 1000헥토파스칼까지 압축했다고 가정한 때의 온도로, 기단의 특성을 나타내는 데 쓰인다.

니악 컴퓨터로 24시간 기상예측을 시도했다. 이번 시험에서는 컴퓨터로 하루 예측을 내놓기 위해 10만 장의 천공카드, 100만 번의 계산, 꼬박 24시간의 처리 시간이 필요했지만 예측은 준수했다. (차니는 사본을 영국의 리처드슨에게 보냈다. 평생 평화주의자였던 리처드슨은 자신의 연구가 전쟁 지원에 쓰이자 수치예보에서 손을 떼고 기상학자로서 은퇴한 뒤였지만 "어마어마한 과학적 발전이군요."라는 답장을 보냈다.)

1952년 폰 노이만의 컴퓨터가 마침내 완성되자 차니는 더 복잡한 모델을 이용하여(대기를 한 층이 아니라 세 층으로 나눴다.) 더 길고 정확한 예측을 내놓을 수 있게 되었다. 차니의 예측이 1950년 추수감사절 사이클론('애팔래치아 대폭풍(Great Appalachian Storm)'이라고도 불리는 거대 블리자드로, 버지니아주 서부에 150센티미터의 눈을 쌓았다.)을 성공적으로 예측하자 연구소는(그곳에는 아인슈타인 같은 학자들이 있어서 과학적 혁신이 매우 흔했다.) 몇 년 전 일어난 폭풍을 컴퓨터로 단기 예측해낸 중대한 성취를 기념하기 위해 성대한 축하연을 열었다. (기사에 따르면 오펜하이머는 축하연에 참석했지만 심드렁했다고 전해진다.)

이제 폰 노이만과 차니는 자신들의 새 방법을 홍보하는 문제로 관심을 돌렸다. 두 사람은 미국 기상청, 공군, 해군, 전 세계 수치예보 연구진을 아우르는 합동수치예보단의 설립에 참여했다. 기상청 내 특별 부서의 설립에도 힘을 보탰는데, 이 부서는 훗날 프린스턴에 있는 해양대기청 산하 지구물리유체역학연구소(Geophysical Fluid Dynamics Laboratory, GFDL)가 되었다.

차니는 서른여덟의 나이에 현대 기상학의 향방을 완전히 바꿔 놓았으며 이제 대학 임용을 물색하기 시작했다. 매사추세츠 공과대학 교무과에서는 자신들의 저명한 기상학과에 차니를 임용하고 싶다는 의사를 피력하면서 어떤 조건을 제시하면 구미가 당기겠느냐고 물었다. 차니는 자신을 보스턴으로 유인할 수 있는 유일한 방법은 에드워드 로렌즈를 임용하는 것이라고 답했다. 로렌즈는 MIT 연구원으로, 차니는 그의 연구에 꾸준히 관심을 기울였으며 무척 존경했다.

에드워드 로렌즈는 태어난 시기는 줄 차니보다 불과 몇 개월 늦었지만 태어난 장소는 아메리카대륙 반대편에 있는 코네티컷주 웨스트하트퍼드였다. 매사추세츠주 케임브리지로 자리를 옮기는 것은 차니에게는 멀고도 험한 길이었지만 로렌즈에게는 가족의 유산을 되찾는 길이었다. 그의 외할아버지는 MIT에 화학공학과를 설립했으며 아버지도 MIT 학생으로, 2마일 달리기 기록을 세웠다.

로렌즈는 어릴 적에 게임(특히 체스), 지도, 음악, 천문학을 좋아했다. 또한 아주 어린 나이부터 숫자에 매혹되었다. 어머니에게 이끌려 마차를 타고서 동네를 돈 적이 있는데, 지나치는 집의 주소를 모조리 암송했다. 이 될성부른 과학자는 구구단을 다 왼 뒤에는 제곱근과 세제곱근에 푹 빠졌으며 얼마 지나지 않아 1부터 10000까지의 완전제곱수를 모조리 읊을 수 있었다.

로렌즈는 다트머스와 하버드에서 수학으로 학위를 받았는데 지도교수 중에는 미국의 저명한 수학자이자 역학계의 세계적 전문가 조지 데이비드 버코프(George David Birkhoff)가 있었다. 하지만 박사 학위를 마치기 전 제2차 세계대전이 발발하는 바람에 로렌즈는 미 육군 항공단에 징집되어 기상예보관 훈련을 받았다. 그가 수강한 특별석사과정은 MIT에 개설되어 있었는데, 여기서 로렌즈는 기상학과 기상예측 사이에 넓은 간극이 있음을 알게 되었다. 기상학은 대기를 과학적으로 이해하려는 시도인 반면 기상예측은 과거 기상도의 변화를 조사하고 통계적 관계와 직관을 이용하여 미래를 추정하려는 시도였다. 이론과 실천은 별개 문제였다.

훈련을 마친 로렌즈는 하와이로 파견되었다가 다시 사이판으로 파견되어 연합군의 일본 폭격을 지원하는 기상예측 작전의 수립에 참여했다. 하지만 그와 동료들의 노력은 걸림돌을 맞았는데, 군부에 대기 상층의 기상 관측 자료가 없었기 때문이다. 자료 대부분은 비행기 승무원들이 직접 수집한 것이었다. 이 한계는 1944년 윌리엄 홀시 제독이 필리핀해에서 2등급 허리케인 속으로 함대를 몰아넣으며 적나라하게 드러났다. 예방할 수 있었던 이 비극은 함정 세 척과 790명의 목숨을 앗았다.

전쟁이 끝난 뒤 로렌즈는 하버드 수학 박사과정을 마치지 않고 MIT에서 기상학을 연구하기로 마음먹었으며 1948년 유체역학 방정식을 대기 운동에 적용한 박사 논문을 완성했다. 박사 학위증을 거머쥔 로렌즈는 대기 대순환과 통계적 기상예측을 연구하는 과제에 연구원으로 참여했다. (이 연구의 정점은 「대기 대순환의 성격과 이론」이라는 기념비적 논문으로, 지금까지도 이 주제에 대한 결정판 문헌 중 하나로 남아 있다.) 이 시기에 로렌즈는 다른 기상학 연구실들을 방문했는데, 그중 하나인 고등연구소에서 줄 차니와 요한 폰 노이만을 만났다.

평생 수학자이던 로렌즈는 통계적 기상예측 과제를 연구하다가 기본적 전제의 타당성을 검증하고 싶어졌다. 그것은 과거 데이터를 이용하여 대기의 미래 조건을 예측하는 것이 가능한가였다. 그는 로열 맥비 코퍼레이션의 LGP-30(데스크톱 컴퓨터의 초기 모델로, 휴대용 계산기보다 약간 빠를 뿐이었다.)을 이용하여 자체 모델을 제작한 뒤 방정식 열두 개를 추려 대기 운동을 시뮬레이션 했다. 그리하여 마침내 과거에 대해 아무리 많은 정보가 있어도 미래를 정확히 예측할 수는 없음을 입증했다. 1960년 그가 도쿄 강연에서 말했듯 계산은 "초기조건에 대한 민감한 의존"의 징후를 보였다. 그가 과학에 이바지한 가장 중요한 개념을 예고하는 문구였다.

1961년 어느 날 로렌즈는 이 모델을 가지고 작업하다가 어떤 해(解)를 더 자세히 보고 싶어졌다. 그는 긴 과정을 처음부터 새로 실행하지 않고 중간에서 시작하기로 마음먹고는 컴퓨터가 최종 실행의 중간쯤에서 생성한 수를 입력했다. 그러고는 커피 한잔하러 밖으로 나갔다. 그런데 한 시간쯤 뒤에 돌아와 보니 원래 해와 전혀 다른 해가 도출되어 있었다. 처음에는 소프트웨어에 문제가 있는 줄 알았다. 컴퓨터는 같은 데이터를 입력하면 같은 답을 내놓아야 했기 때문이다. 하지만 그때 새로운 해의 숫자가 프로그램의 처음

몇 단계까지는 원래 해와 똑같다는 사실을 깨달았다. 그 뒤로 데이터가 점차 분기하다 급기야 두 해가 하도 달라져 마치 무작위로 고른 것처럼 보일 지경에 이른 것이다.

　로렌즈는 단박에 원인을 알아차렸다. 그가 출력물을 보고서 입력한 숫자는 소수점 이하 셋째 자리까지였지만 컴퓨터에 저장된 숫자는 소수점 이하 여섯째 자리까지로 정밀했다. 데이터의 차이는 점 하나의 1000분의 1보다도 작았지만 이 작은 오류가 결과의 커다란 차이를 낳았다. 로렌즈는 대기가 같은 방식으로 행동한다면 과학자들이 완벽하게 정확한 초기조건을 파악하지 못하는 이상 장기 기상예측은 불가능함을 깨달았다. 모델에 무심결에 입력된 작은 오류는 지수적으로 증가하여 모델의 나머지 모든 수치를 왜곡했으며 고작 일주일이 지나자 기상예측은 무용지물이 되었다. 기상학자들이 습도나 기압을 소수 다섯째 자리까지 측정할 수 있을지 몰라도 여섯째 자리를 모르면 컴퓨터는 결국 엉뚱한 계산을 내뱉을 것이다. 에드워드 로렌즈는 카오스 이론을 발견했다. 나비효과라고 부르기도 한다.

나의 두 지도교수는 더없이 달랐다. 줄 차니는 어느 파티에서나 주인공이었던 반면에 에드워드 로렌즈는 어떤 사교 모임에서든 겉돌았다. 그것도 참석할 때 얘기였지만. 로렌즈는 정확히 필요한 말만 하는 반면 차니는 말하기를 좋아했으며 프린스턴고등연구소 시절의 이야기를 대학원생들에게 즐겨 들려주었다.

MIT에 입학한 첫해 학과 주최로 포도주와 치즈를 곁들인 소규모 파티에 참석했다. 나를 비롯한 대학원생들은 여느 때처럼 차니 주변에 둘러서서 그의 한마디 한마디에 귀를 기울였다.

"포도주 그만 마셔야겠군. 이러다 입에서 진실이 나오겠어." 그가 굵은 눈썹을 짓궂게 치켜세우며 농담했다. 물론 그는 멈추지 않았다. 오히려 어느 날 요한 폰 노이만이 자신에게 복도 저편으로 가서 알베르트 아인슈타인에게 인사하라고 제안했던 일을 떠올렸다. 아인슈타인 박사가 물리법칙을 이용한 기상예측 연구에 관심을 가질 거라고 폰 노이만은 주장했다. 차니는 아인슈타인을 만난다고 생각하니 신경이 곤두섰다고 털어놓았다.(차니가 이 말을 할 때 다들 눈짓을 주고받았다. 차니가 아인슈타인에게 느낀 감정을 우리는 차니에게 느끼고 있었으니까!) 마침내 용기를 내어 아인슈타인을 만나러 간 차니는 아인슈타인이 자신을 전혀 모른다는 사실에 낙담했다. 심지어 다른 과학자와 헷갈리기까지 했다.

또 언젠가 차니는 폰 노이만이 직접 등장하는 이야기를 들려주었다. 차니에 따르면 폰 노이만은 허리케인의 눈에 원자폭탄을 터뜨리자고 미군에 제안하는 방안을 진지하게 고민했다고 한다. 폭탄의 에너지가 폭풍의 세기를 줄여 파괴력을 감소시킨다는 이론이 그 근거였다. 폰 노이만의 기상조절 개념을 검증할 수도 있을 것이었다. 차니를 비롯한 기상 전문가들은 가설의 타당성에 대해 회의적이었다. 또한 방위 산업 최고위층과 연줄이 있는 폰 노이만이 군부를 설득하는 데 성공할지도 모른다고 깊이 우려했다. 결국 그들은 그것이 좋지 않은 방안이라고 폰 노이만을 설득할 수 있었다.

우리에게 차니는 신생 학문인 기상학의 모든 희망, 흥분, 심지어이따금의 영광을 대표하는 인물이었다. 로렌즈는 차니를 돋보이게하는 완벽한 조연이었다. 칵테일파티보다는 실험실을 훨씬 좋아하는 금욕적 천재였다. 두 사람은 이론조차 동전의 양면처럼 정반대였다. 차니의 연구가 **뭐든 가능하다!**라고 말하면 로렌즈의 연구가 **김칫국 마시지 마!**라고 받아치는 격이었다.

나는 인도에서 4년을 몬순 연구에 바친 뒤였기에 장기 기상예측이 불가능하다는 로렌즈의 선언이 낙심스럽기 그지없었다. 어쨌거나 내가 기상학을 첫 일자리로 선택한 것과 MIT에 온 것은 사람들을 돕기 위해서였다. 사람들을 도우려면 날씨, 특히 몬순을 최대한 멀리까지 예측해야 했다. 그러면 정부와 국민은 경제적·신체적안녕에 대한 결정을 정보에 입각하여 내릴 수 있다. 기상학자들이이미 예측 잠재력의 한계에 도달했다면 계속해봐야 무슨 소용이겠는가? 회의가 들었다.

하지만 삶에서는 이 시점에 자신감을 느끼기 시작했다. 딱히 설명할 순 없었지만 나 같은 시골뜨기가 MIT에 입성할 수 있다면 다른 뜻밖의 일도 일어날 수 있지 않을까. 내가 일종의 계시, 찬란하게 번득이는 영감을 얻으리라 착각할 만큼 어수룩하지는 않았다. 뉴턴, 라마누잔, 아인슈타인 같은 남다른 과학자들의 유레카 순간에 대해 듣긴 했지만 이른바 천재가 존재한다고 덥석 믿지는 않았다. 내가 수학과 기술에 문외한이라는 것도 잘 알고 있었다. 하지만 나는 아버지에게서 불굴의 낙관주의를 조금 물려받았다. 지리적이든 관료적이든 건축에 관한 것이든(학교 건물이 아예 없는 상황이었으므로) 모든 장애물을 극복할 수 있고, 노력과 건강한 직관이 아버지를 멀리까지(심지어 당신이 상상한 것보다 더 멀리) 이끌었다는 믿음이 내게도 있었다. 여기서 그만둘 생각은 없었다.

내가 자신감을 되찾은 또 다른 계기는 로렌즈 본인이었다. 나는 MIT에 오기 전엔 에드워드 로렌즈라는 이름을 들어본 적이 없었다. 1학년 1학기에 그의 기상역학 강의를 듣고 있는데, 수업이 끝나갈 무렵 이 사람이 내가 이제껏 본 선생 중에서 의심의 여지 없이 가장 훌륭하다는 확신이 들었다. 나만 그런 것이 아니었다. 로렌즈가 우수 강의상을 하도 오랫동안 독차지하는 바람에 기상학과에서 상을 폐지할 정도였다.

모든 수업이 깨우침의 순간이었다. 로렌즈는 말투가 단조로워도 모든 문장을 어찌나 유려하고 명징하게 구사하던지 공들여 다듬고 여러 번 연습한 대본을 읽는 것 같았다. (실은 우리 모두 필기에 강박적으로 매달렸는데, 안토니우 모라(Antonio Moura)는 자신의 필기를 기상역학 교재로 엮을 생각까지 했다.) 날마다 교실을 나설 때마다 이날 배운 모든 것과 내가 몰랐던 모든 것에 얼떨떨하고 어리벙벙했다. 마침내 부족한 부분을 채워주는 교육을 받을 수 있었다.

차니는 내게 박사 학위가 있다는 걸 알고서 자기 밑에서 박사후 연구원을 하지 않겠느냐고 물었다. 박사후 연구원은 남부럽잖은 자리이며 급여도 훨씬 높았다. 계층 사다리의 위쪽으로 올라갈 기회임은 말할 것도 없었다. 하지만 수업을 듣지 못하게 된다는 게 가슴 아팠다. 한편으로 수치예보를 미래주의적 공상에서 현실주의적 응용으로 탈바꿈시킨 기상학자 밑에서 일할 기회는 대학원생이라면 누구에게나 솔깃했겠지만 다른 한편으로 대기와 이를 지배하는 물리법칙에 대한 나의 빈약한 이해를 보완할 기회를 놓친다는 게 아쉬웠다.

세상에서 가장 유명한 기상학자를 우연히 만나고 고작 3년 뒤 나는 차니의 박사후 연구원 제안과 그에 따르는 급여를 거절했다. 시간 여유를 가지고서 과학자로 성장하고 싶었다. 명석한 학생과 학자들 곁에 앉아 내가 습득할 수 있는 모든 지식을 습득하고 싶었다. 로렌즈의 암울한 전망을 무릅쓰고 차니의 예측 연구를 진전할 방법을 찾으려면 더 많은 지식이 필요했다. 나는 차니에게 대학원생으로 남고 싶다고 말했다.

다소 두려움을 느끼며 두 명의 멘토에게 나의 목표는 월평균과 계절평균의 예측가능성을 실증하는 것이라고 말했다. 기쁘게도 두 사람 다 내 목표를 선뜻 응원해주었다.

1996년 5월 에드워드 로렌즈가 메릴랜드의 내 집에 들렀다. 그는 방금 펜실베이니아 주립대학교에서 명예 학위를 받았다. 클린턴 대통령이 졸업식 축사를 했다. 로렌즈는 응접실 탁자 앞에 앉아 물잔을 쥔 채 클린턴이 자신에게 건넨 인사말을 들려주었다. "제 삶에는 카오스가 참 많습니다."

로렌즈가 나비 효과와 카오스 이론이라는 용어를 처음 만들어낸 지 60여 년이 지난 지금도 두 단어가 대화 주제로 오르내리고 텔레비전 방송에서 언급되고 광고에 쓰인다는 것은 과학 문외한도 안다. 클린턴과 마찬가지로 누구나 자신이 살아낸 경험에 비추어 이 용어에 나름의 의미를 부여한다.

또한 당신은 버스를 놓치면 비행기를 놓치고 면접을 놓치고 꿈꾸던 진로를 놓칠 수 있음을 안다. 이 현상은 카오스 논의에서 흔히 쓰이는 또 다른 용어 나비 효과와 관계있다. 날씨와 마찬가지로 사람들의 삶에서도 "초기조건에 대한 민감한 의존"을 볼 수 있다.

그런데 이 문구는 어디서 왔을까?

로렌즈가 1972년 워싱턴 DC에서 '예측가능성: 브라질에서 나비가 한 날갯짓이 텍사스에서 토네이도를 일으킬까?'라는 제목으로 강연했고 여기서 왔다는 게 중론이다. 강연 시점은 카오스 이면의 과학적 원리가 발표된 지 오랜 뒤였다.(그의 두 논문 「결정론적 비주기 흐름」과 「수력학적 흐름의 예측가능성」은 1963년 발표되었다.)

하지만 로렌즈의 강연 제목에는 원래 나비라는 말이 들어 있지 않았다. 실은 전혀 다른 동물이 등장한다. "갈매기의 날갯짓 한 번이면 날씨의 경로를 영원히 바꾸기에 충분할 것이다." 그날 우리 집 다이닝룸에서 나의 열세 살 난 딸 소니아가 로렌즈에게 카오스 이론에 대해 물었는데, 그는 다시 한번 갈매기 날갯짓을 예로 들어 설명했다.

그렇다면 갈매기가 나비로 언제 바뀌었을까? 워싱턴 DC 강연에서 로렌즈는 대기의 성질을 모방하는 단순한 세 변수 비선형 모델에서 세 번째 변수를 고정값으로 놓고 다른 두 변수의 값을 작도했다. 궤적은 돌고 또 돌면서 단 한 번도 교차하지 않았다. 해들이 반복되지도 않고 안정 상태로 수렴하지도 않는 이 성질은 유례가 없었으며 수학자들에게 금시초문이었다.

로렌즈의 동료 과학자이자 워싱턴 DC 학회를 조직한 필립 메릴리스(Philip Merilees)의 눈에는 화면에 투사된 결과가 나비 모양으로 보였다. 메릴리스는 로렌즈와 상의하지 않고(연락할 방법이 없었다.) 갈매기에서 나비로 제목을 바꿨다. 나머지는 역사에 기록된 대로다.

로렌즈가 발견한 카오스 이론과 나비 효과는 장기 일기예보에 심각한 타격을 가했다. 로렌즈의 연구에 담긴 중대한 의

미를 이해한 사람은 다름 아닌 줄 차니였다. 이후 몇 년간 당시 접근할 수 있는 가장 정교하고 복잡한 전지구적 대기 모델을 이용하여 기상예측의 한계를 추정하는 국제 연구를 출범시킨 장본인 말이다.(세계기상실험을 준비하는 단계였다.) 차니는 기상예측 정확도를 향상하자는 자신의 제안에 탄탄한 과학적 토대가 있음을 확실히 해두고 싶었다. 만전을 기하기 위해 결과 보고서에 '전지구적 관측 및 분석 실험의 타당성'이라는 제목을 붙였다.

1981년 로렌즈는 명실상부한 수치예보 선도 기관인 유럽중기예보센터(European Centre for Medium-Range Weather Forecasts, ECMWF)를 방문했다. 유럽중기예보센터 모델의 실시간 예측을 이용하여 오류가 얼마나 빨리 커지는지 새로 추정했다. 1982년 논문에서 로렌즈는 지난 수십 년간 5일 예측과 10일 예측이 부쩍 정확해진 이유는 1일 예측이 현저히 향상되었기 때문이라고 결론 내렸다. 즉 현재 관측 결과들을 합쳐 초기조건을 기술하는 과학자들의 능력이 훨씬 나아진 것이다.

로렌즈 박사가 기상예측의 메카를 방문한 지 20여 년 뒤이자 카오스와 예측가능성에 대한 기념비적 논문이 발표된 지 40년 뒤인 2004년 4월 17일 나는 옛 지도교수와 전화 통화를 했다.(그는 통화 녹음을 허락했다.) 나는 그에게 1960년대 카오스 연구가 너무 비관적이진 않았는지, 기상예측에 대한 그의 전망이 너무 암울하진 않았는지 은근슬쩍 물었다.

로렌즈는 잠시 침묵하더니 내 지적에 수긍했다. "위성 데이터가 큰 도움이 되기까지는 오랜 기간이 걸렸다네. 지금은 정말로 요긴하지. 처음엔 놀랐어. 언제까지 나아질지는 모르겠지만. 사실 나도 국지적 5일 예측을 듣고 신뢰한다네. 20년 전에는 절대 그러지 않았겠지만."

나의 옛 멘토는 이제 기상예측을 달리 전망할 준비를 마쳤다. 카오스에도 불구하고 말이다. "5일 예측을 향상시키는 유일한 방법은 2일 예측을 향상시키는 거라네."

전화 통화 말미에 로렌즈에게 관측, 모델링, 연구에 대한 지속적 장기 투자를 대통령에게 촉구하는 편지를 쓸 의향이 있는지 물었다. 놀랍게도 그는 있다고 답했다. 내가 연명할 과학자들만 더 모아준다면 얼마든지 쓰겠다고 말했다. 하지만 친구들끼리 자유롭게 대화하다 떠오른 아이디어가 다 그렇듯 이 기획도 현실화되진 못했다.

어쨌거나 로렌즈의 초기 기여 덕에 우리는 예측이 때에 따라 훨씬 나아진다는 사실을 안다. 하지만 어느 때인지 미리 알 수는 없다. 그렇기에 나의 좋은 친구인 유럽중기예보센터의 팀 파머(Tim Palmer)가 개척한 앙상블 예측(ensemble forecasting)이라는 현행 기법은 같은 날의 초기조건으로부터 20~50개의 예측을 만들어낸다. 나비들이 들어 있는 항아리를 흔들듯 초기조건을 살짝 교란하는 방법이다. 여기서 도출되는 예측이 천차만별이면 기상학자들은 앞으로 벌어질 현상에 여전히 불확실성이 많음을 알 수 있다. 반면에 많은 예측이 비슷해 보이면 더 확신할 수 있다. 여러분이 사는 지역의 일기예보가 예상과 그 예상이 적중할 **확률**로 표현되는 것은 이 때문이다.

카오스를 다스리려는 우리의 노력은 계속된다.

일곱

MIT에서 행복했지만 내 마음 한구석에는 늘 인도가 있었다. 연구에 몰두할수록 고국에 돌아가 그곳에서 변화를 일으켜야겠다는 결심이 커졌다. 인도의 사회·경제 문제에 대한 책을 읽기 시작했으며 인도 농촌 사회에 대해 동료 학생들과 자주 토론했다. 정치 혁명과 (나중에는) 인구역학에 대한 수업도 들었다. 귀국하고서 총선에 출마하려고 마을 인근 지역구들을 조사하기까지 했다. 케임브리지에 도착하고 얼마 지나지 않아 친구들이 내게 별명을 지어주었다. '상원의원'이었다.

미국에서 지낸 1년여 동안 한 번도 인도를 방문할 수 없었다. 인도에 가려면 시간과 돈이 많이 드는데 대학원생에게는 둘 다 없었다. 하지만 인도에 대해, 어머니가 해준 요리에 대해, 발리아행 기차에서 본 푸른 논의 은은한 정경에 대해 종종 백일몽을 꾸었다.

인도를 떠난 지 1년 반도 더 지난 1972년 가을 마침내 집에 돌아갈 기회가 생겼다. 비록 서글픈 이유에서이긴 했지만. 인도 출신의 MIT 물리학과 학생 하나가 2000볼트짜리 레이저를 실수로 건드렸다가 목숨을 잃었다. 나는 그의 시신을 우타르프라데시 동부에 있는 가족에게 운구해달라는 부탁을 받았다. 항공료를 지원받고 외유를 허락받은 덕에 비록 하루이긴 하지만 미르다를 방문할 수 있었다. 우울한 임무였지만 귀향하게 되어 들떴다.

하지만 비행기가 수도 외곽의 농지 위로 고도를 낮추자 흥분이 말라버렸다. 때는 초가을이었다. 만물이 푸르고 화사하고 모든 강과 호수에 물이 가득하여 찰랑거려야 마땅했다. 하지만 메마른 개울 바닥이 황량한 풍경을 뱀처럼 구불구불 가로질렀다. 나무는 앙상했고 공기는 흙먼지로 뿌옜다. 고국이 다시 한번 지독한 가뭄에 시달리고 있음을 단박에 알 수 있었다.

미르다는 사정이 더 열악했다. 우리 가족마저 식량이 부족했다. 내가 어릴 적에는 거의 없던 일이었다. 고통받는 마을을 둘러보는 동안 내 생각은 먼 곳에, 떠나온 MIT 교실에 있었다. 이렇게 극단적이고 전면적인 현상에는 틀림없이 전조가 있었을 것이다. 생명을 유지하기 위한 변화를 예상할 방법을 우리에게 알려주지 않을 만큼 자연이 잔인할 리 없다고 생각했다.

가족을 만나는 것만도 시간이 빠듯했기에 머릿속에서 핑핑 돌아다니는 대기의 물리학과 역학에 대해 숙고할 여유가 없었다. 하지만 이튿날 이른 아침 해를 맞으며 기차가 출발할 때 새로운 결심이 섰다. 박사과정을 마치면 시간을 조금도 허비하지 않고 인도에 돌아오겠노라 마음먹었다.

내가 MIT에서 고작 네 학기를 보냈을 때 차니가 영국과 이스라엘에서 안식년을 보내기로 했다. 나의 학업이 그의 부재에 발목 잡히지 않도록 학과장 노먼 필립스는 차니가 없는 동안 내가 연구할 수 있는 또 다른 기관을 수소문했다. 필립스는 당시 프린스턴에서 해양대기청 지구물리유체역학연구소(GFDL) 소장을 맡고 있던 절친한 친구 조지프 스마고린스키(Joseph Smagorinsky)를 찾아갔다. 어느 날 필립스가 흥분한 채 내 연구실에 뛰쳐 들어와서는 스마고린스키가 나를 기억하더라고 말했다. 하긴 푸네에서 일하던 시절 스마고린스키의 강좌에 참석하고 강연 후에 그에게 다가가 질문을 던진 적이 있었다. 이것만으로도 1년간 연구소 방문학생 자리를 얻기엔 충분했다. 나는 마나베 슈쿠로(Manabe Syukuro, 나는 수키라고 불렀다.) 밑에서 연구하게 되었다. 몇 달 전 러시아 공항 수화물 찾는 곳에서 수키를 만난 적이 있었다. 우리 둘 다 예레반에서 열리는 몬순 학회에 가는 길이었는데, 러시아 공항에 도착하고 보니 여행 가방이 온데간데없었다. 이것이 미래 멘토가 내게 줄 많은 교훈 가운데 첫 번째였다. 발표용 슬라이드는 항상 기내용 가방에 넣을 것.

앞으로 1년을 수키 밑에서 보내게 되었다는 사실을 알고서 신이 났다. 이 분야 사람들은 누구나 프린스턴의 이 일본인 과학자가 세상에서 가장 성능이 좋은 기후 모델을 개발했음을 알았는데, 내게도 그 모델로 연구할 기회가 생긴 것이다. 나는 1973년 여름 기꺼운 마음으로 GFDL에 출근했다.

수키와 아내 노코는 나와 만나자마자 친구가 되었다. 수키는 키가 작고 호리호리하며 눈매가 서글서글했다. 환하게 미소 지으면 벌어진 잇새가 보였으며 너털웃음은 덩치에 걸맞지 않게 호탕했다. 강의실에서는 연극배우처럼 세련되고 활기차게 움직였다. 학생들은 그를 사랑했다. 태도가 장난스러웠지만 그는 무시무시한 천재였다. 수키는 최초의 3차원 대기 모델을 만들어 동료 기상학자들의 존경을 받았다.[1]

수키의 모델은 IBM 7030으로 개발되었는데 이 컴퓨터의 별명은 스트레치(Stretch)로, 당시로서는 어마어마한 고성능이었다. 스트레치는 국방부의 의뢰로 수소폭탄의 효과를 시뮬레이션하기 위해 설계되었으며 무게가 35톤에 단독주택 한 채보다 넓은 공간을 차지했다. 이 컴퓨터는 총 아홉 대가 제작되어 하나는 국가안보국, 하나는 로스앨러모스국립연구소, 하나는 기상청에 설치되었다. 수키는 이 기상청 컴퓨터를 1958년부터 이용했다.

1966년 수키는 온실가스와 지구 대기 온도의 관계를 탐구하도록 설계된 모델을 가지고 단순해 보이지만 복잡한 계산을 실행했다. 그의 모델에서 대기 중 이산화탄소 농도를 1만 분의 3에서 1만 분의 6으로 증가시켰더니 지구 표면 온도가 무려 2.2도나 상승했다.(수키는 인류발 지구온난화를 모델링한 최초의 연구자였으며 수십 년 뒤 이 공로로 노벨물리학상을 받았다.)

그의 모델이 위력적이고 그의 평판이 드높았기에 수키가 내게 프린스턴에서 무엇을 연구하고 싶으냐고 물었을 때 대답을 잘해야겠다고 생각했다. 그래서 새로운 분야인 지구온난화를 탐구하는 데는 관심이 없으며 인도 몬순강우를 예측하고 싶다고 말했다. 그러자 수키의 얼굴이 환해졌다. 그는 세계의 모든 산이 평평해지면 지구의 기후가 어떻게 될지 연구하려고 자신의 모델로 실시한 몇 가지 계산에 대해 들려주었다. 히말라야산맥을 평평하게 했더니 몬순이 사라지다시피 했다는 것이다. 그것이야말로 내가 연구하고 싶은 문제였다.

사실 나는 비슷한 생각의 씨앗을 품고 프린스턴에 왔다. 멕시코만류를 연구한 MIT의 전설적 해양학자 헨리 스토멜(Henry Stommel)이 심은 씨앗이었다. 스토멜은 내가 몬순의 역학에 특별한 관심을 가졌음을 알고 어느 날 내 연구실에 들러 내 연구에 요긴할 것 같다고 생각한 새 데이터를 몇 가지 보여주었다. 소말리아 해안에서 아라비아해 해수면 온도가 무려 16도나 급락하기도 한다며, 어쩌면 소말리아 제트류와 관계가 있을지도 모른다고 말했다. 이 바람은 아라비아해를 가로지르는 남서풍으로, 몬순비를 인도에

몰고 온다.

나는 이 발상에 대번 흥미를 느껴 아라비아해 해수면 온도와 그해 인도 강수량 사이에 상관관계가 있는지 확인하기 위해 입수 가능한 데이터를 분석하기 시작했다. 그랬더니 정말로 패턴이 나타나는 듯했다. 바다가 차면 인도는 건조했다. 바다가 더우면 인도는 축축하고 푸르렀다. 이유는 간단했다. 바다가 더우면 물이 공기 중으로 더 많이 증발하여 비가 더 많이 내린다. 하지만 전지구적 대기의 수치 모델을 이용하여 이 패턴을 입증한 사람은 아무도 없었다.

마나베 박사에게 아라비아해의 온도에 급격한 변화를 준 그의 모델로 일련의 실험을 진행하여 이것이 몬순강우에 어떤 영향을 주는지 알아보고 싶다고 말했다. 수키의 슈퍼컴퓨터에 익숙하지 않은 나를 위해 그의 연구원 한 명이 실험 진행을 도와주었으며 그 덕에 결과 분석에 집중할 수 있었다. 그 뒤로 몇 주간 아라비아해의 해수면 온도에 대한 가상의 패턴을 만들어냈다. 스토멜이 보여준 대로 아프리카 해안 근처의 바닷물을 매우 차게 했더니 찬물이 인도까지 퍼졌다. 나는 모델의 잡음을 제거하기 위해 의도적으로 큰 수를 써서(해안 근처는 2~3도 낮고 바다로 나갈수록 점점 덜 차가워지도록 했다.) 해수면 온도가 결과를 좌우하는 변수가 되도록 했다. 하지만 지금 생각하면 반칙이었다. 내가 아는 그 누구도 전지구적 모델을 이용한 수치실험(numerical experiment)에서 한정된 영역, 특히 아라비아해의 수온을 변화시킨 적은 없었다.

사실 기상학 분야의 많은 동료는 해수 온도의 미미한 변화 효과를 전지구적 모델에서 시뮬레이션할 수 있다는 데 회의적이었다.(초기 모델들에는 이런 통념이 반영되었다.) 어쩌면 약간의 헛된 희망이었는지도 모르겠다. 해양역학에 대한 우리의 이해는 대기역학에 비해 여러 해 뒤처져 있었으니 말이다. 물론 그럴 만도 했다. 지구의 바다가 거대하기에 우리가 풀어야 할 문제도 그만큼 거대하다. 바다에는 수많은 경계가 있으며 문자 그대로나 비유적으로나 수면 아래서 수많은 일이 벌어지고 있다. 데이터를 얻는 것은 불가능에 가깝다. 내가 연구 초기에 이용한 모델들에서 해수면 온도를 고정값으로 둔 것은 이 때문이다. 커다란 물 덩어리는 대기에 비해 매우 느리게 가열되고 냉각되기 때문에 기상학자들이 단기 예측을 내리는 데 별 영향을 미치지 못했다.

하지만 프린스턴에서 나의 연구 결과가 나오기 시작하자 해양과 대기가 실은 밀접하게 연관되어 있음을 한눈에 알 수 있었다. 이를테면 우리의 모델에서 아라비아해의 해수면 온도 값을 더 낮게 입력하면 인도는 극심한 가뭄을 맞았다. 이 수치들은 분명 한 번도 관측된 적 없는 과장된 값이었지만 나의 갓 태어난 가설에 일리가 있음을 보여주었다. 장기 예측에 도움이 되는 대규모 해양·대기 조건이 정말 있는지도 모를 일이었다. 어떤 의미인지 온전히 확신할 순 없었지만 시작부터 조짐이 좋았다.

줄 차니조차 감명받았다. 그는 여러 동료에게 내 연구에 대해 이야기했으며 나는 금세 존경하는 과학자들에게서 편지를 받고 그들을 만나게 되었다. 그중에는 영국의 수학자 프랜시스 브레더턴

(Francis Bretherton)과 장기 예측의 선도적 연구자 제롬 나미아스
(Jerome Namias)도 있었다. 심지어 나미아스는 내게 비슷한 실험
으로 태평양 온도가 북아메리카 기후에 영향을 미치는지 알아볼
수 있겠느냐고 묻기까지 했다. 애석하게도 수키의 고성능 슈퍼컴퓨
터를 이용할 수 있는 할당 시간을 다 써버린 뒤였다.

프린스턴에서의 내 연구 결과가 주목받은 이유는 전지구적 대
기 모델을 이용하여 해수면 온도 변화와 몬순강우의 관계를 입증
한 첫 사례라서다. 하지만 내게는 의미가 더 컸다. 고향 사람들에게
절실한 문제였기 때문이다.

나는 MIT에서 기상역학 수업을 들으면서 대기를 지배하는 물리법
칙에 대해 배웠고 물리기상학 수업에서는 복사와 대류 같은 물리
적 대기 과정에 대해 배웠으며 종관기상학(synoptic meteorology)
수업에서는 기상도에서 보는 날씨 패턴에 대해 배웠다. **이렇게 지
식의 토대를 쌓고 나면 어느 과학자라도 자신감이 생길 것이다. 나**
는 분명히 그랬다. 이 수업과 명석한 강사들 덕에 날씨가 왜 생기는
지와 어떻게 예측하는지를 마침내 이해할 수 있었다.

하지만 몬순가뭄이 왜 여러 달, 여러 계절 동안 지속되는지에 대
해서는 어떤 실마리도 얻을 수 없었다. 그럼에도 날씨를 이해하고
예측할 수 있다면 계절기후도 이해하고 예측할 수 있다는 확신이
들기 시작했다. 아직 방법을 알아내지 못했을 뿐. MIT 과정이 끝나
갈 무렵 내가 그 방법을 알아낼 수 있겠다는 배짱이 커졌다.

하지만 우선 여느 대학원생과 마찬가지로 논문을 써야 했다. 이 마지막 허들을 넘어 집에 돌아가고 싶은 마음이 굴뚝같았지만 어느 주제를 고르느냐가 발목을 잡았다. 지금은 기상예측의 한계, 나비 효과, 카오스 이론이 우리 분야에서 하나의 패러다임으로 확고하게 자리 잡은 탓에 나의 대담한 포부인 계절예측을 내놓기가 힘들 것 같았다. 내게는 아직 이 문제를 해결할 수학적·기술적 역량이 없었다.(애초에 해결이 가능하다면 말이지만.) 로렌즈는 한 번도 그렇게 말하지 않았지만 그의 엄청난 발견으로 인해 학계는 계절예측이 불가능하며 수치예보의 시간 척도를 계절로 확대할 가망이 없다고 결론 내렸다. 아직은 그 패러다임에 도전할 때가 아니었다.

정말로 지도교수에게 논문 주제를 점지받고 싶었다. 아버지가 내 학창 시절 초기 16년간 길잡이가 되어주었듯 말이다. 차니가 나의 MIT 과정 연구비를 지원하고 있었으므로 내게 무엇을 할지 알려줄 거라 생각했다. 논문자격시험을 몇 주 앞두고서 무엇에 대해 논문을 써야 하느냐며 차니를 들볶았다. 하지만 그때마다 "좋은 과학 질문을 생각해내는 건 힘들지. 그렇지 않나?"처럼 대답은 막연하거나 알쏭달쏭했다. 처음에는 차니에게 새 아이디어가 바닥난 줄 알았다. 줄 차니가 좋은 과학 질문을 정의 내리지 못하는데 내가 어떻게 한단 말인가? 하지만 독립적으로 생각하고 스스로 논문 주제를 찾아 흥미로운 연구를 추구하도록 차니가 나를 밀어붙이고 있음을 금세 깨달았다. 이제 나의 두 발로 설 때가 되었다.

계절예측은 당장은 논외로 했지만 몬순강우 예측을 연구하고 싶은 마음은 여전했다. 나는 지푸라기라도 잡는 심정으로 내 멘토에게 다시 매달렸다. 이번에는 그의 과거 연구였다. 차니의 논문들을 다시 읽고 나니 그의 혁신적 논문 연구가 온대지방 대기에서 겨울 폭풍이 생기는 이유를 이해하는 타당한 이론을 제시한 것과 마찬가지로 나도 여름 몬순철 몬순폭풍(과학자들은 몬순저기압이라고 부른다.)의 기원에 대해 이론을 제시할 수 있을 것 같았다. 이 저기압은 대체로 벵골만에서 형성되어 북서쪽으로 이동해서는 인도에 많은 비를 내린다. 차니가 대기 중 겨울 편서풍의 수직 전단력(shear)만 고려한 것에 비해 나는 여름몬순 바람의 수직 전단력과 수평 전단력을 둘 다 고려하여 이를 확장할 수 있었다.

수직 전단력은 대기의 서로 다른 두 층의 풍속 차이다. 위층에는 빠른 제트류(서쪽에서 동쪽으로 부는 바람으로, 편서풍이라고 부른다.)가 부는 반면에 지구 표면 근처에는 느린 바람이 분다. 북아메리카에 폭풍을 일으키는 것은 이 강력한 수직 윈드시어(wind shear)*다. 몬순지대의 수직 전단력을 고려하는 것에서 한발 더 나아가 수평 윈드시어(위도가 다르고 고도가 같은 두 층에서 나타나는 풍속 차이)도 포함할 수 있겠다는 생각이 들었다.

내가 적당한 주제를 찾아내자 차니는 나의 논문 연구에 대해 이야기할 시간을 기꺼이 내주었다. 그는 아이디어는 마음에 들지만 이걸로는 부족하다고 말했다. 수직 전단력과 수평 전단력에 더해

⚡   풍향에 대해 수직인 면을 가로지르는 풍속의 변화.

응결잠열(수증기가 액체 방울로 응결할 때 방출되는 열의 양)을 모델에 포함하되 응결잠열 공식뿐 아니라 최근 일본의 기후학자 아라카와 아키오(Arakawa Akio)가 제안한 가장 복잡한 공식까지 접목하라고 조언했다.

차니가 제안한 방식의 연구를 하려면 단순 대수를 이용하여 풀 수 없는 비선형 방정식을 선형 방정식, 즉 풀 수 있는 방정식으로 바꿔야 했다.

비선형 관계는 변수들이 서로 일정하거나 예측 가능하게 의존하지 않는 관계다. 이를테면 우리가 일에 쓰는 시간과 전체 행복의 관계를 생각해보자. 연구에 따르면 일을 많이 할수록 목적의식을 더 많이 느끼고 행복해진다. 하지만 여기에는 한계가 있다. 문턱값을 넘으면 행복이 급락한다. 일주일에 80시간 일하면 목적의식으로 충만해지는 것이 아니라 다른 변수들(이를테면 수면 부족) 때문에 극도의 스트레스와 피로를 느끼게 된다. 기상학 변수들의 관계도 이와 같다. 조건에 따라 관계가 달라지는데, 여기서 조건이란 대기 중에서 작용하는 다른 변수들을 뜻한다.

방정식을 선형화하려면 변수들이 예측 가능한 방식으로 맞아떨어지도록 까다로운 수학 방정식을 풀어야 한다. (비선형 방정식의 '해'를 얻는 방법은 컴퓨터를 이용한 무차별 대입(brute force)⚡뿐이며 이마저도 한계가 있다. 날씨 모델을 생각해보라. 미래 날씨를 예측하도록 프로그

⚡   모든 경우의 수를 대입하여 문제를 푸는 방법.

래밍된 방정식은 결코 완벽하게 해결할 수 없다. 그전에 과학자의 시간이 바닥나거나 컴퓨터의 처리 용량이 바닥난다.)

아라카와의 공식을 내 모델에 포함하는 아이디어는 근사했지만 그러려면 저마다 다른 높이와 너비의 구름 스펙트럼을 선형화하여 비와 열이 얼마나 많이 발생하는지 알아내기 위해 매우 복잡한 수식을 손으로 풀어야 했다. 이 말이 복잡하게 들린다면 그것은 복잡하기 때문이다. 차니의 제안을 듣자마자 불가능하다는 생각이 들었다. 하지만 어떻게든 해보기로 마음먹었다.

다행히 차니의 연구실과 내 연구실이 마주 보고 있어서 그가 연구실에 있을 때(자주 있는 기회는 아니었다.) 복도 너머로 질문을 던질 수 있었다. 어느 날 몇 시간째 방정식 하나와 씨름하다가 몸을 돌려 부아가 치민 목소리로 말했다. "차니 교수님, 아라카와의 구름은 선형화할 수 없어요."

나의 지도교수는 잠시 나를 노려보았다. 나는 그의 표정을 실망감으로 해석했다. 그는 "모든 것은 선형화할 수 있어."라고 말하더니 일어나서 어디론가 가버렸다. 이 주제에 대해 더 조언해주지 않을 것이 분명했다. 나는 계속 씨름하다가 구름의 지름과 깊이가 시간 경과에 따라 어떻게 달라지는지 보여주는 방정식 두 개를 작성하기만 하면 된다는 걸 깨달았다. 마침내 뉴욕의 나사 연구소에 있는 매우 빠른 컴퓨터를 이용하여 방정식을 풀 준비가 되었다.(연구소는 MIT와 원격으로 연결되어 있었다.) 놀랍게도 컴퓨터가 내놓은 해는 인도 몬순저기압의 규모와 확산에 대한 관측값과 꽤 일치했다.

이제 논문을 써서 내가 몬순저기압에 대한 이론을 수립했다고 정당하게 주장할 수 있었다.

하지만 넘어야 할 걸림돌이 하나 남았다. 논문 초고를 차니에게 보내고 며칠 뒤 그가 나를 연구실로 불렀다. 차니는 묘하고 짜증스러운 표정을 지은 채 앉아 있었다. 책상에는 내 논문이 놓여 있었다. 그가 물었다. "자네 독일어 할 줄 아나?"

나는 얼떨떨해서 되물었다. "아니요, 차니 박사님. 왜 그러시죠?"

그가 내 논문을 손가락으로 두드리며 말했다. "문법과 어순이 마치 독일어를 읽는 것 같아."

내가 항변했다. "그래도 지금 영어를 공부할 시간은 없어요." 나는 돌아서서 내 연구실로 돌아왔다. 책상 앞에 퍼더앉아 눈을 감았다. 그날의 분노를 아직 기억하고 있는 걸 보면 그때 엄청난 스트레스를 받은 것이 분명하다. 차니의 지적은 내게 절망감을 안겼다. 모든 노고가 무용지물이 된 것 같았다. 박사 학위 없이 인도로 돌아가야 하나. 이것은 당혹스러운 실패였다. 슬픔에 잠긴 탓에 차니가 들어오는 것도 알아차리지 못했다.

그가 말했다. "우리 분야의 훌륭한 과학자 중에도 연구 경력 초기에는 영어를 못한 사람들이 있다네." 차니 입장에서는 사과나 마찬가지였다. 나를 어떻게든 졸업시켜주겠다는 확언이기도 했다. 친구이자 예전 룸메이트 벵카타라마나이야 크리슈나무르티가 너그럽게 도움을 베풀었다. 그는 논문을 타이핑하며 나의 영어를 교정해주었다.

나는 논문 덕에 금세 인도에서 소소한 유명인(이른바 몬순 유명인)이 되었다. 아라비아해가 몬순강우에 미치는 영향에 대한 과거 논문도 한몫했다. 몬순폭풍에 대한 이론적 설명을 발전시킨 것은 이번이 처음이었으며 많은 과학자가 몬순가뭄을 예측할 수 있을지도 모르겠다는 희망을 피력하기 시작했다.

결과를 발표하고 얼마 지나지 않아 인도의 여러 연구진이 내 논문을 바탕으로 몬순저기압 연구 프로젝트에 착수했다. 인도 전역에서 강연과 대담 요청이 몰려들었으며 나는 차니의 세계기상실험에 참여하는 국내 몬순 협의체와 국제 협의체에 들어와달라는 요청을 받았다. 심지어 일자리를 제안받기까지 했다. 브라질의 안토니우 모라가 처음으로 내게 자리를 제안했다.

하지만 몬순저기압 연구는 나의 진짜 관심사가 아니었다. 몬순저기압은 며칠 앞서 예측하는 것이 고작이었다. 거대 폭풍이 다가온다고 경고할 수 있다면 분명 사회에 유익하겠지만 이것으로는 누구의 경제적 상태를 바꾸거나 고난의 시기에 충분한 식량을 확보할 수 없었다. 나는 더 크고 어쩌면 도달할 수 없을 목표에 눈독을 들였다. 계절예측이었다.

몬순저기압의 형성 및 소멸과 몬순가뭄의 차이는 단기 예보와 장기 예보, 날씨와 기후의 차이를 보여주는 예다.

"기후는 당신이 예상하는 것이고 날씨는 실제로 겪는 것이다." 마크 트웨인이 말했다고 전해지지만 출처의 근거는 불명확한 이 명언은 우리가 곧잘 섞어 쓰는 두 용어인 기후와 날씨의 근본적 차이를 정확히 보여준다.

실제 날씨는 시시각각 달라지는 반면에 지구상 각각의 위치에서 해마다 특정 시각에 날씨가 어떨지는 예상할 수 있다. 알래스카에 사는 사람들은 이미 **기후**에 친숙하다. 1월이 매우 추울 거라 예상하니 말이다. 반면에 이 추위의 하루하루 변동(기온이 예상보다 높거나 낮은 것)은 **날씨**로 경험된다.

날씨와 기후의 차이를 이해하는 것이 왜 중요할까? 하루하루 날씨를 좌우하는 물리적·역학적 과정은 기후와 (시간 경과에 따른) 기후의 변화를 좌우하는 과정과 전혀 다르기 때문이다. 마찬가지로 날씨를 얼마나 먼 미래까지 예측할 수 있는지를 결정하는 요인은 기후를 얼마나 먼 미래까지 예측할 수 있는지를 결정하는 요인과 다르다. 이를테면 기상학자들은 지금부터 열흘 뒤의 날씨보다 100년 뒤의 기후예측을 훨씬 자신한다. 미래 날씨가 오늘 날씨에 좌우되는 것과 달리 기후는 덜 불규칙한 외부 요인들에 의해 결정되기 때문이다.

예상되는 날씨를 일컫는 또 다른 용어로 **평균 기후**가 있다. 하루의 특정 시각에 지구의 특정 지점에서의 평균 기후를 계산하는 표준적 방법은 이전 30년간 그 시각 그 지점에서의 모든 날씨 데이터를 평균하는 것이다. 기후가 날씨의 평균이라는 말은 이런 뜻이다.

무엇이 평균 기후를 결정할까? 가장 큰 요인은 이미 살펴보았다. 태양으로부터 받는 에너지, 지구에서 우주로 방출되는 에너지, 지구가 태양을 향해 또는 태양으로부터 기울어진 각도, 대기 중 기체의 조성 등이다. 더 중요한 요인도 있는데, 지구의 자전 속도(바람의 속력과 방향에 영향을 미친다.), 질량(너무 작으면 기체가 전부 우주로 달아나고 너무 크면 중력 때문에 어떤 날씨 현상도 일어나지 않는다.), 반지름(폭풍의 속력, 세기, 크기를 좌우한다.) 등이다. 마지막으로, 높은 산, 메마른 사막, 넓은 바다 같은 지리적 특징도 평균 기후의 결정에 한몫한다.

날씨가 끊임없이 변동하는 반면 평균 기후는 비교적 안정적이다. 지구는 공 모양이기 때문에 적도지방은 태양으로부터 받는 에너지가 우주에 빼앗기는 에너지보다 훨씬 많다. 이 현상이 수백만 년간 계속되었는데도 열대지방은 점점 뜨거워지지 않는다. 마찬가지로 극지방은 우주에 빼앗기는 에너지가 태양으로부터 받는 에너지보다 훨씬 많은데도 점점 차가워지지 않는다. 왜일까? 대기와 해양이 너그러운 분배자 역할을 맡아 더운 열대지방에서 추운 극지방으로 에너지를 끊임없이 이동시키기 때문이다.

이를테면 멕시코만류를 비롯한 해류는 더운물을 적도지방에서 남쪽과 북쪽으로 밀어내며 허리케인과 태풍처럼 열대지방에서 발생하는 폭풍은 열을 남쪽과 북쪽으로 나른다. 이렇듯 대기와 해양은 로빈 후드처럼 열대지방에서 잉여 에너지를 훔쳐 에너지가 부족한 추운 극지방에 나눠줌으로써 기후를 안정적으로 유지하여 지구에 생명체가 살 수 있게 한다.

우리는 안정을 예상하지만 실제로 겪는 것은 날씨다. 날씨의 온갖 변화를 일으키는 요인은 무엇일까? 물리법칙에 따르면 지구처럼 열대지방이 덥고 극지방이 추운 행성에서 대기가 회전하면 대부분의 바람이 서쪽에서 동쪽으로 불며 고도가 높을수록 풍속이 빨라진다. 대기 상층에서 세찬 제트류가 부는 것은 이 때문이다.

1946년 차니는 윈드시어가 폭풍을 비롯한 요동을 저절로 발생시키고 강화할 수 있는 것은 '경압불안정(baroclinic instability)'이라는 과정 때문임을 발견했다. 경압불안정 상태에서는 대기의 위치에너지가 운동에너지로 변환된다. 말하자면 차니는 날씨가 존재하는 이유를 과학적으로 설명해냈다. 즉 기후가 앞에서 나열한 천체 요인들에 좌우되는 반면에 날씨는 평균 기후의 성질들에 좌우된다. 기후가 날씨의 어머니라고 불리는 것은 이 때문이다.

줄 차니는 기상학자이자 기후학자였다. 기상학자는 대기

의 과정과 현상을 관찰하고 설명하며 하루하루의 날씨를 예측한다. 기후학자는 전체 기후계(대기권, 생물권, 빙권, 수권)를 관찰하고 설명하며 미래 기후를 예측하고 전망한다. 따라서 기후학자는 기상학자이지만 기상학자가 반드시 기후학자인 것은 아니다. 두 학문 다 수학, 물리법칙, 컴퓨터 모델링에 대한 방대한 지식이 필요하지만 사회는 날씨와 기후에 나름의 의미를 부여했다.

기상학과 기후학의 구분을 실감한 것은 MIT에서 프린스턴으로 옮겼을 때였다. MIT에 있을 때 날씨학과(기상학과)에서 박사과정을 밟고 있다고 말하면 사람들은 으레 킥킥거렸다. 1970년대에 대중은 일기예보의 정확도나 기상학 전반에 대해 깊은 인상을 받지 않았다. 하지만 프린스턴 대학교에서는 날씨와 기후를 다루는 학술 과정에 대기해양과학이라는 훨씬 근사한 이름을 붙였으며 해양대기청 GFDL과 제휴했다. 이제는 내가 어떤 과정을 밟고 있는지 이야기하면 사람들의 눈이 존경심으로 동그래진다. 차니와 로렌즈 같은 지구물리 유체역학의 최고 전문가들이 MIT 기상학과에 포진해 있었고 두 과정에 공통점이 매우 많았는데도 말이다.

여덟

계절예측이 가능할지도 모른다는 두 번째 징후는 논문이 통과된 지 몇 달 뒤에 찾아왔다. 1976년 봄 프린스턴 GFDL에 돌아와 마나베 박사 밑에서 박사후 연구원으로 일하고 있을 때였다. 평범한 어느 오후 연구소 상근과학자 더그 한(Doug Hahn)이 복도를 걸으며 마주치는 사람마다 종이 한 장을 보여주고 있었다. 1967년부터 1975년까지 유라시아 적설 면적의 연간 변동을 보여주는 그래프였다. 더그는 이를 매우 뿌듯해했다. 위성 데이터에서 적설 면적을 도출한 것이 처음이었기 때문이다.

나는 1896년에 영국 과학자들이 히말라야 적설량을 이용하여 인도 몬순강우를 예측했음을 알고 있었다.(아이디어는 탄탄했지만 타당성을 검증할 데이터가 충분하지 않았다.) 그래서 위성에서 얻은 새로운 적설 데이터에 흥미가 동해 더그의 그래프를 찬찬히 뜯어보았다. 한눈에도 매우 친숙한 형태였다.

그간 몬순강우 데이터를 하도 오랫동안 들여다보아 연간 변동의 형태와 윤곽이 뇌에 새겨진 탓이었다. 손가락으로 그래프를 따라가면서 더그에게 곡선의 정점과 계곡이 인도의 가뭄과 홍수를 닮았다고, 거의 일치한다고 말했다. 언뜻 보기에 겨울철 유라시아에 눈이 많이 오면 이듬해 여름 몬순가뭄이 찾아오고 적게 오면 몬순 홍수가 찾아오는 것 같았다. 나는 그래프를 거꾸로 들고서 말했다. "이렇게 뒤집으면 인도 몬순강우 시계열처럼 보일 거야."

더그와 나는 두 데이터 집합을 하나의 그래프에 작도하기로 했으며 나는 몬순강우 곡선을 뒤집자고 제안했다. 두 곡선은 놀랍게도 꼭 맞아떨어졌다. 멀리 떨어진 육지의 적설 면적이 마치 멀리 떨어진 바다의 해수면 온도처럼 인도 몬순에 결정적 영향을 미치는 것처럼 보였다. 우리의 짧은 논문은 적설 면적과 몬순 사이에 예측 가능한 관계가 있음을 밝힌 최초의 발표 논문이었다. 또한 눈과 얼음이 기후에서 어떤 역할을 하는지 연구하는 빙권학자들에게도 활기를 불어넣었다.

나는 계절기후에서 가장 중요한 것은 초기조건과 예측 불가능한 나비 효과가 아니라 지구 표면에서의 경계조건(boundary condition)이라고 믿기 시작했다. **경계조건**이라는 용어는 말 그대로 육지에서든 바다에서든 대기의 가장자리(경계)에서 생기는 현상을 일컫는다. 적설 면적은 해수면 온도와 마찬가지로 경계조건이다. 기상예측 모델에서 경계조건은 예측되는 것이 아니라 이용자가 입력한다.(오늘의 초기조건이 내일의 날씨를 결정하기 때문이다.) 나는 혼돈스럽다고 말하는 계에서 질서와 예측가능성의 실마리를 보고 있던 걸까? 더 많은 증거가 필요했다.

몇 달 뒤 MIT를 방문했을 때 차니가 연구실 문간에 모습을 드러냈다. 인도에서 열리는 학회에 초대받았는데, 한 번도 인도에 가보지 않아서 이번에 가볼 생각이지만 발표 주제가 없다고 했다.

그가 물었다. "인도인들은 무엇을 알고 싶어 하나?"

내가 의자를 뒤로 빼면서 말했다. "인도인들이 알고 싶어 하는 건 하나예요, 차니 박사님. 몬순강우를 예측하는 법이요."

그가 물었다. "몬순강우에 대해 우리가 아는 게 뭐지?" 그는 이 질문을 던지면 내게서 끝없이 이야기를 끄집어낼 수 있다는 걸 잘 알고 있었다.

차니는 나의 아라비아해 실험에 대해 이미 알고 있었다. 나는 몬순과 유라시아 적설 면적의 뚜렷한 연관성에 대해 이야기했다. 내가 말했다. "차니 박사님, 제 눈에는 경계조건이 몬순강우에 영향을 미치는 것처럼 보여요."

이 말을 듣자 차니는 눈이 동그래진 채 풍성한 머리카락을 손으로 쓰기 시작했다. 그는 "잠깐만."이라고 말하고는 복도 맞은편 자기 연구실로 달려갔다. 잠시 뒤 내 연구실로 헐레벌떡 돌아온 그의 손에는 종이가 쥐어 있었다. 나는 그것이 어떤 논문인지 이미 알고 있었다.

차니는 이스라엘에서 안식년을 보내는 동안 사막의 역학, 특히 인간 활동이 사막화로 이어질 수 있는지에 대한 이론을 수립해보기로 마음먹었다.

그레이트샌디사막, 소노라사막, 사하라사막 등 지구상의 거의 모든 사막은 위도 20도와 30도 사이에 있다. 그 이유는 해들리 환류(Hadley cell)와 관계있다. 이 대규모 대기순환에서는 공기가 적도에서 상승하여 적도 열대우림의 습한 기후를 만들어내고 남북극을 향해 이동하다 위도 30도가량에서 하강한다. 한랭하고 건조한 공기가 가라앉으면서 구름과 비의 형성을 가로막는다. 하늘에 구름이 없으면 태양열이 더 많이 내리쬐어 많은 동식물이 살 수 없는 기후가 된다.

이것이 자연이 사막을 형성하고 유지하는 메커니즘이다. 하지만 차니는 인간 활동으로 사막이 영구화되는 측면도 있으리라 생각했다. 특히 아프리카 사하라사막의 가뭄과 확장이 가속화되는 데는 이 지역 가장자리의 건조한 초원에서 농민들이 가축을 방목하는 탓도 있다고 주장했다. 그는 방목 때문에 땅에서 식생이 유실되어 알베도(반사율)가 증가하면 더 많은 에너지가 우주로 달아나 대기가 냉각되고 이 때문에 구름과 비의 형성이 더 감소할 거라 추정했다.(북아메리카에서 더스트볼[*]을 만든 악순환과 비슷하다.) 차니는 이 이론에 **생물지구물리적 피드백**(biogeophysical feedback)이라는 인상적인 별명을 붙였다.

나사 기후 모델은 차니의 이론을 뒷받침했다. 내가 아라비아해에 대해 했던 것처럼 차니가 사헬지역[**]의 알베도를 부쩍 증가시키자 강수량이 감소하고 사막의 면적이 넓어졌다. 하지만 차니는 로렌즈의 나비 효과를 알고 있었음에도 카오스가 자신의 실험에 침투하지 않았음을 입증하고 싶어 했다. 그래서 초기조건을 미세하게 조정해가며 모델을 각각 45일에 걸쳐 세 번 더 실행했다. 결국 세 시뮬레이션 모두에서 얼추 비슷한 결과가 나왔다. 이로써 내 실험에서와 마찬가지로 경계조건이 강수량에 미치는 영향이 입증되었다. 이 영향은 초기조건 변화를 무효화했다.

요즘이야 각각 45일에 걸쳐 실행한 세 가지 모델을 근거로 통계적 유의성을 주장하면 웃음거리가 되겠지만(실제로 나중에 모델을 개선하고 실행 기간을 늘렸더니 결과에 논란의 여지가 있는 것으로 드러났다.) 유체역학의 대전문가 차니에게 시비를 거는 사람은 없었다. 하지만 해수 온도와 적설 면적의 영향에 대한 나의 결과와 7월 강우량의 세 평균이 비슷하다는 자신의 결과를 보고서 차니는 경계조건이 인도 몬순강우를 예측하는 데 결정적일지도 모른다는 나의

---

[*] 모래바람이 휘몰아치는 미국 대초원의 서부지대.
[**] 아프리카 사하라사막 남쪽 가장자리에 있는 지역.

추측을 기꺼이 받아들였다. 우리는 두 결과를 합쳤으며 차니의 인도 강연은 준비가 거의 끝났다.(제목은 '몬순의 예측가능성'이었다.)

몇 달 뒤 차니에게서 전화가 걸려왔다. 그는 인도 방문 후 매사추세츠에 돌아와 있었다.

차니가 내게 말했다. "강연은 대단했어. 대박을 쳤다고."

"당연히 그랬겠죠." 나는 이렇게 말하고 싶었다. 인도 청중 중에서 현대 기후 모델을 이용하여 몬순을 예측할 수 있다는 말을 들어본 사람은 아무도 없었으니까. 게다가 줄 차니는 여전히 기상학에서 가장 이름난 학자였으며 그의 메시지는 세상 모든 나비의 존재에도 불구하고 계절예측이 가능할지도 모른다는 것이었으니까.

차니의 알베도 논문에는 내 눈길을 사로잡은 또 다른 대목이 있었지만 먼 길을 돌아 그 부분을 다시 들여다보기까지는 몇 년이 걸렸다. 지금으로서는 일자리를 찾는 것이 급선무였다.

논문이 통과된 뒤 기쁘게도 여러 곳에서 박사후 연구원 자리를 제안받았다. 프린스턴 연구소의 소장 조지프 스마고린스키는 나를 제네바 세계기상기구(World Meteorological Organization, WMO)에 밀어넣으려고 연줄을 동원하기까지 했다. 몇 주 뒤 스위스로 이주할 마음을 먹었을 때 차니 박사가 전화하여 만나고 싶다고 말했다.

차니는 그날 점심때 나를 근사한 식당에 데려갔다. 중요한 얘기를 하고 싶은 눈치였다. 내가 WMO에서 일자리를 제안받았다고 말하자 차니는 솔직히 바보 같은 생각이라고 말했다. "자네는 연구 과학자일세. 관료가 아니라고." 마침내 그가 패를 뒤집었다. 나사/

MIT 겸임교수를 맡아주었으면 한다는 것이었다. 우리 분야 과학자라면 누구나 탐낼 만한 자리였다. 얼떨떨했다. 숨을 깊이 들이마시고 냉수도 몇 모금 마셔야 했다. 나의 일부는 여전히 시골뜨기처럼, 버젓한 첫 직장에 파자마 차림으로 나타난 청년처럼 느껴졌다. 언제까지나 그럴지도 모르겠다. 하지만 줄 차니와 MIT 같은 저명한 기관으로부터 신임장을 얻는 것은 내가 상상조차 못한 어마어마한 일이었다.

이 자리에 가면 케임브리지와 뉴욕(나중에는 케임브리지와 워싱턴 DC 외곽)을 왔다 갔다 하고 메릴랜드에 있는 나사 고더드우주비행센터 지구과학부까지 통근해야 했다. 그곳에서는 과학자들이 위성과 우주선 장비를 이용하여 우주에서 지구의 기후를 관측하고 연구했다. (당시에는 내가 매주 타고 다니던 비행기가 얼마나 많은 탄소를 대기 중에 뿜어내는지 전혀 생각하지 못했다.) 나는 나사에서 우리 분야의 가장 똑똑한 사람들과 함께 일하며 우리 분야에서 가장 성능 좋은 슈퍼컴퓨터 중 하나를 쓸 수 있었다.

나사에 합류한 직후인 1979년, 브라질에서 살고 있던 MIT 동기 안토니우 모라를 초청했다. 그가 머무르는 동안 우리는 그간의 연구 진척 상황을 공유했다. 안토니우는 브라질 북동부에서 일어나는 심각하고 반(半)규칙적인 가뭄의 역학을 해명하는 연구를 진행하고 있다고 말했다. 브라질 농민이 가뭄으로 고생한다는 그의 말에 귀를 기울이며 인도 몬순에 대해, 아라비아해 해수면 온도와 몬순의 관계에 대해 생각하기 시작했다.

며칠 뒤 차니 박사를 방문하러 보스턴에 날아가는 동안 우리는 안토니우가 기내용 가방에 넣어둔 데이터를 들여다보기 시작했다. 브라질 북동부의 두 기상대에서 관측한 월평균 강수량의 25년 시계열 자료였다.

내가 말했다. "뭐 좀 같이 해보자. 어느 해의 강수량을 말해봐. 그해 대서양이 더웠는지 시원했는지 맞혀볼게."

좌석 테이블에서 종이 뭉치를 가지런히 펴는 안토니우의 얼굴에 미소가 번져나갔다.

착륙할 즈음 우리 둘 다 열대 대서양 기온과 브라질 북부 강수량의 상관관계에 대해 확신이 들었다. 워싱턴에 돌아와 모라가 방문 중에 개발한 간단한 이론 모델과 나사의 기후 모델을 실행했더니 둘 다 우리의 직감을 뒷받침했다. 열대 북대서양이 시원하면 브라질 북동부에는 비가 내리고 더우면 가뭄에 시달린다. 얼마나 아름다운 쌍극자 패턴이 나타나던지 눈을 믿을 수 없었다. 우리의 논문은 1981년 발표되어 브라질에서 (차니 말마따나) "대박을 쳤"다.

계절예측이 다시 득점했다.

나사에서 나의 상관은 밀턴 헤일럼(Milton Halem)이었다. 밀턴은 이마가 넓고 황회색 머리카락이 굵게 곱슬거렸으며 내가 만난 그 누구보다 지구과학에 열성적이었다. 차니가 나를 밀턴에게 소개했는데, 결국 나를 고더드에 상근 직원으로 데려오고 내가 미국 시민권자가 아니었음에도 민간인에게 가능한 최고위직 중 하나를 제안한 사람은 밀턴이었다.

수치기후예측(numerical climate prediction)이라는 말을 처음 내뱉었을 때 밀턴의 얼굴에 떠오른 표정은 결코 잊지 못할 것이다. 실은 누구 앞에서도 입 밖에 내본 적 없었다. 1980년 즈음 수치예보는 주요 기상예측 방식이 되어 있었다. 하지만 수치**기후**예측(물리법칙과 컴퓨터 모델을 동원하여 이후 계절을 예측하는 일)은 여전히 영락없는 판타지였으며 대부분에게 웃음거리였다. 그럼에도 포부가 크기로 이름난 선각자 밀턴은 이 말을 듣자 들떠서 얼굴이 환해졌다. 그는 자신의 고더드 연구실에서 이 과학적 결실이 탄생하는 것을 꼭 보고 싶다고 말했다.

나는 인도에서 모넥스를 진행한 뒤 워싱턴 DC에 돌아왔다. 차니의 알베도 논문에서 가장 흥미로운 대목을 드디어 탐구할 작정이었다. 차니는 알베도에 초점을 맞추고서도 시뮬레이션된 강수량의 가장 큰 변화가 토양 습윤도 때문임을 알아차리지 못했다. 후속 실험에서 지나가듯 언급한 것이 전부였다. 내가 이 점을 지적하자 차니는 원고의 여러 부분을 수정하고 토양 습윤도 변화의 효과를 확장해 다뤘다. 하지만 나는 이 발견이 머릿속에서 떠나지 않았다. 또 다른 경계조건인 육지가 기후의 변동과 예측가능성에서 어떤 역할을 할 수 있을지 궁금했다.

1980년 차니와 함께 UCLA에 있다가 나사를 방문한 대기과학자 예일 민츠(Yale Mintz)와 궁금증을 해결하기 위해 팀을 꾸렸다. 우리는 전혀 다른 두 시나리오를 이용하여 나사 모델을 실행했다. 한 시나리오에서는 토양을 최대한 건조하게 하려고 전 세계의 땅을 모조리 주차장이나 다름없게 바꿨다. 나무도, 풀도, 진흙도 없었다. 대기로 증발할 물을 머금을 수 있는 모든 것은 사라졌다. 다른 시나리오에서는 토양을 최대한 축축하게 하려고 온 세상을 늪으로 바꿔 증발량을 최대로 늘렸다. 두 모델 다 바다는 그대로 두었다.

결과는 충격적이었다. 온 세상이 주차장이면 늪일 때에 비해 대륙들이 최대 16도 더워졌다. 시베리아에서는 하늘에 구름이 없어서 햇볕의 가열 효과 때문에 기온이 22도나 치솟았다. 이 주차장 모델에서 강수량은 50퍼센트 가까이 하락했다.

우리가 부여한 조건은 자연에서 있을 수 없는 극단적 상황이었지만 이 실험은 기후학계에 수류탄을 투척한 듯한 결과를 낳았다. 바다에서 증발하는 물이 육지 강수의 원천이라는 통념이 수백 년간 이어졌지만 우리가 밝혀냈듯 지표면 조건과 육지 증발이 연평균 강수량의 무려 65퍼센트를 차지하므로 육지는 전지구적 물순환의 필수 요소였다. 알고 보니 육지는 날씨를 수동적으로 받아들이는 것이 아니라 적극적으로 만들어냈다. 이것은 이단에 가까운 발상이었다.

1981년 논문이 우리 분야의 최고 학술지 《사이언스》에 발표될 즈음 나비 효과에도 불구하고 바다와 육지의 경계조건을 토대로 계절예측을 할 수 있겠다는 확신이 들었다. 이제 이 주장을 공개할 때였다.

과거 1968년 나는 도쿄의 연단에 서서 세계에서 가장 존경받는 기상학자 줄 차니에게 반기를 들었다. 지금 1981년 영국 레딩의 유럽중기예보센터에 도착한 나는 차니에 뒤이어 날씨의 신이 된 에드워드 로렌즈에게 반기를 들려고 준비하고 있었다. 호텔에 체크인하면서 이런 생각이 들었다. '적어도 일본에서는 몰라서 용감했지.' 나는 내가 바야흐로 하려는 일이 무엇인지 온전히 알고 있었다. 장기 예보가 가능하지 않다고 말한 존경받는 학자 앞에 서서 실은 계절예측이 가능하다고 선언할 참이었다.

에드워드 로렌즈는 잔혹한 인물이 아니었다. 하지만 직설적이었다. 그는 아둔함을 눈감아주지 않았다. 얼마 전 MIT 출신의 옛 친구가 자신이 졸업 후 이 분야를 등진 이유를 고백했다. 논문 발표 심사 이후에 로렌즈에게 들은 한마디 때문이었다. 명석함의 상징과도 같았던 로렌즈는 논증의 허점, 임용 후보자로서의 약점, 실험에서 연구자가 미처 고려하지 못한 사소한 결점 등을 간파하는 초자연적 능력을 지닌 듯했다. 에드워드 로렌즈에게 반기를 들려는 자에게 부디 신의 가호가 함께하길.

물론 나는 에드워드 로렌즈에게 반기를 들려는 게 아니었다. 어떤 상황(열대 바다가 이례적으로 덥거나 추운 상황 또는 지표면이 이례적으로 건조하거나 축축한 상황)에서는 나비 효과에 예외가 있음을 아마도 처음으로 지적하려는 것일 뿐이었다.

나는 레딩에서 연구논문 두 편을 바탕으로 2부에 걸쳐 강연할 계획이었다. 첫 논문은 로렌즈 본인이 격려하고 도와주었으며 주제는 행성파(planetary wave, 제트류처럼 지구 전체를 휘도는 기류)와 종관파(synoptic wave, 사이클론처럼 행성파보다 작은 대기 시스템)의 예측가능성 차이였다. 나는 연구에서 행성파가 종관파에 비해 에너지와 예측가능성이 훨씬 크기 때문에 행성파에 지배되는 월평균과 계절평균이 예측 가능할지도 모른다는 사실을 밝혀냈다. 날씨의 예측가능성과 그 한계에 대한 이론적 연구는 초기 오류가 커지는 속도에 의해 정의되었지만 월평균과 계절평균에 대해서는 예측가능성의 한계를 정의하는 기준이 없었다. 나는 논문에서 월평균과 계절평균의 예측가능성을 경계조건으로 인한 신호와 초기조건의 작은 무작위 변화로 인한 잡음의 비율로 정의할 것을 제안했다.

두 번째 논문은 첫 번째 논문의 화룡점정 격이었다. 이 논문은 지난 5년간 동료들과 함께 수행한 다양한 경계조건(해수면 온도, 적설 면적, 토양 습윤도) 수치실험의 결과를 담고 있었다. 이 아이디어나 실험 결과를 로렌즈와 논의한 적이 없었기에 그가 나의 강연에 어떻게 반응할지 조마조마했다. 대규모 강연을 앞두고 무대 공포증을 겪는 성격이 아니지만 1981년 9월의 흐린 어느 날에는 스트레스에 시달렸다.

유럽중기예보센터 세미나실에서 무대에 오르자마자 내 앞에 앉은 200명 남짓한 과학자 가운데서 로렌즈가 눈에 띄었다. 네다섯째 줄에 처박혀 있었는데, 듬성듬성해지는 머리카락을 한쪽으로 가지런히 넘겼다. 로렌즈는 학회에서 가장 저명한 학자였으며 오래전 도쿄에서 차니가 그랬듯 자력을 내뿜는 것처럼 보였다. 마치 세미나실에서 자기 주변의 에너지를 모조리 끌어당기는 것 같았다. 나는 침을 꿀꺽 삼키고 마이크를 낮추고는 강연을 시작했다.

강연에서 나는 이 세상의 어떤 힘은 너무 크고 압도적이어서(긴 파동과 경계조건도 그중 하나다.) 초기조건의 카오스조차 그 영향을 바꾸지 못한다고 말했다. 경계조건의 효과가 얼마나 큰지 10억 마리 나비로도 예측 불가능성을 만들어내지 못함을 보여주었다. 마지막으로, 카오스의 와중에도 수치계절예측에는 과학적 토대가 있다고 단언했다.

강연 말미에 질문이 있느냐고 물었다. 참석자 몇 명이 손을 들었지만 로렌즈는 아니었다. 어깨에서 긴장이 풀리는 것을 느꼈다. 하지만 행사가 끝나고 사람들이 떼 지어 커피를 마시러 나가는 와중에 로렌즈가 군중 속에서 나타나 내 쪽으로 다가왔다. 나는 마음을 다잡았다.

"으음." 나의 옛 멘토는 뭔가 생각하는 듯한 소리를 냈다. 나의 발표를 묘사할 안성맞춤인 낱말을 찾으려는 듯했다. 그러다 특유의 낮고 느린 어조로 말했다. "자네가 이런 연구를 하고 있는 줄 몰랐네. 아주 흥미로웠어." 로렌즈가 원고를 제출하면서 천천히 변하는 해수 온도의 역할에 대한 나의 논문을 인용한 것은 뿌듯했다.

다른 사람이 이렇게 말했다면 대수롭지 않은 칭찬이었겠지만 로렌즈의 입에서 나왔다면 축복 기도와 다를 바 없었다. 그날 우리 둘이 센터를 나서 커피를 가지러 가는 동안 앞에 놓인 길에 대해 생각했다. 미국에서 5년을 보내는 동안 나는 몇몇 중요한 발견을 했으며 수치계절예측이 가능하다는 가설을 수립했다. 사회에 영향을 미치고 고향 사람들 같은 이들의 삶을 향상하려는 나의 열망은 이제 탄탄한 과학적 토대 위에 놓였다. 하지만 현실에서 변화를 일으키려면 현상 유지를 하려는 학계 전반에 도전해야 할 뿐 아니라 계절예측에 통계적 방법을 이용하는 오래된 관행에도 반기를 들어야 했다. 여러 면에서 과제는 막 첫발을 뗐을 뿐이었다.

제네바 WMO에서 기후 관련 대규모 국제 학회를 조직하고 있던 과학자들과의 토론에 참여해달라는 초청을 받았을 때 이 점이 아주 명백해졌다. 수치계절예측이라는 아이디어에 너무 열광한 나는 당연하게도 학회 명칭으로 '기후예측(Climate Prediction)'을 제안했다.

하지만 기후예측에 대한 학회를 개최할 만큼 이 분야가 발전했다고 국제 학계를 설득하는 것은 불가능하다는 대답이 대뜸 돌아왔다. 그래도 나는 뜻을 굽히지 않았다. 학회 명칭에 적어도 저 표현이 들어가기는 해야 한다며 열변을 토했다. 나는 이렇게 물었다. "'기후예측을 위한 물리적 토대'는 어때요?" 마침내 WMO의 실세들이 마음을 돌렸으며 1982년 기후예측을 위한 물리적 토대에 대한 국제 학회가 러시아 레닌그라드에서 열렸다.

나의 계절예측 가설은 프린스턴 대학교 복도에서 더그 한이 자랑하고 다닌 선구적 위성 데이터에서 또 다른 뒷받침을 얻었다. 1970년대 중반 기후학자들은 어디서나 비슷한 경험을 했다. 외계로부터 새롭고 이따금 어리둥절한 정보가 쏟아져 들어오면서 동료들과 나는 낡은 개념과 불완전한 가설을 재고해야 했다.

1970년대까지만 해도 대중은 일기예보가 맞을 때보다 틀릴 때가 많다고 인식했다. 부정확한 일기예보만 기억하는 경향 탓도 있지만 이러한 대중의 인식은 1980년대부터 달라지기 시작했다. 오늘날 대부분은 일기예보가 꽤 정확해졌다는 데 동의할 것이다. 기상학자가 아닌 사람에게 이유를 물으면 우주에서 찍은 희고 소용돌이치는 일기계 사진을 떠올리며 기상위성 덕분이라고 대답할 것이다.

하지만 위성 사진이 아무리 선명하더라도 바로 이 순간의 날씨만 알려줄 뿐 미래의 날씨는 예측하지 못한다. 다들 알다시피 일기예보는 복잡한 수학 모델에 의해 만들어지며 슈퍼컴퓨터가 수십억 개의 방정식을 풀어야 한다. 이 방정식들은 대기의 초기조건을 정확하게 기술할 것을 요구하지만 초기조건이 어떻게 미래 날씨로 이어지는지를 한 장의 사진만으로 알아낼 수는 없다.

사실 위성이 제공하는 실제 데이터에서는 초기조건 자체를 직접 얻을 수조차 없다. 지구에서 방출되는 복사만 측정하기 때문이다. 따라서 지난 50년간 과학자들은 지구 복사로부터 기온을 계산하는 복잡한 기법을 발전시켰는데, 이 방법을 위성 데이터 인출(retrieval of satellite data)이라고 부른다.

기온이 도출되었으면 이를 지상 기상대, 선박, 항공기에서 얻은 재래식 데이터와 결합하여 최대한 정확히 초기조건을 산출한다. 이것을 데이터 동화(data assimilation)라고 부르며 이 결과를 슈퍼컴퓨터에 입력하여 예보를 생성한다. 동화 과정은 어마어마한 작업이다. 정확하고 일관된 초기조건을 산출하는 컴퓨터 코드는 일기예보를 생성하는 컴퓨터 코드보다 길며 그 자체로 100만 행에 이르기도 한다.

이 과정이 실제로 더 나은 예보를 내놓는다는 사실이 줄차니 같은 과학자들에 의해 밝혀지기까지는 시간이 걸렸지만 결국 증거는 분명했다. 기상대가 충분히 밀집하지 않은 남반구에서는 더욱 효과적이었다.

이 진전에 더해 빨라진 컴퓨터가 일기예보 개선에 한몫한 데는 두 가지 뚜렷한 이유가 있다. 첫째, 컴퓨터가 빨라질수록 초기조건을 준비하여 예측 모델을 실행하기까지의 시간이 짧아진다. 예보는 하루하루를 몇 분의 시간간격(time step)으로 나눠 작성하는데, 각 시간간격마다 수십억 개의 방정식을 하루 종일 풀어야 한다. 따라서 향후 24시간에 대한 예보를

30분 안에 해내려면 엄청나게 빠른 컴퓨터가 필요하다.

둘째, 컴퓨터가 빨라질수록 예측 모델의 해상도가 높아지고 폭풍과 허리케인 같은 현상에 대한 서술이 나아진다. 따라서 모델의 정확도를 높일 수 있다. 공교롭게도 모델의 해상도가 높아질수록 초기 오류의 확산 속도도 빨라지기 때문에 잘 설계된 일기예보의 한계는 초기 오류가 얼마나 작은가와 이 오류가 카오스의 나비 때문에 얼마나 빨리 확산하느냐 사이의 경쟁에 달렸다. 우리는 초기조건의 정확도를 높이며 꾸준히 예보를 개선하고 있다.

약 50년 전 기상예측 모델의 공간 해상도는 약 150~200킬로미터였다. 오늘날 기상예측 모델의 공간 해상도는 10~25킬로미터까지 촘촘해졌다. 대단한 발전이다! 일기예보를 하려면 시공간에서 서로 다른 두 지점의 날씨 차이를 해결해야 하는데, 불확실성을 최소화하려면 두 지점이 최대한 가까워야 한다. 하지만 해상도가 커질수록 계산을 더 많이 해야 하고 컴퓨터 연산 능력도 올라가야 한다. 전 세계 몇몇 센터에서는 기상·기후예측과 기후전망(climate projection)⚡을 위해 1킬로미터 해상도의 전지구적 모델을 실행하는 컴퓨터 및 기술 인프라를 개발하고 있다. 이를 위해서는 1970년대의 컴퓨터보다 1조 배 빠른 컴퓨터가 필요할 것이다.

⚡ 기후변화의 다양한 요소와 시나리오를 고려하여 미래의 기후를 예측하는 일.

이런 진전을 거둘 수 있었던 것은 컴퓨터 기술과 컴퓨터 칩 제조에서 거둔 진전 덕분이다. 지난 반세기 동안 칩에 들어가는 트랜지스터 개수가 10배 증가했다. 그 덕에 2020년대에 선도적 기상예측 센터에서 쓰는 컴퓨터는 1970년대에 쓰던 컴퓨터보다 10억 배 빠르다. 성능 좋은 슈퍼컴퓨터는 전력을 많이 소비하며 전력 비용은 빠른 컴퓨터의 도입을 가로막는 심각한 걸림돌이 되었다. 여러 해 전 콜로라도주 볼더시에서는 기상·기후 연구를 위한 선도적 슈퍼컴퓨터 센터 중 하나인 국립대기연구센터에 그곳의 차세대 컴퓨터에 필요한 전력을 충분히 공급할 수 없다고 통보했다. 국립대기연구센터는 충분한 전력을 합리적 가격에 공급할 수 있는 와이오밍으로 슈퍼컴퓨터를 옮겨야 했다.

또한 컴퓨터 회사와 연구과학자들은 초고해상도 단기 일기예보를 내놓기 위한 인공지능 기법과 기계학습 기법을 개발하고 있다.(그러면 슈퍼컴퓨터로 수십억 개의 방정식을 풀지 않아도 된다.) 일부 시험 결과는 매우 고무적이어서 슈퍼컴퓨터 및 역학-물리학 기반 기상예측 센터들이 긴장할 정도이다. 하지만 인공지능 기법과 기계학습 기법이 초고해상도의 복잡한 물리학 기반 모델을 대체하지는 못할 것이다. 인공지능을 학습시키려면 이런 복잡한 모델에서 얻은 과거 데이터가 필요하기 때문이다.

아홉

나는 MIT, 프린스턴, 나사에서 복된 시절을 보냈다고 느낀다. 직업적으로는 이보다 운 좋을 수 없었다. 명석한 동료들에 둘러싸여 있었으니 말이다. 학문적으로도 승승장구했다. 하지만 승리와 성공의 한가운데에서 나의 개인적 삶은 혼돈에 빠지고 사건에 휘말렸다. 그중에는 좋은 것도 나쁜 것도, 달콤한 것도 달곰씁쓸한 것도 있었는데, 내 힘으로는 도무지 어찌할 수 없는 것들이었다.

무엇보다 아빠가 되었다.

아내 프렘다를 드디어 만난 것은 푸네에서 연구원으로 일할 때였다. 미국과 도쿄로 출국하기 직전 아내가 친정 부모와 함께 지내고 있는 발리아에 찾아갔다.(관습에 따르면 아내는 최종 결혼식이 열리기까지 5년간 우리 집에 올 수 없었다.) 짧고 어색한 만남이었다. 나는 스물하나, 아내는 열여덟이었으며 할 얘기가 하나도 없었다. 긴 결혼식 동안 나는 우리를 갈라놓은 엷은 커튼을 찡그린 눈으로 들여다보며 신부도 나처럼 체념과 분노가 섞인 감정을 느끼고 있을지 궁금했다. 장인에게 나는 귀한 사위였을지도 모르지만(그 일대에서 시험 성적이 제일 좋은 축에 들었으며 안정된 정부 공무원 임용을 앞두고 있었다.) 프렘다의 속은 알 길이 없었다. 중매결혼을 강요받는 대부분의 인도 여성처럼 프렘다는 자신의 의견을 밝힐 기회가 없었으며 그날 발리아에서도 자신의 의견을 내게 들려주지 않았다.

몇 달 뒤 도쿄에서 아내에게 줄 일제 진주 목걸이를 샀다. 기숙사로 돌아오는 길에 처음으로 가족생활에 대한 기대감에 들떴다. 하지만 애석하게도 우리의 다음 만남은 순탄치 못했다.

1년여 뒤 룸메이트 벵카타라마나이야 크리슈나무르티(내 논문을 교정해준 바로 그 친구)에게 다음번 인도에서 미국에 돌아올 때는 아내를 데려올 계획이라고 털어놓았다. 크리슈나무르티는 그렇게 하라고 적극적으로 찬성했다.

안타깝게도 다음번 방문은 앞선 방문들과 전혀 다르지 않았다. 우리는 둘 다 어리고 미숙했다.

우리 둘 사이에 애정이나 존경심이 없었음에도 어머니는 결혼이 유지될 거라 강변했다. 내가 푸네에서 돌아오면 프렘다를 마을에 초대하여 우리가 함께 시간을 보내도록 했다. 아내를 마지막으로 본 것은 MIT로 떠나기 전 주였다.

그러다 1972년 초 남동생 칸하이야의 편지가 케임브리지에 도착했다. 동생은 "좋은 소식과 나쁜 소식이 있어."라고 썼다. 좋은 소식은 내가 아빠가 되었다는 것이었다. 나쁜 소식은 알고 보니 전형적인 인도식 농담이었다. 아기는 쌍둥이 여아였다.(언젠가 두 아이의 결혼을 위해 막대한 지참금을 마련해야 할 터였다.) 매사추세츠의 아파트에 앉아 라디에이터가 뒤에서 쿵쿵거리고 쉿쉿거리는 소리를 들으며 편지를 읽고 또 읽었다. 아주 오랫동안 나의 삶에서 일어난 개인적인 일들은 무척이나 두서없게 느껴졌다. 아버지의 죽음이 그랬고 나의 결혼이 그랬다. 그런데 이제 딸이라고? 몇 주 뒤 편지를 한 통 더 받았다. 쌍둥이 하나가 죽었다는 내용이었다. 무엇 하나 현실 같지 않았다.

나는 2년 반이 지나도록 딸의 얼굴을 보지 못했다. 오늘날이라면 어처구니없을 것이다. 나는 딸이 아기일 때 한 번도 안아주지 못했고 걸음마 하는 광경도 보지 못했다. 하지만 그때는 그 머나먼 거리를 지극히 정상으로 여겼다. 나의 아버지상은 감정적·신체적으로 분리된 존재였다. 내 아버지는 두 아내가 있는 집에 좀처럼 들어오지 않았으며 집에서 잔 적이 거의 없었다. 우리 마을에서는 남편이 아내를 너무 가까이하면 이상한 사람 취급을 했다. 신랑이 결혼식 뒤에야 신부의 이름을 알게 되는 것이 일반적이었듯 말이다. 직업이 있는 남자는 대부분 아내와 가족을 오랫동안 떠나 대도시에서 돈을 벌었다. 지금 나도 그랬다.

1974년 마침내 집에 돌아가 푸자를 만날 기회를 얻었다. 활달한 걸음마쟁이 푸자는 나를 썩 반기지 않았다. 미르다에서는 많은 사촌과 육촌들이 푸자의 관심을 얻으려고 앞다투었으니 그럴 만도 했다. 상관없었다. 푸자가 깔깔대고 노는 모습을 보는 것만으로도 좋았다. 그때 결심했다. 무슨 일이 있어도 해마다 미르다에 오겠다고. 나는 조만간 인도에 영구 귀국할 것이다. 그때가 되면 딸을 최고의 학교에 보낼 것이다. 아버지가 내게 해주었듯.

하지만 한순간에 내가 사랑하고 그리워하는 인도가 달라졌다. 1975년 여름 인디라 간디 총리는 격렬한 반정부 시위에 맞서 국가 비상사태를 선포했다. 사실상 하루 만에 인도를 민주국가에서 독재국가로 바꿔버린 것이다. 그 뒤로 21개월간 나의 고국은 헌법에 보장된 권리가 실종되고 반정부 인사들이 체포되어 판사 앞에 10분도 서보지 못한 채 투옥되는 권위주의국가가 되었다. 언론은 검열당하고 빈곤층은 강제 불임 시술을 당했다. 나는 멀리 떨어진 MIT와 프린스턴에서 사태를 지켜보며 가족의 안위와 나라의 미래를 걱정했다.

비상사태가 선포된 지 1년 뒤 어머니에게서 편지를 받았다. 형제에 대한 소식이었다. 실은 언젠가 이런 편지가 올 거라 예상했다. 씨름꾼을 꿈꾸던 형은 정치에 매우 적극적으로 참여했다. 인디라 간디 정권을 지지했지만 정국이 하도 혼란스러웠기에 언젠가 투옥된다 해도 놀랍지 않았다. 하지만 어머니의 편지에는 다른 형제에

대한 소식이 담겨 있었다. 동생 칸하이야가 체포되어 지방 교도소
에 구금되었다는 소식이었다. 동생은 정치와는 거리가 멀었다. 뛰
어난 운동선수이자 타고난 지도자였다. 잘생기고 운동에 재능이
있었고 사람들에게 호감을 샀고 홍차 노점에 갈 때마다 인파를 몰
고 다녔다. 필시 하도 인기가 많아서 현지 경찰관이 시위 주동자로
의심한 것이 틀림없었다. 경찰관의 직감만으로 동생은 발리아의
교도소에 갇히는 신세가 되었다.

어머니는 미국 주소가 있는 내가 이 상황에서 뭔가 할 수 있겠거
니 순진하게 생각했다. 하지만 나는 완전히 망상에 빠져서 당장 인
도행 비행기를 예약했다. 내 안에 아버지의 모습이 조금은 남아 있
었던 것 같다. 공무원을 만나 사정을 얘기하기만 하면 어떤 문제도
해결할 수 있다고 확신했으니 말이다.

발리아 경찰은 내가 미국에서 왔다는 사실을 알고서 경찰서장
집무실에는 들어가게 해주었다. 창문 없는 실내에 들어서자 작달
막한 중년 남자가 호기심 어린 눈빛으로 나를 뜯어보았다. 발은 책
상에 걸친 채였다. 장화 뒷굽 너머로 남자를 바라보며 동생은 운동
가나 말썽꾼이나 선동가가 아니라 발이 넓은 인기남일 뿐이라고
말했다. 서장은 한마디도 하지 않은 채 비디(매캐한 향이 나는 담배
로, 담뱃잎을 말아 만든다.)만 뻐끔뻐끔 빨았다. 낮은 천장에 연기가
고였다. 문밖에서는 피온 두 명이 걸상에 앉아 명령을 기다리고 있
었다.

경찰서에 찾아온 게 좋은 아이디어가 아니었다는 생각이 들기

시작했다. 어릴 적 인도에서였다면 나의 청원에 합당한 조치가 취해졌을지도 모른다. 하지만 국가비상사태 인도에서 이 경찰서장은 견제받지 않는 권력을 누렸다. 내가 애걸하는 모습을 즐기는 것처럼 보이기까지 했다. 마침내 그가 입을 열었다.

"해결책이 있어." 그 말에 가슴의 긴장이 조금이나마 가라앉았다. "동생을 내보내는 대신 네가 들어오는 건 어때?"

인도에서는 악수나 인사를 하지 않고 방에서 나가는 행위가 대단한 모욕이다. 어쨌거나 난 그렇게 했다. 집에 돌아가 어머니에게 죄송하지만 할 수 있는 일이 없다고 말했다. 실은 나 때문에 상황이 더 안 좋아진 것 같았다. 아버지가 나를 기숙학교에 데려갔을 때처럼 어머니는 식음을 전폐했다. 아들 걱정에 밥이 넘어가지 않았을 것이다.

이번 방문에서도 여느 때와 마찬가지로 딸 푸자와 시간을 보냈다. 아이는 몬순비에 젖은 벼 싹처럼 쑥쑥 자랐다. 아이가 사촌들과 풀밭을 서성거리며 성긴 검은색 머리카락을 더운 바람에 휘날리는 광경을 보고 있자니 기쁨이 북받쳤다. 근심과 함께. 좋은 삶, 몬순가뭄이나 정치적 혼란에 휘둘리지 않는 그런 삶을 아이가 누리길 바랐다. 하지만 어머니처럼 나도 자녀에게 좋은 삶을 선사하지 못한다는 무력감을 느꼈다.

며칠 뒤 비행기가 델리의 활주로에서 움직이기 시작할 때 나의 미래가 어떻게 될지 궁금증이 들었다. 다른 때는 인도를 떠날 때마다 다시 돌아오리라는 확신이 있었다. 하지만 이번은 달랐다. 신문이 진실을 인쇄하지 못하고 사람들이 이유 없이 투옥되는 곳에서 어떤 변화를 만들어낼 수 있겠는가? 미국에서는 내가 힘 있는 사람들을 움직일 수 있으며 가장 저명한 기관들에 줄을 댈 수 있다. 어쩌면 미국에 머무르면서 더 많은 일을 할 수 있겠다는 생각이 처음으로 들었다.

2년쯤 지났을 때 나비가 다시 날개를 퍼덕여 전혀 예상치 못한 무언가를 내 삶에 가져다주었다. 그녀는 머리카락이 갈색이고 말투에 은은한 와이오밍 억양이 배어 있었다. 그리스계 미국인으로, 이름은 아나스타샤, 줄여서 앤이었으며 매사추세츠주 케임브리지에서 최고 미인이었다.

겸임교수를 맡기 위해 MIT에 돌아왔을 즈음에는 앤을 안 지 5년쯤 지났다. 앤의 남편은 기상학과에 재직했다. 남편이 박사 학위를 따는 동안 앤은 돈을 벌었다. 대학의 아키텍처머신그룹(Architecture Machine Group)에서 비서로 일했는데, 그 그룹은 니콜라스 네그로폰테(Nicholas Negroponte)의 지도하에 인간과 점점 똑똑해지는 기술 사이의 상호작용을 연구하는 싱크탱크였다.(그리스계 미국인 건축가 네그로폰테는 훗날 제롬 위즈너와 함께 MIT 미디어랩을 설립하는데, 위즈너는 케네디 대통령의 과학자문위원을 지냈으며 차니의 세계기상실험을 대통령에게 제안했다.) 나는 학과 사교 모임에서 앤을 종종 보았으며 그녀가 매우 다정하고 언제나 웃음을 짓는다는 것을 알게 되었다. 남편이 박사 학위를 받은 뒤 둘은 캘리포니아로 이주했다.

그랬기에 앤이 남편과 이혼한다는 소식을 들었을 때 무척 속상했다. 심지어 친구들을 동원하여 둘의 관계를 회복시키려 시도하기까지 했다. 결혼을 신중한 협상이자 현실적 교섭으로 여기는 나 같은 인도 남자로서는 당연한 대응이었다. 하지만 친구들은 이렇게 말했다. "넌 너무 어수룩해. 그렇게 해서는 통하지 않는다고."

나는 박사후 연구원을 마치고 케임브리지로 돌아왔다. 앤도 몇 달간 덴버에서 부모와 지낸 뒤에 돌아왔다. 우리 둘은 전에는 친구들과 여럿이서 어울렸지만 지금은 이따금 단둘이서 저녁을 먹었다. 나는 앤에게 전남편과 화해하라고 설득했다. 우리 사이에서 감정이 생겨나 깊어지고 있으리라고는 꿈에도 생각지 못했다.

마침내 앤이 내게 말했다. "그이를 좋아한 것보다 당신을 훨씬 좋아해." 앤의 말이 바위처럼 내 이마를 후려쳤다. 그 뒤로 상황이 급진전했으며 나의 삶은 완전히 달라졌다. 얼마 지나지 않아 나는 또 다른 힘센 말을 배웠다.

사랑해.

지금껏 내게 이 말을 해준 사람은 아무도 없었다. 심지어 주변에서 들어본 적도 없었다. 내가 자란 곳에서 사랑은 낱말이라기보다는 행동이었다. 따뜻한 식사, 기도, 당신을 기리는 기 양초였다. 하지만 나는 이 말이 좋았다. 이 말이 전해주는 느낌이 좋았다. 가난한 집안 출신에 복잡하게 꼬인 삶을 살아온 외국인인 내게 사랑스럽고 총명한 앤이 기꺼이 내기를 걸었다는 사실이 좋았다. 앤이 곁에서 귀를 쫑긋 세우고 있으면 마음이 차분해졌다. 앤의 존재는 내 개인적 삶을 집어삼키는 격동의 치료제였다.

그때까지는 프렘다와 내가 아무리 안 맞더라도 중혼은 결코 하지 않겠노라는 생각이 확고했다. 하지만 앤의 말을 듣고서 다른 미래를 그리게 되었다.

소득의 일부를 어머니와 프렘다에게 생활비로 보내고 동생과 푸자의 학비를 대준다고(나는 푸자를 바라나시에서 가장 좋은 기숙학교에 보낼 작정이었다.) 앤에게 말했을 때 앤의 반응은 담담했다. 우리 둘이 먹고살 돈이 충분하다면야 보내고 싶은 만큼 보내도 괜찮다는 것이었다. 앤과 함께하는 삶을 선택하는 것이 내게 의미 있었던 이유는 그것이 선택이었기 때문이다. 오롯이 내가 내린 선택, 확신을 품고서 내린 선택이었다.

앤에 대해 이야기했더니 어머니는 반색했다. 내가 중혼하길 하도 오랫동안 기다렸기에 브라만 아닌 미국인과 결혼하는 것에도 개의치 않았다. 어머니는 아들이 아내의 보살핌을 받지 못한 채 살까 봐 걱정하고 있었다. 당신은 가족의 행복을 위해 인생을 바쳤으니 말이다.

산통을 깨야 했다. 앤과 결혼하기 전에 프렘다와 이혼할 작정이라고 말했다. 어머니는 당신도 후처였기 때문에 어리둥절해했다. "아내가 두 명이면 왜 안 되니?"

혼사를 공식적이고 합법적인 미국 방식으로 처리해야 한다고 어머니를 설득한 뒤 어머니, 프렘다의 부모, 프렘다, 나는 이혼 협의를 타결하여 중매결혼을 종식했다. 쉬운 과정은 아니었다. 실은 프렘다에게 미국에 오라고 설득할지, 아니면 지금 그대로 두어야 할지 오랫동안 갈팡질팡했다. 어떻게 해야 우리 관계를 회복할 수 있을지 고민하느라 밤잠을 설친 적도 많았다. 하지만 이제 와서 생각하니 프렘다와 나는 비선형 방정식 같았다. 일치시킬 수 없는 두 변수—그녀의 가족, 우리 가족, 그녀의 소망, 내 소망 등 나머지 모든 변수에 의해 영향받는 두 변수였다. 앤과 사랑에 빠지면서 나는 프렘다와의 방정식이 결코 풀리지 않을 것이며 다음으로 넘어가 사랑에 기초한 결혼을 시작할 때가 되었음을 깨달았다.

1979년 초가을 오전에 나사에서 근무한 뒤 메릴랜드주 몽고메리카운티에서 앤을 만났다. 법원이었다. 나는 회색 양복을 입었고 앤은 하늘거리는 붉은 드레스 차림이었다. 우리는 상관 밀턴 헤일럼과 그의 아내, 가장 가까운 친구 두 명만 초대했다. 나는 앤과 결혼하는 날 다른 것도 맹세했다. 앞으로 평생 미국에 눌러앉을 작정이었다.

MIT에서 알고 지내는 인도인 대학원생 사이에서 나는 서구의 가치에 내 생각이나 행동이 영향을 받지 않을 거라 장담하여 꽤 화제를 불러일으켰다. 예를 들어보겠다. 이혼한 여성과는 결코 결혼하지 않을 생각이었다. 미국에 머물지 않을 생각이었다. 집을 살 생각은 추호도 없었다.

하지만 유럽중기예보센터에서 에드워드 로렌즈를 앞에 두고 강연하던 즈음인 1981년 나는 세 가지 장담 중 하나도 지키지 못했다.

몬순을 겪는 나라인 인도에 태어나지 않았더라도 내가 기후학자가 되었을지는 모르겠다. 하지만 인도 몬순의 계절예측을 연구한다고 해서 인도에 살아야 하는 것은 아니었다. 기후학은 전지구적 활동으로, 어느 인간 활동보다도 많은 국제 협력이 필요하다. 정치적·경제적으로 경쟁하는 나라들이라도 기상·기후예측에는 협조적 태도를 취하는 경향이 있다. 어쨌거나 오늘 한 나라를 유린하는 폭풍은 내일 다른 나라에 도달하기 때문이다. 가장 유명하고 보편적인 자연 기후 현상 중 하나인 엘니뇨에서 보듯 기후학이 효과를 발휘하려면 지구적 관점에서 접근해야 한다.

기후의 맥락에서 엘니뇨가 언급된 첫 기록은 1892년 리마에서 열린 페루지리학회 연례 회의 회의록이다. 페루의 선원 카밀로 카리요의 증언에 따르면 카리요와 동료 뱃사람들은 4~5년마다 성탄절 즈음 남쪽으로 흐르는 더운 해류를 목격했다고 한다. 그들은 이 해류를 엘니뇨 데 나비다드라고 불렀는데 스페인어로 '아기 예수'라는 뜻이다.

이 해류는 대개 칠레, 페루, 에콰도르 남부의 태평양 해안을 따라 남에서 북으로 흐른다. 페루해류라고 불리며 찬물을 북쪽으로 올려보내어 해안 지역을 서늘하고 건조하게 유지한다. 하지만 엘니뇨의 해에는 한 계절이나 그보다 오랜 동안 해수 온도가 이례적으로 높다. 또한 페루해류의 방향이 뒤바뀌어 비가 많이 내린다. 이 시기에는 강 유역에 물이 붇고 페루의 사막이 꽃밭이 된다.

페루의 어부들이 이 더운물의 띠를 목격한 지 오랜 뒤인 20세기 여명기에 영국 정부는 세계 반대편에서 일어나는 또 다른 이상 현상을 설명하느라 골머리를 썩이고 있었다. 바로 몬순강우였다. 1904년 인도 기상청창으로 임명되어 몬순가뭄을 예측할 방법을 찾아내는 임무를 부여받은 길버트 워커에게는 태평양의 온도나 페루 어부들의 경험에 대한 어떤 정보도 없었다. 그 대신 여러 영국 식민지의 기상대에서 관측한 기압과 강우량 데이터가 있었기에 인도 몬순강우와 기압의 상관관계를 계산했다.

워커는 다윈과 시드니에 있는 오스트레일리아 기상대의 기압이 높으면 타히티와 부에노스아이레스 기상대의 기압이 낮다는 사실을 발견했다. 말하자면 태평양 서부와 인도양이 고기압이면 태평양 중부와 동부는 정반대였다.

이 대규모 기압 시소(그는 남방진동(Southern Oscillation)이라고 명명했다.)가 엘니뇨와 밀접한 관계임을 워커는 알 도리가 없었다. 워커의 발견 이후 몇 년간 기상학자들은 기압 패턴을 연구했고 해양학자들은 해수 온도 패턴을 연구했지만 어느 쪽도 자신들이 긴밀히 결합된(coupled) 해양-대기 시스템의 양면을 연구하고 있다는 사실을 알아차리지 못했다.

마침내 1969년 야코브 비에르크네스가 남방진동과 엘니뇨 현상이 연결되어 있다고 주장하는 획기적 논문을 발표했다. 그가 이 결론에 도달한 것은 1957년과 1958년의 해수 온도 데이터를 분석하여 엘니뇨 기간에 더운 해수 온도가 해안 지역에 국한되지 않고 앞서 관측한 것보다 넓은 열대 태평양 지역을 포괄한다는 사실을 알게 된 뒤였다.

비에르크네스는 엘니뇨 아닌 해의 태평양 지역 장기 평균 기후를 이렇게 설명했다. 해수 온도가 높고 기압이 낮은 태평양 서부에서는 더운 공기가 상승하여 비를 내리고 해수 온도가 낮은 태평양 동부에서는 찬 공기가 하강한다. 이 순환은 적도 근처에서 무역풍이 동쪽에서 서쪽으로 일정하게 불게 한다. 비에르크네스는 이것을 워커순환이라고 일컬었다.

비에르크네스가 발견한 것은 워커순환을 유지하는 바람 순환, 해수 온도, 강우의 상관관계에 대한 메커니즘이었다. 더 나아가 엘니뇨 시기에는 태평양 동부에서 바닷물이 더워지고 지표면 기압이 낮아져 무역풍이 약해지고 이따금 방향이 역전되어 서쪽에서 동쪽으로 부는 반면에, 비가 많이 내리는 지역이 태평양 서부에서 동쪽으로 이동해 태평양 중부로 바뀐다고 주장했다. 강우의 이동 및 이와 관련한 (응결잠열에 의한) 대기의 온난화는 엘니뇨 기간에 기후의 전 세계적 변화를 낳는다.

엘니뇨와 반대로 태평양 동부가 평소보다 추우면 비가 많이 내리는 지역이 태평양 서부로 이동하고 무역풍이 세지는데, 이 현상은 당연히 라니냐라고 불린다.✦ 비에르크네스는이 역전 현상이 어떻게, 왜 일어나는지 설명할 수 없었다. 대기와 열대 바다의 역학에 대한 과학자들의 이해는 지난 60년간 부쩍 발전했으며 엘니뇨와 라니냐의 전환에 대해 여러 메커니즘이 제안되었다. 그럼에도 이 분야에서는 여전히 활발한 연구가 지속되고 있다.

분명한 사실은 자연에서나 인간 세계에서나 엘니뇨가 카오스를 일으켰고 지금도 일으킨다는 것이다. 20세기를 통틀어 4분의 1을 넘는 해에 엘니뇨가 발생했으며 각각의 엘니뇨는 환경적·경제적 측면에서 독특한 영향을 미쳤다. 이를테면 비에르크네스가 워커순환을 발견하는 데 일조한 1957/1958년 엘니뇨는 캘리포니아의 드넓은 다시마숲을 쑥대밭으로 만들었다. 1965/1966년 엘니뇨는 페루의 구아노 시장을 초토화했다. 셀 수 없을 만큼 수많은 바닷새가 굶어 죽었으며 수백 년간 비료로 채취되던 구아노 대부분이 폭우에 쓸려 바위에서 떨어져 나갔다. 나의 모넥스 동료이던 데브 라지 시카가 1980년 밝혀냈듯 일부 눈에 띄는 예외가 있긴 하지만 인도의 주요 가뭄은 엘니뇨 기간에 일어났다. 엘니뇨는 오늘날까지도 몬순강우를 예측하는 데 가장 중요한 단일 지표이다.

✦　엘니뇨는 '남자아이', 라니냐는 '여자아이'라는 뜻이다.

1982년 대기학자와 해양학자들이 프린스턴 지구물리유체역학연구소에 모였다. 엘니뇨를 관측하고 모델링하고 바라건대 예측하기 위한 대규모 현장실험을 계획하기 위해서였다. 나는 느리게 변동하는 해수면 온도 변화가 대기순환과 강우의 예측 가능한 변화를 일으킨다는 이론을 제시했다. 이 가설이 강우의 계절예측을 위한 결합해양대기모델의 개량과 응용에 일조하길 바랐다.

공교롭게도 이런 노력의 필요성을 부각하듯 그때 열대 태평양에서 강력한 엘니뇨가 생성되고 있었지만 과학자들은 전혀 눈치채지 못했다. 몇몇은 그해에 엘니뇨가 생길 가능성은 전무하다고 주장했다. 몇 달 뒤 크리스마스섬 바닷새들이 둥지를 버리고 먹이를 찾아 떠났으며 물개와 바다사자 수백만 마리가 굶어 죽었다.

열

레닌그라드에서 열린 '기후예측을 위한 물리적 토대' 학회에서 새 신랑이자 미국 영주권자가 된 나는 프린스턴 지구물리유체역학연구소(GFDL)에서 마나베 박사의 지도하에 연구하는 과학자 개브리엘 라우(Gabriel Lau)를 만났다. 라우는 마나베와 함께 수행한 실험을 발표했는데, 전지구적 기후, 특히 시뮬레이션하기 힘들기로 악명 높은 열대 대기의 기후를 세계 최초로 현실적으로 시뮬레이션하여 유명해진 실험이었다.

하지만 모델에 이용된 기후 해수면 온도(sea-surface temparature,

SST)는 지난 30년 동안의 월평균이었다. 그래서 연도와 무관하게 1월의 해수면 온도 값이 전부 같았고 2월, 3월 등도 마찬가지였다. 하지만 내가 실험에서 발견한 사실로 보건대 해수면 온도가 변칙적이면 전혀 다른 날씨 패턴이 나타날 수 있으며 GFDL 모델에 관측 해수면 온도(단순한 기후 평균이 아니라 실제 값)를 썼다면 현실에 더 가까웠을 것이다. 같은 학회에서 나는 연간 해수 온도 변화가 연간 기후 변동을 설명하는 가장 중요한 요인이며 역학계절예측의 토대일 수도 있음을 밝히는 논문을 발표했다.

라우가 발표를 끝낸 뒤 나는 그에게 달려가 왜 해수 온도를 해마다 다르게 하지 않았느냐고 물었다. 그러자 그런 전지구적 격자 데이터가 없어서 그랬다는 답이 돌아왔다. 무작위로 흩어져 있는 선박과 기상대에서 얻은 원시 관측 데이터가 위도와 경도의 가지런한 행과 열로 정리되지 않았다는 뜻이었다. 격자 데이터가 컴퓨터 모델에 필요했다. 내 생각엔 그런 데이터집합을 만들 방법이 있을 것 같았다. 세계에서 으뜸가는 연구 기관인 프린스턴 GFDL이라면 그래야 하지 않을까. 나는 라우와 마나베가 그 데이터를 입수하여 연간 해수면 온도 변화에 대해 모델을 다시 실행할 것을 제안했다. 라우는 나의 전임 지도교수 마나베에게 메시지를 전하겠다고 정중하게 답했다.

몇 달이 지나며 내가 프린스턴에 여러 번 전화를 걸었는데도 라우와 마나베는 나의 제안을 실행하지 않고 있었다. 나는 이 아이디어에 무척 심취해 있었고 이를 통해 장기 예보 능력을 환골탈태시킬 수 있음을 확신했기에 더는 메릴랜드에 처박혀 기다릴 수 없었다. 나는 나사 직원이어서 관용차를 한 대 이용할 수 있었다. 나사 로고가 양옆에 칠해진 흰색 세단이었다. 이 특전을 써먹은 적은 한 번도 없었고 미국에서 장거리 운전을 한 적도 없었지만 최대한 빨리 프린스턴에 가서 두 과학자에게 관측 해수면 온도 데이터를 입수하여 모델을 다시 실행하라고 설득해야겠다는 생각이 들었다.

화창한 평일 아침 뉴저지 턴파이크 고속도로는 통근자로 만원이었다. 운전대를 잡고서 마나베에게 요청할 말을 연습하는 동안 눈이 조금 게슴츠레해졌다. 파란불과 빨간불이 주변 시야에서 어른거리는 것도 같았지만 제대로 알아보지 못했다. 그러다 사이렌 소리에 덜컥 상념에서 깨어났다. 이미 흥분한 심장이 더 세게 두근거리는 가운데 소형 세단을 갓길에 대고 주차한 다음 문을 열고는 경찰관을 마주 대하려고 차에서 내렸다. 인도에서는 이렇게 하는 것이 관습이다.

그때 뒤에서 걸걸한 고함이 들렸다. "선생님, 차 안으로 돌아가십시오!"

나는 시키는 대로 들어가 운전석에 앉았다. 자갈을 밟는 장화 소리가 점점 가까워지더니 근엄한 표정의 남자가 운전석 창문 앞에 섰다.

"대시보드에 뭐라고 써 있는지 읽어주시겠습니까?" 질문이었지만 명령처럼 들렸다.

얼떨떨한 채로 계기판에 내가 읽을 수 있는 문장이 있는지 둘러

보았다. 이 차를 몇 시간째 타고 있었지만 속도계 밑에 있는 스티커를 이제야 봤다. 코앞에 있었는데도 말이다.

"이 차량의 제한 속도는 시속 90킬로미터입니……" 나는 말끝을 흐리며 경찰관에게 회한에 찬 우거지상을 보였다.

내가 세상에서 가장 강력한 기후 모델을 개선하기 위해 규칙을 본의 아니게 어겼다는 사실은 말하지 않기로 했다.

마침내 프린스턴에 도착하고서 왜 마나베가 내 제안을 따르지 않았는지 알게 되었다. 그에게는 연간 해수 온도의 격자 값이 없었다. 마나베의 대답은 라우가 레닌그라드에서 했던 말과 같았다. 하지만 나는 해양대기청에 해수면 온도에 대한 원시 데이터가 있고 과거 데이터를 분석하여 모형에 맞게 격자형으로 정리하는 작업에 어마어마한 시간이 걸리긴 해도 절대적으로 중요한 일이라고 주장했다. 경계조건에 대한 나의 연구가 입증하는 바였다. 대화 끝 무렵 마나베는 데이터를 입수하여 연간 월별 관측 해수면 온도를 모델에 반영하겠다고 말했다.

여러 달이 걸렸지만 라우와 마나베는 결국 15년 분량의 해수 온도 관측값을 이용하여 모델을 실행했다. 이제 모델은 똑같은 수 열두 개를 거듭거듭 쓰지 않고 15년 동안 달마다 각기 다른 수(실제 해수면 온도)를 입력했다. 이 방식의 효과는 금세 드러났다. 모델은 현재 기후와 그 변동성에 대해 더 현실적인 시뮬레이션 결과를 내놓기 시작했다.

이 시도가 어찌나 성공적이었던지 몇 년 뒤 세계기상기구는 대기모델비교프로젝트를 출범시키면서 모든 전지구적 대기 모델에 관측 해수면 온도의 연간 수치를 이용하라고 권고했다. 이 조치가 실행되고서 무척 안도감이 들었다. 관측 해수 온도 값을 통합하려는 논쟁을 벌이려고 다시는 관용차로 규칙을 어기지 않아도 될 테니까!

바다와 육지가 기후에서 중요한 역할을 한다는 사실에 대한 이해가 깊어지면서 모델들도 달라지기 시작했다. 이제 이 지식에 맞춰 우리의 직관도 분명히 달라져야 했다. 나사에서 일하는 특권을 누리는 매 순간이 내겐 귀중했다. 하지만 각각의 분야와 전문가 주위에 폐쇄적으로 울타리를 치는 나사의 관행 때문에 대기-해양-육지 상호작용을 학제적으로 연구하기가 점점 힘들어졌다.

이를테면 고더드우주비행센터에는 기후 부서가 대기, 해양, 수문(hydrology, 육지의 물을 연구하는 학문) 세 곳이었다. 부서마다 책임자가 있었으며 서너 개의 과로 구분되었다. 이 때문에 다른 부서나 과에 있는 사람과는 공동 연구를 진행하기 힘들었으며 서류를 작성하고 특별 허가를 받아내느라 진이 빠졌다. 나사만 이런 것이 아니었다. 1980년대 중반에는 학제 연구가 아직 일반적이지 않았으며 주요 연구 기관들은 모두 고립되어 있었다. 하지만 나와 (점점 수가 많아지던) 동료들은 계절예측의 탄탄한 과학적 토대를 발전시키려면 전문가들을 한 방에 모아야 한다고 확신했다.

한 가지 방안은 대학 내에 연구소를 설립하는 것이었다. 나사, 해양대기청, 국립과학재단의 사업 총괄 책임자들과 이야기를 나눠

보니 모두가 역학계절예측의 현실성을 탐구한다는 나의 새로운 연구 아이디어를 뒷받침하고 싶어 하는 듯했다. 해양대기청이 관심을 가진 이유는 일기예보가 핵심 업무 중 하나이기 때문이었다. 국립과학재단은 예측가능성에 대한 과학적 이해를 날씨 너머로 확장하는 연구를 지원하고 싶어 했다. 나사가 특히 흥미를 보였는데, 그들의 위성이 (전지구적 해수 온도와 토양 습윤도 같은 경계조건을 관측함으로써) 계절예측에 일조하리라는 나의 주장 때문이었다. 내 처지에서는 정부의 우두머리 레이건 대통령이 연방 공무원들을 매몰차게 비난하고 모욕하는 상황에서 정부를 위해 일하지 않아도 된다는 점 또한 솔깃했다.

나는 MIT와 프린스턴에서 만난 과학자들 중 대학에 임용된 이들에게 연락해 그들의 소속 기관에 연구소를 설립하는 문제를 논의했다. 대학과, 심지어 몇몇 기업과 여러 차례 대화를 나눠보니 메릴랜드 대학교가 적격이었다. 그곳의 교무과에서는 해양육지대기상호작용연구소(Center for Ocean, Land, Atmosphere Interactions, COLA)라고 불리게 될 기관을 위해 정년보장 교수직 세 자리를 마련할 수 있다고 말했다. 그 자리는 나와 두 명의 MIT 동기 마크 케인(Mark Cane)과 에드 세라치크(Ed Sarachik, 줄 차니 밑에서 박사후 연구원을 지냈으며 지금은 하버드에서 연구과학자로 일한다.)가 채울 예정이었다. 두 사람은 매우 저명하고 존경받는 과학자로, 나는 그들이 기후학을 발전시키고 신생 연구소의 신뢰도를 즉시 높여주리라 믿었다.

1984년 나사에서 사직할 때가 되었다.

나사를 떠나는 일은 무척 힘들었다. 무엇보다 상관 밀턴이 내 삶에서 무척이나 중요한 인물이 되어 있었다. 그는 나를 정부 고위직에 앉혔다. 슈퍼컴퓨터를 필요한 만큼 쓰게 해주었으며 실험 진행을 도울 직원을 여러 명 배치해주었다. 밀턴과 그의 아내는 앤과 내가 조촐한 결혼식에 초대한 몇 안 되는 하객이었다. 하지만 밀턴은 내 결정을 (처음엔 내켜 하지 않았지만) 지지했다. 내가 나사의 활주로에서 이미 날아올랐음을 알았기 때문이다.

사직하자마자 메릴랜드 대학교에서 궂은 소식이 들려왔다. 다가올 불화를 예고하듯 정년보장 교수직 세 자리 중 둘을 철회하고 정년심사(tenure-track) 조교수로 대체한다고 말했다. 급여, 안정성, 지위도 낮아졌다. MIT 동기 두 명은 제안을 대뜸 거절했다. 그들을 비난할 순 없었다.

그 대신 프린스턴에서 두 명의 명민한 박사후 연구원 짐 킨터(Jim Kinter)와 짐 카턴(Jim Carton)을 채용했다. 짐 킨터는 대기과학자이고 자신감이 넘쳤으며 장차 나의 모든 설익은 횡설수설 장광설을 설득력 있는 연구 제안서로 번역하게 된다. 짐 카턴은 해양학 전문가였다.

우리는 두 명의 정년심사 교수 외에 두 명의 과학자 에드 슈나이더(Ed Schneider)와 데이비드 스트라우스(David Straus)를 채용했다. 에드는 MIT 출신으로, 차니의 박사후 연구원을 지냈으며 내가 아는 그 누구도 흉내 내지 못할 모델을 제작할 수 있었다. 에드를 아는 사람은 누구나 그를 "이제껏 만나본 사람 중에서 가장 총명한 사람"으로 손꼽았다. 차니의 또 다른 제자 데이비드가 나사 고위직을 그만두고 우리의 햇병아리 조직에 합류하자 우리 그룹은 자신감이 솟구쳤다.

민간 기업에 취직하여 훨씬 많은 돈을 벌 수 있는 사람들이었다. 이름난 대학에서 정년을 보장받을 수도 있었다. 세계 최고의 연구 기관에서 종신 연구원이 될 수도 있었다. 그럼에도 과학적 도전을 좋아했고 사회를 위해 계절예측을 발전시킨다는 사명에 충실하고 싶었기에 이 연구소에서 일하기로 했다. 메릴랜드 대학교의 새 연구소는 순조롭게 출발했으며 박사과정 지원자 수는 금세 두 배가 되었다.

우리 또한 연구에 착수했다.

내가 미국에서 예측의 패러다임을 날씨 너머로 확장하려 시도하는 동안 인도의 상시 일기예보는 과학에서나 실무에서나 훨씬 뒤처져 있었다. 정치적 형편은 훨씬 나아졌다. 1977년 인디라 간디가 느닷없이 비상사태 종료를 선포하고 내 동생을 비롯한 정치범을 모두 석방했다. 다음 선거에서는 새 총리가 선출되었다. 하지만 기상예측에서는 별다른 진전이 없었다. 인도 기상학자들은 여전히 신뢰할 수 없는 대기 상층 관측과 철 지난 국지적 모델(regional model)에 의존했다. 나는 몬순 예측가능성을 연구하고 인도를 업무차 자주 방문한 덕에 과학기술부 장관 야시 팔과 친분이 있었다.

정부가 기상·기후 업무를 현대화하고 예보 역량을 발전시키는 데 필요한 개선 방안을 제시하며 그를 끊임없이 들볶았다.

하나를 예로 들자면, 인도 대기 상층 관측소가 터무니없이 부정확한 데이터를 내놓는다고 장관에게 말했다. 대부분의 국가는 과학 기자재 제조업체로부터 관측 장비를 구입하지만 인도 기상청은 자체 제작을 고집했다. 우체국이 집배 차량을 자체 제작하거나 경찰이 무기를 자체 생산한다고 상상해보라. 그런 시스템의 결함은 인도가 전 세계 기상예측 모델에 공급하는 데이터에서 뚜렷이 드러났다. 변화율이 기상천외한 엉터리 수치였으니 말이다.

장관에게 건넨 두 번째 조언은 현대식 슈퍼컴퓨터에 투자하라는 것이었다. 내가 푸네에서 쓰던 구닥다리 컴퓨터가 1980년대 중반까지도 쓰이고 있었는데, 이제는 그만 쓸 때가 되었다고 말했다. 불가능한 과제일 수도 있음은 알고 있었다. 최고의 슈퍼컴퓨터는 모두 미국 기업이 제작하는데, 냉전 절정기에 소련의 동맹국이던 인도에 그런 장비를 판매하도록 미국 정부가 승인할 리 없었기 때문이다. 인도 슈퍼컴퓨터가 소련에 넘어가거나 핵무기 개발 혹은 미군 암호 해독에 쓰일 수 있다는 우려 때문이었다.

그럼에도 나는 인도 일기예보 시스템을 현대화하라는 1인 시위를 계속해서 벌였다. 1985년 1월 연례 인도 방문에서 다시 한번 장관을 설득하려는데 그가 역정을 냈다.

"조만간 총리를 만날 거요. 그러니 원하는 걸 전부 써봐요." 장관은 이렇게 말하며 내 앞에 종이 다발을 놓았다. "인도에 필요한 게 무엇인지 정확히 적으라고요." 장관은 나를 집무실 옆방으로 데려가 수치예보에 대한 자필 보고서를 쓰도록 했다. 인도에 수치예보 센터를 설립하려면 몇 명의 인원과 어떤 종류의 컴퓨터가 필요한지 알려달라고 했다. 이 문서도 지금까지 내가 한 조언과 마찬가지로 어디서도 받아들여지지 않으리라는 생각이 들었지만 짧은 글을 작성했다. 무엇보다 슈퍼컴퓨터가 관건임을 강조했다.

그해 가을 내가 제안한 목록, 또는 적어도 목록에 실린 항목 중 하나가 로널드 레이건 대통령과 라지브 간디 총리의 중요한 회담에서 의제로 올랐다. 두 사람은 양국 관계를 개선하려는 조치의 일환으로 뉴욕 월도프 애스토리아 호텔에서 차담을 나누고 있었다.

몇 년 뒤 이 장면을 내게 들려준 총리 과학자문위원에 따르면 간디는 레이건에게 몬순 예보를 위해 슈퍼컴퓨터가 필요하다고 말했다고 한다.

대통령이 물었다. "몬순이라고? 그게 뭐지? 큰비인가?"

레이건의 국가안보보좌관이 답했다. "네, 큰비입니다."

"그러면 슈퍼컴퓨터는 뭐지? 큰 컴퓨터인가?"

"네, 큰 컴퓨터입니다."

전해 듣기로, 이 말에 레이건은 잠시 생각에 잠겼다. 큰비를 예보하는 큰 컴퓨터를 인도에 판매했을 때 발생할 손해를 따져보는 듯했다.

마침내 레이건이 입을 열었다. "괜찮을 것 같군요."

물론 국가안전보장회의를 비롯한 미국 연방 기관들은 전혀 괜

찮지 않았다. 듣자 하니 대통령이 워싱턴에 돌아갔을 때 슈퍼컴퓨터 판매를 철회하도록 모두 그를 설득했다. 하지만 너무 늦었다. 레이건은 약속했으며 자신의 약속을 지킬 작정이었다.

마침내 미국과 인도 간에 거래 협상이 타결되었다. 인도는 크레이사(社)의 X-MP/14 슈퍼컴퓨터를 구입할 수 있게 되었다. 단, 몇 가지 굴욕적 조건을 받아들여야 했다. 첫째, 정가를 지불해야 했다. 구매 금액은 약 1000만 달러였다. 둘째, 컴퓨터가 설치될 시설은 높은 담장과 소총을 든 경비원이 철통같이 지켜야 했다. 마지막으로, 컴퓨터실에 출입할 수 있는 사람은 크레이사 직원이나 미국 시민권자뿐이었다. 인도인은 누구도 저 강력한 기계에 접근할 수 없었다.

나만 예외였다. 계약이 체결되자마자 인도의 신임 과학기술부 장관 고와리커 박사는 '일기예보를 위한 통합된 전지구적 데이터 동화 및 예측 모델'을 구현할 책임자를 맡아달라고 내게 요청했다. 크레이사는 나의 임명에 찬성했다. 델리에 신설된 국립중기예보센터에서 인도인 과학자가 자사 직원과 센터 인력의 중간 다리 역할을 해주길 바랐기 때문이다. 미국 정부도 찬성했다. 내가 고위 공직을 지냈고 지금은 미국 대학에서 일하고 있기 때문이었다. 문제가 딱 하나 있었는데, 아무도 내 급여와 여행 경비를 지불하고 싶어 하지 않았다.

메릴랜드 대학교는 인도 정부에 매우 공적인 호의를 베풀 기회에 반가워하며 예보 시스템을 설치하고 운영하는 1년간 나의 급여를 계속 지급하는 데 동의했다. 다만 수업을 나 대신 진행할 강사를 찾고 박사과정생들도 계속 내가 지도해야 했다. 하지만 여행 경비는 여전히 문제였다. 프로젝트에 필요한 매달 항공료와 호텔 투숙비를 마련해야 했다. 슈퍼컴퓨터가 내 고국에서 일기예보를, 결국 사람들의 삶까지 완전히 탈바꿈시킬 수 있음을 알았기에 비용이 아무리 많이 들고 여정이 아무리 고달프더라도 꼭 해내고야 말겠다고 다짐했다. 앤과 나는 메릴랜드 집을 세놓았다. 앤은 처가가 있는 덴버에서 두 아이와 함께 1년간 지내기로 했다. 나는 세계기후연구프로그램(World Climate Research Programme, WCRP)과 해양대기청을 찾아가 여행 경비 지원을 얻어냈다.

1988년 초 프로젝트를 위해 타게 될 열네 차례의 항공편 중 첫 번째를 타고서 구름 한 점 없는 아침 수도 델리에 도착했다. 어찌나 신났던지 장거리 비행을 했는데도 시차증후군이 하나도 없었다. (이후의 비행은 그렇지 않았다. 달마다 두 주는 델리에서, 한 주는 메릴랜드 대학교에서, 한 주는 덴버에서 가족과 지내느라 늘 시차증후군에 시달렸다!) 델리의 새 센터 출입문에서 경비원들을 지나치고 다시 소규모 무장 경비대를 지나쳐야 했지만 결국 건물의 내실에 들어왔다. 쌀쌀하고 창문도 없는 방에서 인도 최초의 슈퍼컴퓨터가 웅웅 소리를 내며 돌아가고 있었다. 호텔 로비의 원형 소파만큼이나 크고 화려했다. 소총을 멘 경비원 두 명이 문 앞에 서 있었다. 나는 잠시 컴퓨터 앞에 서서 경외감에 침묵한 채 컴퓨터가 겪은 여정과 내가 겪은 여정에 경탄했다. 미네소타에서 운송된 거대한 컴퓨터와 시골에서 올라온 소년이 바야흐로 인도를 영영 바꿔놓을 참이었다.

1년 넘는 기간 동안 시간대, 대륙, 문화 정체성을 뻔질나게 넘나드느라 여기가 어디인지, 내가 누구인지 잊을 때도 있었다. 델리로 비행할 때에는 기내용 가방에 소프트웨어를 넣어 다니며 여행했다. 데이터 동화, 전지구 대기 모델, 그 예측을 분석할 프로그램 등의 코드를 컴퓨터에 입력할 자기테이프였다. 젊고 유능한 인도인 과학자 팀을 선발하는 데에도 참여했으며 COLA에서 여러 동료를 데려왔다. 모델링과 코딩에 대해 나보다 훨씬 많이 아는 전문가들이었다. 우리는 인도 측 직원들에게 컴퓨터 사용법, 모델 실행법, 상시 예보 산출법을 가르쳤다. 18개월 뒤 드디어 임무를 완수했다. 우리는 인도를 위한 온전히 작동하는 현대식 수치예보 시스템을 구현했다.

모델에 대한 첫 실험을 실행할 순간이 왔을 때 나는 무엇을 하고 싶은지 정확히 알고 있었다. 순전히 개인적인 호기심을 충족하기 위해 담당 과학자들에게 한 번은 인도 기상대 관측값으로 모델을 실행하고 두 번째는 나머지 조건을 똑같이 하되 인도 데이터만 전부 빼고서 실행하도록 했다. 결과는 어땠을까? 관측값을 뺀 예측이 더 정확했다. 슈퍼컴퓨터 설치를 계기로 인도 과학자들과 나는 대기 상층 관측의 질을 향상시키기 위한 캠페인을 시작했다.

1989년 3월 인도 최초의 슈퍼컴퓨터를 위한 대규모 축하 행사가 델리에서 열렸다. 라지브 간디 총리도 참석하여 짧은 연설을 했다. 총리의 모두(冒頭) 발언이 아직도 기억난다.

총리는 연단에 서서 청중을 바라보며 이렇게 말했다. "오늘 특별한 한 사람에게 감사하고 싶습니다. 그가 없었다면 이 사업은 성공하지 못했을 겁니다."

그 순간 강당의 모든 척추가 곧게 펴졌다. 모두가 자신의 이름이 호명되리라 예상한 것 같았다. 강당에는 과학자뿐 아니라 슈퍼컴퓨터 구입, 운반, 공조 및 전력 공급 설비 제작에 참여한 사람들도 많았다. 간디가 말을 마치자 많은 얼굴이 시무룩해졌다. "그 사람은 로널드 레이건입니다."

총리가 내게 노고를 치하하는 악수를 건넸다. 하지만 인도가 마침내 가장 발전한 기상 분석 및 예보 시스템을 갖추고 국민에게 더 정확한 일기예보를 전달할 수 있게 되었음을 아는 것, 내가 여기에 무언가 기여했음을 아는 것만으로 보답은 충분했다.

인도와 전 세계로 계절예측을 확산하는 문제로 말할 것 같으면 그동안 메릴랜드에서는 COLA가 임무를 착착 수행하고 있었다.

3부
10억 마리 나비

열하나

1983년부터 1993년까지 10년간 COLA 과학자들은 전지구적 모델을 이용한 역학계절예측의 과학적 기초와 실현 가능성을 확립하는 데 중요하고 종종 획기적인 기여를 했다. 우리는 여러 달 이후를 내다보며 장기적이고 광범위한 날씨 패턴을 예측할 가능성을 탐구했다. 이제는 전 세계를 주차장으로 바꾸거나 아라비아해에 얼음덩이를 떨어뜨리는 식으로 과장된 수치를 모델에 집어넣는 실험이 아니라 과거 관측값 같은 현실적 수치를 가지고서 실제에 가깝게 시뮬레이션을 실시했다. 현실 세계에 과학을 적용해 실질적인 변화를 일으키려는 시도였다.

말 그대로 꿈이 현실이 되었다. 나는 내가 아는 가장 똑똑한 사람들과 일하고, 내가 믿는 과학을 발전시키고, 세상을 더 나은 곳으로 만드는 일에 과학을 이용하고 있었다. 오래전 가뭄에 시달리는 마을을 걸으며 푸네의 일자리를 잡을지 말지 고민할 때 머릿속에 들어 있던 바로 그 꿈이었다.

COLA가 설립된 지 고작 1~2년 되었을 때 옛 친구 예일 민츠가 자신이 나사에 영입한 영국 출신의 젊은 과학자 이야기를 들려주었다. 그 과학자는 피어스 셀러스(Piers Sellers)로, 리즈 대학교에서 생물기상학(biometeorology) 박사 학위를 받았다.(생물기상학은 육지, 그곳의 모든 생물, 그 위의 대기가 벌이는 상호작용을 연구하는 학문이다.) 셀러스가 아내 맨디와 영국에서 입국한 직후 중매쟁이 민츠는 우리 두 사람에게 점심을 샀다. 내가 그를 COLA로 꾀어내기까지는 오랜 시간이 걸리지 않았다. 셀러스는 고더드우주비행센터에서 박사후 연구원 의무 기간을 마치자마자 COLA에 왔다. 서로의 집이 걸어서 닿을 수 있는 거리에 있어서 우리는 더 빠르게 친해졌다.

해양, 육지, 대기의 현실적 모델을 역학계절예측에 이용한다는 우리의 사명에 셀러스의 연구가 중요한 자산이 될 것임은 한눈에 알 수 있었다. 그의 관심사는 물리적으로 현실적인 생물권 모델(그는 단순생물권(simple biosphere, SiB) 모델이라고 불렀다.)을 만들어내는 것이었다. 이 모델은 호흡, 증발, 광합성 등 땅 위아래에서 일어나는 모든 생물물리 현상과 에너지 흐름을 아우른다. 민츠와 나는 전 세계를 주차장으로 바꿈으로써 지표면이 계절기후에서 극적인 역할을 한다는 사실을 입증했지만 우리 모델은 지표면이 대기에 실제로 어떤 작용을 하는지 정확히 나타내기에는 턱없이 부족했다. 정확한 예측을 내놓으려면 셀러스가 구축하려는 종류의 모델이 필수였다.

당시에는 세계 최고의 날씨 모델조차 땅을 (나의 옛 멘토 마나베 수키의 말을 빌리자면) 흙이 가득 담긴 양동이로 취급했다. 비가 내리면 양동이는 진흙으로 가득 찼고 비가 내리지 않으면 양동이 속 흙이 말랐다. 양동이에서 일어나는 증발은 흙이 얼마나 축축한가에 좌우되었다. 이것은 육지를 모델링하는 방법으로서는 좋게 말해서 투박했다. 생물학자에게 친숙한 과정임에도 전지구적 규모로 적용하기가 불가능에 가까운 것은 모조리 배제했다. 이를테면 과학자들은 잎 하나의 광합성(미세 기공이 이산화탄소를 빨아들이고 수증기를 내뿜는 과정)은 완벽하게 기술할 수 있을지 모른다.(너무 적다고 생각할 수도 있겠지만 생장기의 잎은 자기 무게의 몇 배나 되는 물을 내뿜을 수 있다. 1헥타르의 옥수수밭은? 매일 3만 리터를 내뿜는다.) 하지만 전 세계에서 매일같이 하루 종일 광합성 하는 어마어마한 개수의 잎을 우리 모델로 어떻게 시뮬레이션할 수 있겠는가?

이 중대한 문제의 해결에 도움을 줄 수 있는 사람이 단 한 명 있다면 바로 피어스 셀러스였다. 그는 위험과 모험에 천성적으로 이끌렸다. 한번은 셀러스가 콜로라도로 여행한다기에 볼더에 사는 내 친구를 만나도록 주선했다. 셀러스는 그의 권유로 난생처음 스키를 타러 갔다. 그 뒤 친구에게서 전화가 걸려왔다. "진짜 재미있었어. 피어스는 언제나 가장 위험한 코스만 고르더군."

그래서 피어스가 자신의 궁극적 목표는 우주비행사가 되는 것이라고 털어놓았을 때 그다지 놀랍지 않았다. 이미 뛰어난 조종사이던 피어스는 내게 COLA의 보조금을 이용하여 자신을 하늘에 올려 보내 메릴랜드의 지표면 조건을 관찰하게 해줄 수 있겠느냐고 물었다. 며칠 뒤 피어스가 소형 전세기를 타고 우리 집 옆의 키큰 참나무들을 가까스로 피해 날아가는 것을 보고서 이웃 주민들은 잔뜩 겁에 질렸다.(그곳 항공사진을 찍어달라고 장난삼아 부탁했는데, 정말로 부탁을 들어줄 줄은 몰랐다.)

실제로 비행은 셀러스의 단순생물권 프로젝트에서 중요한 부분을 차지했다. 마침내 1987년 캔자스에서의 거대 현장실험 이후 그의 단순생물권은 현실에 좀 더 가까워졌다. 실험은 225제곱킬로미터의 무성한 긴풀초원(tallgrass prairie) 표면에서 실제로 무슨 일이 일어나는지 면밀히 측정하도록 설계되었다. 나는 폭풍 치는 벵골만 상공을 비행하던 추억을 여전히 간직하고 있었기에 피어스와 함께 연구용 항공기에 탑승하게 되어 들떴다. 그의 앞에는 측정 장비가 달린 단단한 검은색 공이 놓여 있었다. 이 장치는 흑체복사를 계산했는데, 항공기에서 측정한 다른 복사량들의 척도를 정하기 위해서였다.

피어스와 어깨를 맞대고 앉자 고마움이 북받쳤다. 나보다 열 살

넘게 어린 그는 다음 세대 과학자를 대표했다. 피어스의 선구적 재능을 엿보고 내가 MIT와 나사에서 정립한 지표면 과정의 중요성에 대한 개념들이 향상되고 개량되고 사회에 훨씬 유용하게 바뀌는 광경을 실시간으로 목격할 수 있다는 것은 크나큰 행운이었다. 이 연구가 우리 센터에서, 우리 센터의 자금 지원을 받아 수행된다는 점이 흥분을 더했다.

현장실험에는 무려 다섯 대의 항공기가 투입되었다. 가장 크고 가장 높이 나는 기종은 나사 C-130으로, 9000미터 상공에서 콘자프레리의 울룩불룩한 초록 언덕을 내려다보며 지표면 복사량을 측정했다. C-130 아래로 석 대의 플럭스 항공기가 고도를 점점 낮추면서 CO_2와 잠열의 난류 플럭스(flux)*를 측정했다. 마지막 항공기 휴이는 가장 낮게 날면서 복사량과 토양 습윤도를 근거리에서 측정했다. 이 과학 항공 편대는 풀, 나무 덤불, 개울, 연못 위를 하루 24시간 비행했다.

한편 땅 위에서는 열여섯 곳의 자동 기상대와 열여덟 곳의 플럭스 측정소가 지표면에서 일어나는 기상 현상과 생물물리 현상에 대한 데이터를 기록했다. 과학자들은 돌아다니면서 땅을 관련 정보가 담긴 지층으로 깎아냈다. 그들은 축축한 흙을 여섯 층 파 내려가 근계(根系)를 조사하고, 오래된 나무줄기의 결절을 들여다보면서 나무가 물을 얼마나 흡수할 수 있는지 알아내고, 숲지붕을

---

* 단위 시간당 단위 면적을 통하여 수증기 등의 물리량이 수송되는 비율.

검사하여 비가 얼마나 차단되는지, 나무, 풀, 그 아래 흙에서 물이 얼마나 증발하는지 파악했다.

나흘간 조사하고 400시간 비행해야 했지만 마침내 우리 모델을 보정하기에 충분한 데이터를 수집할 수 있었다. 이제 땅을 양동이에 담긴 흙으로 보는 관점에서 벗어날 수 있게 되었다.

땅은 실로 거대하고 풍성하다. 대기와 분리된 게 아니라 끝없는 대화를 나누며 물과 열과 기체와 운동량을 주고받는다. 고무적이게도 현장실험에서 얻은 데이터가 위성 관측 자료와 딱 맞아떨어진다는 사실도 발견했다.(나사 지구관측시스템이 발전하면서 위성 관측 자료도 증가했다.) 한마디로 우리는 위성 데이터를 검증할 지상 실측 데이터가 없는 지역에서도 위성 데이터를 신뢰할 수 있음을 입증했다.

셀러스, 민츠, 쉐융캉(Xue Yongkang), 사토 노부오(Sato Nobuo)와 공동 연구자들은 현장실험에서 수집한 막대한 데이터로 단순생물권 모델을 다듬어 이 모든 새로운 지식을 우리의 현행 대순환 모델에 접목할 수 있는 방정식으로 번역했다.[1] (그 뒤로 과학자들은 단순생물권을 계속 개량했으며 이를 통해 계절, 눈, 작물, 탄소 순환 등을 더 현실에 맞게 처리할 수 있었다.) COLA에서는 지체 없이 단순생물권을 모델에 접목했으며 이제 우리 명칭의 'L(육지)'을 더 효과적으로 연구할 수 있게 되었다. 얼마 지나지 않아 우리 모델은 여러 국제 연구 프로그램의 출범에 중요한 역할을 했다. 그 덕에 전 세계 연구 기관들은 토지 이용 문제를 해결하고 가뭄을 예방하고 환경 파괴를 막기 위한 모델에서 육지를 더 정확히 시뮬레이션할 수 있게 되었다.

피어스로 말할 것 같으면 우주에 가겠다는 그의 꿈은 1990년대에 마침내 이루어졌다. 나사 우주비행단에 발탁된 것이다. 셀러스는 세 번의 우주 비행 임무를 수행했으며 국제우주정거장 보강에 참여했다. 우주에서 35일을 보냈고 우주왕복선 밖에서 40시간 이상 우주유영(space walk)을 했다. 그야말로 가장 위험한 코스였다.

하지만 셀러스는 메릴랜드에 있는 기후 동지들을 잊지 않았다. 한번은 COLA 로고와 전직 동료들의 서명이 적힌 진파랑색 깃발을 우주 비행에 가져갔다. 오늘날 그 깃발은 내 사무실 근처 COLA 회의실에 걸려 있다. 종종 깃발을 보면서 피어스를 생각한다. 넘실거리는 긴풀초원도.

피어스가 자신의 날씨 모델과 우주 비행의 꿈을 이루기 위해 노력하는 동안 COLA는 내가 염원하던 또 다른 프로젝트를 위해 로비를 벌였다.

1984년 아침 내가 탄 택시가 레딩에 있는 유럽중기예보센터 출입문에 멈춰 서는 순간 장밋빛 뺨의 아일랜드 과학자이자 이 센터의 데이터 동화 그룹 책임자 앤서니 홀링스워스(Anthony Hollingsworth)도 도착했다. 앤서니는 내가 차에서 내리는 모습을 보고서도 따뜻한 미소를 짓거나 다정하게 손을 흔들어주지 않았다. 오히려 얼굴을 찌푸렸다.

COLA 과학자 전원이 서명한 COLA 로고 깃발. 우주비행사 피어스 셀러스가 2002년 10월 7일 우주왕복선 조립 임무(STS-112/9A) 때 우주에 가져갔다.

그가 딱딱한 표정으로 말했다. "어라, 말썽꾼 오셨군."

1980년대 즈음 나는 조금 성가신 인물로 치부되고 있었다. 인도 관료를 만날 때마다 인도 일기예보 시스템 현대화에 투자하라고 닦달하던 바로 그 기간에 또 다른 (내가 생각하기에) 획기적 아이디어를 가지고 서구 동료들을 들볶았다. 직접 출범시키려 했지만 운이 따르지 않은 프로젝트였다.

아이디어가 떠오른 것은 1980년대 초 나사에서 일할 때였다. 지구 기후가 어떻게 달라지고 있는지 탐구하기 위해 지구거주가능성 프로그램(Global Habitability program, 나중에 행성지구임무(Mission to Planet Earth)로 이름이 바뀌었다.)에 착수하던 시기였다.[2] 화성과 금성에 탐사선을 보낸 나사 과학자들은 지구 같은 행성이 극단적 기후변화를 겪을 수 있고 실제로도 겪었다는 증거를 많이 발견했다. 어쨌거나 화성 전역에서는 액체 상태의 강물이 흘렀고 금성의 지표면 온도는 수십억 년 동안 지구와 비슷했다. 게다가 20세기 중반 지질학자들은 지구 기후가 어느 누구의 예상보다 빠르게 변했음을 알아차리기 시작했다. 빙심(氷心)과 주상(柱狀) 퇴적물에서 뽑아낸 증거는 우리 지구가 극심하면서도 놀랍도록 급격한 변형을 겪었음을 입증했다.

지구의 거주가능성이 한 사람의 살아생전에 바뀔 수 있음을 인식하면서 기후가 어떻게 달라질지 이해하는 일이 급선무가 되었다. 나사는 소속 과학자들에게 이 문제를 해결할 새로운 아이디어를 요청했다.

역학계절예측, 특히 몬순 예측에 종사하는 기후학자로서 나는 가장 먼저 역사적 기후 데이터가 부족하다는 사실을 떠올렸다. 열대지방과 남반구가 특히 문제였는데 이곳에는 기상대가 별로 없었다. 전 세계 수치예보 센터들은 그때 얻을 수 있는 최고의 모델을 이용하여 전지구적 관측 데이터를 상시적으로 분석했다. 나의 상관 밀턴 헤일럼, 나의 절친한 친구인 에우헤니아 칼나이(Eugenia Kalnay), 밥 애틀러스(Bob Atlas), 조엘 서스킨드(Joel Susskind)는 위성에서 얻은 온도를 데이터 동화에 대입하는 방법을 매일같이 논의했다. 이것은 당시 가장 중요한 과제였다. 우리의 모델과 데이터 동화 기법은 지금껏 수십 년에 걸쳐 개선되었다. 이쯤 되자 뒤늦게 입수한 데이터와 한 번도 이용하지 않은 데이터를 비롯한 모든 낡고 불완전한 데이터를 최신 데이터 동화 기법으로 프로그래밍한 최신 기상예측 모델에 입력하면 대기의 4차원 구조를 더 온전하고 정확하게 묘사할 수 있겠다는 생각이 들었다.

나는 10년 치 데이터로 시작하자고 제안했다. 최신 모델과 데이터 동화 기법을 동원하고 지금껏 기상예측을 위해 수집한 모든 초기 관측값을 취합하여 지구상의 모든 날, 모든 시각, 모든 장소에 대해 새롭고 더 정확한 초기조건을 산출할 작정이었다. 개선되고 내적으로 일관된(같은 모델과 같은 데이터 동화 기법을 기간 전체에 걸쳐 채택했으므로) 10년 치 데이터는 대기가 어떻게 작용했고 기후가 어떻게 달라질지 알아내는 데 필수적이었다.

나의 (이른바) 재분석 제안을 들은 모두가 멋진 아이디어라고 생각했다. 나사 동료들과 국립과학재단 사람들도 마찬가지였다. 국립과학재단의 제이 파인(Jay Fein)은 누구보다 먼저 재분석 아이디어를 전적으로 승인했으며 내게 더 진척시켜보라고 격려했다. 주요 엘니뇨 연구 프로젝트의 지원도 얻어냈다.(나중에 자세히 설명하겠다.) 문제는 딱 두 가지였는데, 둘 다 만만치 않았다. 첫째, 그 모든 과거 데이터가 어디에 있는지조차 제대로 아는 사람이 아무도 없었다. 둘째, 적잖은 자금과 인력이 필요한 사업인 탓에 누구도 선뜻 나서지 않았다. 솔직히 케케묵은 데이터와 씨름하는 것은 내가 지금껏 떠올린 아이디어 중에서 가장 신나는 것은 아니었지만 가장 중요한 것 중 하나임에 분명하다는 느낌이 들었다.

내가 가장 먼저 접근한 미국 기관은 해양대기청 소속 국립기상센터(National Meteorological Center, 지금은 국립환경예측센터(National Environmental Prediction Center)로 이름이 바뀌었다.)였다. 소장은 한동안 머뭇거린 끝에 제안을 거절했다. "우리는 앞을 내다보는 일을 합니다. 뒤를 돌아보고 싶진 않습니다." 국립대기연구센터에서는 소속 과학자 로이 제니(Roy Jenny)가 자신에게 데이터가 있고 오랫동안 테이프와 디스크에 꼼꼼히 저장했으며 기꺼이 제공하겠다고 말했는데도 지도부는 여전히 부정적이었다.

나는 포기하지 않고 1984년 런던으로 날아가 택시를 타고 유럽중기예보센터로 향했다. 소장 렌나르트 벵트손(Lennart Bengtsson) 박사와 두 명의 최고참 과학자 데이브 버리지(Dave Burridge)와 앤서니 홀링스워스를 만났는데, 박사는 나를 만나고 싶어 하지 않았다.(나중엔 친구가 되었지만.) 하지만 그런 그조차도 내 아이디어가 괜찮다는 것은 부정할 수 없었다. 세 사람 다 과거 데이터를 취합하고 (지루하지만 꼭 필요한) 모든 품질 관리 점검을 실행하는 데 엄청난 인력이 투입되어야 한다며 우려를 표명하기는 했지만. 데이브는 직원들을 창문 없는 사무실에 가둬야 할 거라고 꼬집었다. 나는 농담을 알아듣지 못했다. 그가 설명했다. "안 그러면 삶의 의욕을 잃어 뛰어내릴지도 모르니까요." 다들 웃음을 터뜨렸다. 나만 빼고.

마침내 렌나르트가 입을 열었다. 센터에서 시험 삼아 재분석을 실시해보겠다고 했다.

과학에서 **그럽시다**는 전투의 시작에 불과하다. 렌나르트를 우리 편으로 끌어들였지만 이 아이디어의 이점과 우리가 맞닥뜨릴지도 모르는 잠재적 문제를 기술한 정식 학술논문을 우선 써야 했다. 나는 렌나르트를 메릴랜드에 초청하여 함께 논문을 썼다. 《미국기상학회보》에 발표된 논문에서 우리는 "이런 데이터 집합이 전지구적 기후변화를 연구하는 데 매우 요긴할 것"이라고 주장했다.[3] 나의 아이디어는 널리 인정받았지만 다시 휴면 상태에 들어갔다. 우리의 발목을 잡은 것은 열정 부족이 아니라 자금 부족이었다. 하지만 그즈음 나는 COLA 소장이 되었다. 느닷없이 인력과 자금 둘 다 수중에 들어왔다. 나는 14개월 치 데이터만 이용하여 개념 증명용 시험 재분석 실험을 진행하는 데 자금과 시간을 배정할 의향이 있는지 구성원들에게 물었다. 그들은 동의했다.

재분석을 시작하기 직전 워싱턴 DC에 있는 국립연구위원회 회의에 참석했다. 그 자리에는 고더드 시절 알고 지낸 나사 과학자도 있었는데, 지금은 대학 과학자들이 제안한 연구 프로젝트를 지원하는 임무를 맡고 있었다. 그는 내게 점심시간에 만나줄 수 있느냐며 쪽지를 하나 건넸다. 새롭고 혁신적인 프로젝트에 쓸 수 있는 자금 25만 달러가 있다는 내용이었다. 두말할 필요 없는 일생일대의 기회였다.

점심시간에 그를 만나 구체적인 아이디어를 제안했다. 바로 재분석이었다. 그는 아이디어가 마음에 든다며 정식 제안서를 보내 달라고 했다. 나는 사무실에 돌아오자마자 짐 킨터와 함께 제안서 준비에 들어갔다. 제안서를 제출하고 얼마 지나지 않아 COLA는 기존 연구 지원금에 더해 시험 재분석을 위한 25만 달러를 추가로 배정받았다. 1989년 초 우리는 해양대기청, 나사, 국립과학재단, 유럽중기예보센터의 모델링 그룹을 불러 모아 10년 치 재분석을 위한 계획을 논의했다. 모든 그룹들은 나중에 재분석을 실시할 수 있도록 품질 관리 검사 결과를 보존하는 데 동의했다.

우리 그룹의 1년짜리 시험 재분석은 재분석이 가능하다는 사실을 마침내 입증했다. 뒤이어 전 세계 주요 기상예측 센터가 자체 재분석에 착수했으며 그중 하나인 유럽중기예보센터는 다름 아닌 COLA로부터 10만 달러를 지원받았다. 그만큼 우리는 재분석의 중요성을 확고하게 믿었다.

유럽중기예보센터의 20년 재분석 이후 해양대기청이 바통을 이어받았다. 프로젝트를 이끈 사람은 차니의 지도학생 출신으로 MIT에서 여성 최초로 기상학 박사 학위를 받은 내 친구 에우헤니아 칼나이였다. 칼나이의 전임자는 (그의 말마따나) "뒤를 돌아보"는 일에 전혀 관심을 보이지 않았지만 해양대기청 환경모델링센터 소장이 된 그녀는 재분석을 급선무로 지정했다. (칼나이는 언제나 약간의 반항기가 있었다. 2011년 '월가를 점령하라' 워싱턴 DC 시위에서 우리는 함께 행진하기도 했다.) 칼나이의 지도하에 센터 직원들은 전 세계 다양한 기관에 보관된 지난 40년에 걸친 하루하루의 전지구적 관측 결과를 모두 취합하여 가장 발전한 최신 데이터 동화 시스템과 기상예측 모델에 입력한 다음 전 세계 수치예보 센터에서 기상학자들이 매일 하듯 여섯 시간 간격으로 모델을 재실행했다. 말하자면 칼나이와 직원들은 지난 40년의 하루하루에 대해 일기예보를 작성한 것이다.

1996년 칼나이가 발표한 논문(「국립환경예측센터/국립대기연구센터 재분석 프로젝트」)에는 재분석 데이터가 실려 있었는데, 이 분야 과학자들에게 금광과 같았으며 금세 기상학 분야에서 가장 많이 인용된 논문 중 하나가 되었고 지금까지도 널리 인용되고 있다. 머지않아 다른 나라들도 독자적 재분석 프로젝트에 착수했다.

이 재분석 결과들은 현재와 과거 기후를 진단적으로 연구하는데 필수 불가결한 데이터 원천이 되었다. 한번은 회의에 참석하여 동료 과학자 하나가 재분석을 기상·기후 모델과 더불어 우리 분야의 최대 성과로 꼽는 것을 들은 적도 있다. 나는 그 말을 듣고서 아무 말도 하지 않은 채 그저 미소만 지었다. 이따금 최상의 아이디어가 가장 대담하거나 가장 짜릿하거나 가장 솔깃한 것이 아닐 때도 있다. 때로는 성가시게 굴어야 성과를 거둘 수 있다.

단순생물권 모델과 재분석은 어마어마한 성취였지만 그 기간

(1985~1994년) 우리가 참여한 가장 길고 중요한 프로젝트 중 하나에 가려 빛을 보지 못했다. 엘니뇨를 관측하고 이해하고 예측하기 위한 열대해양전지구대기(Tropical Ocean-Global Atmosphere, TOGA) 프로그램이었다. 나의 연구를 통해 역학계절예측에 과학적 토대가 있음이 입증되었고(이제 널리 받아들여지고 있다.) 여러 나라가 관측 해양 초기조건을 한 계절 동안 바꾸지 않은 채(이를 '지속성(persistence)'이라고 부른다.) 역학계절예측을 시작했음에도 **미래** 해양 조건을 예측할 수 있는 전지구적 결합해양대기모델은 어디에도 없었다. TOGA 이후 기후 모델링 연구는 전지구적 결합해양대기모델을 통한 최초의 계절예측으로 정점에 도달했다. 20년 가까이 바라온 나의 꿈이 실현된 것이다.

최고의 기후학자를 비롯한 전 세계의 허를 찌른 1982/1983년 엘니뇨는 역사상 가장 파괴적인 엘니뇨 중 하나로, 2000명의 목숨을 앗고 130억 달러의 피해를 입혔다.[4] 이 엘니뇨는 예보되지 않았다. 당시는 엘니뇨 예보가 존재하지 않았기 때문이다. 실은 절정에 도달할 때까지 **탐지**조차 되지 않았는데, 열대 태평양 실시간 관측 데이터를 수집하기 힘들었고 여러 기술적 문제와 흐린 날씨 때문에 위성 데이터에 오류가 많은 탓이었다.

역학계절예측에 대한 나의 관점에서 보자면 저 엘니뇨는 유일무이한 기회였다. 1982/1983년 엘니뇨의 (선박 데이터와 위성 데이터에서 상시적으로 수집하는) 실제 관측 열대 해수 온도가 주어진다면 전 세계에서 일어난 현상의 가장 중요한 측면들을 기존 전지구적 대기 모델로 재현할 수 있을지 알고 싶었다. 그때까지만 해도 모든 모델링 실험은 이상화되고 인위적으로 상정된 해수 온도를 이용했으나 마침내 실제 엘니뇨에 대한 양질의 데이터를 손에 넣은 것이다. 모델이 엘니뇨의 주요한 전지구적 영향을 재현할 수 있고 우리가 엘니뇨 자체를 예측할 수 있다면 사회가 그에 미리 대비해 수많은 목숨과 생계를 구할 수 있을 것이다. 그래서 전 세계 모델링 그룹에 1982년과 1983년의 실제 열대 해수면 온도를 이용하여 모델을 실행해달라고 요청했다.

1984년 5월 세계기후연구프로그램(WCRP)의 지원을 받아 벨기에 리에주에서 아홉 모델링 그룹이 참여하는 국제 워크숍을 소집했다. 모델 각각이 관측된 열대 강수량과 전지구적 대기흐름 패턴을 얼마나 정확히 재현하는지 발표하고 토의하기 위해서였다. 내가 조직한 회합 중에서 가장 흥미진진하고 흥분되는 자리였다. 드디어 이 전지구적 대기 모델들이 무엇으로 이루어졌는지 알 수 있을 터였다. 그룹 및 모델 사이에 약간의 경쟁도 있었다. (《사이언스》 기사에서는 워크숍 발표를 "진짜 대결이자 위대한 시연"으로 묘사했다.) 실제 열대 해수 온도를 입력했을 때 전부는 아니지만 대부분의 모델이 열대 강수량의 관측된 변화를 재현했다는 사실은 매우 고무적이었다.

이것은 전지구적 대기 모델과 실제 해수 온도를 이용하여 열대 해수면 온도가 강수량과 대기순환에 강한 영향을 미친다는 사실을 입증한 첫 사례였다. 내가 10년도 더 전에 제시한 가설이었다.

오래전 품었던 나의 낙관주의가 입증되어 황홀했다. (같은 학회에서 프린스턴 대학교의 조지 필랜더와 앤 시걸은 지구물리유체역학연구소의 결합모델이 여전히 엘니뇨를 예측하지는 못하지만 엘니뇨 유사 현상을 시뮬레이션할 수는 있음을 보여주었다.)

워크숍은 WCRP와 미국 국립연구위원회에 의해 1985년 출범한 TOGA의 주된 버팀목이 되었다. TOGA는 차니의 세계기상실험을 이어받아 열대 태평양에 전례 없는 해양 관측 시스템을 설치하여 결합해양대기모델의 새 시대를 열었다.

관측 업무의 주춧돌인 열대해양기상관측망은 적도를 따라 설치된 일흔 개의 계류 부이로, 표면 바람, 해수면 온도, 심해 온도를 측정하여 이 데이터를 위성을 통해 실시간으로 해안에 전송했다. 이에 더해 새 관측 시스템에는 표류 부이, 검조기(tide gauge)⚡, 자발적으로 참여한 관측 선박도 동원되었다. 이 정교한 조합 덕에 과학자들은 사상 처음으로 드넓은 태평양에서 무슨 일이 일어나는지를 하루 24시간 어느 때나 알 수 있게 되었다. 엘니뇨는 다시는 우리를 몰래 덮치지 못할 것이다.

하지만 이것은 TOGA의 목표 중 하나에 불과했다. 엘니뇨를 이해하고 모델링하고 예측하는 다른 목표들은 좀 더 복잡했다. 차니와 폰 노이만이 기상예측 분야에서 해낸 것과 같은 일, 즉 대기와 해양에 대한 관측된 초기조건에서 시작하여 그 통합적 계가 다음

⚡   조석으로 인한 해수면의 조위를 관측하는 계측기.

한두 계절에 걸쳐 어떻게 진화할지 예측할 수 있는 전지구적 결합해양대기모델은 하나도 없었다. TOGA는 전 세계 모델링 그룹에 연구비를 지원하여 엘니뇨를 시뮬레이션하고 예측할 수 있는 결합해양대기모델을 개발하도록 했다.

COLA도 그런 그룹 중 하나였다. 우리 과학자들은 벤 커트먼(Ben Kirtman)의 주도하에 10년간 모델을 공들여 다듬었다. 수치예보 모델에 필요한 미세 조정을 실시하되 그 대상은 해양과 대기였다. 1995년 즈음 COLA의 우리 팀을 비롯한 연구업계는 열대 태평양과 그곳 대기에 대해 역학계절예측을 시작할 과학적·기술적 전문성을 갖췄다. (해양대기청은 2006년에야 비로소 전지구적 결합해양대기모델을 이용한 역학계절예측을 시작했다.)

역사상 가장 성공적인 기후 프로그램 중 하나의 완성을 축하하기 위해 성대한 토가 파티(toga party)⚡가 멜버른에서 열렸다. 파티 장소는 시 교도소로 쓰던 넓은 건물이었다. 나를 비롯한 여러 TOGA 과학자들이 홑이불을 두르고 파티에 참석했다.

2년 뒤인 1997년 제네바에서 열린 WCRP 학회에서 전 세계 기후 학계를 대상으로 연설할 기회가 있었다. TOGA의 현 상황과 성취에 대해 보고해달라는 요청을 받았다. 식은 죽 먹기였다. 그해 봄 기후 모델들은 해가 지나기 전에 엘니뇨가 발생할 거라고 예측했다. 새로운 관측 장비와 우리의 새로운 결합모델을 통해 필요한 데

⚡　고대 로마 남성의 낙낙하고 긴 겉옷을 입고 벌이는 파티.

이터를 수집한 덕에 나는 학회에서 1997년 7월과 8월 태평양 동부의 해수 온도가 과거 150년을 통틀어 가장 덥다고 선언할 수 있었다. 금상첨화로 6개월 뒤에 해수 온도가 더 높아질 거라 예측할 만큼 우리 모델에 대해 확신이 있었다. 오래전 MIT에서 나비 효과 때문에 계절예측이 불가능하다고 배웠을 때 나는 바로 이것을 상상했다. 25년 넘는 시간이 걸리긴 했지만 이 단상 위에서 나의 꿈이 이루어졌다. 막강하고 치명적인 기상 현상이 임박했다는 타당한 경고를 사회에 발할 수 있게 된 것이다.

청중은 이 순간의 중차대함을 이해했기에 쥐 죽은 듯 침묵했다. 역학계절예측의 새 장(章)이 열렸다. 나 자신의 이력에서도 결정적 순간이었다. 1997/1998년 엘니뇨를 성공적으로 예측한 직후 해양대기청 기후예측 그룹의 수장 앤츠 리트마(Ants Leetmaa)는 마이애미에서 강연할 때 이런 농담으로 말문을 열었다. "듣자 하니 슈클라는 역학계절예측 문제가 해결된 뒤에야 은퇴할 거라고 하더군요. 이제 슈클라가 은퇴를 고민할 때가 된 걸까요?" 하긴 계절예측에 전념하던 과학자에게 무슨 할 일이 남았겠는가?

실은 많이 남았다. 1997/1998년 엘니뇨는 TOGA의 성공을 보여주는 빛나는 사례였지만 그 예측은 뜻하지 않은 결과를 낳았다. 엘니뇨 예측 문제가 해결되었다는 잘못된 인상을 예보업계에, 특히 해양대기청 연구 관리자들에게 심어준 것이다. 무척 안타까운 일이었다. 이로 인해 엘니뇨의 이론, 모델링, 예측가능성에 대한 연구비 지원이 부쩍 감소했기 때문이다. 엘니뇨 예측은 다시는 이번만큼 정확하지 못했으며 1997년 이후 여러 번 빗나갔다.

게다가 모델들은 강한 엘니뇨에 해당하는 해수 온도는 예측할 수 있지만 전지구적 강수와 대기순환은 여전히 난제로 남아 있다. 심지어 1997년에도 열대 해수 온도의 예측은 매우 정확했어도 일부 지역, 특히 인도에서의 전지구적 순환에 대한 예측은 터무니없이 틀렸다.

그즈음 우리는 과거 관측을 통해 극심한 엘니뇨가 인도 전역에 심한 몬순가뭄을 일으킨다는 사실을 잘 알고 있었다. 내가 대학원생 시절 우리 마을을 방문했을 때 겪은 1972년 가뭄도 그중 하나였다. 인도 당국이 1997년 인도 몬순철에 대한 의견을 은밀히 물었을 때 나는 인도가 가뭄을 겪을 것이라고 자신 있게 말했다.(모델에서도 같은 결과가 나왔다.) 하지만 자연은 나름의 방법으로 과학자에게 겸손을 가르친다. 나는 틀렸다. 우리 모두 틀렸다. 1997년 인도는 평범한 몬순강우를 겪었다.

혹자는 로렌즈의 나비가 다시 날개를 퍼덕여 우리가 힘겹게 얻은 모델을 만지작거린다고 주장했다. 일부 연구는 엘니뇨의 영향이 인도양 온도(1997년에 올바르게 예측되지 않았다.)에 의해 상쇄되었음을 암시했다. 여러 해 동안 예측이 틀린 이유를 놓고 여러 박사 논문과 수많은 학술 논문이 발표되었다. 우리가 유일하게 아는 사실은 기후계의 많은 요소가 지금까지도 수수께끼라는 점이다. 아직 할 일이 많다.

그럼에도 1997년 12월 제네바에서 단상에 올라 엘니뇨가 오고 있다고 전 세계에 경보를 내린 일은 결코 잊지 못할 것이다. COLA 동료 하나는 발전도상국(엘니뇨의 영향을 가장 많이 받는 나라들) 참석자들이 내 발표 내용을 본국에 가져갈 수 있도록 슬라이드 복사본을 학회에 챙겨 가라고 권했다. 나는 100여 편을 가방에 챙겼다. 강연이 끝난 뒤 진행자가 연단 옆 탁자에 슬라이드 복사본이 비치되어 있다고 말했다. 그러자 참석자들이 우르르 몰려들었으며 복사본은 1분도 안 돼 동났다.

그날 저녁과 이튿날 아침 열다섯 개 텔레비전 방송과 인터뷰를 해야 했으며 앤 말로는 해수 온도가 150년 만에 가장 더워졌다는 나의 경고가 6시 전국 뉴스의 오프닝을 장식했다고 했다. 몇 시간 뒤 델리행 비행기를 타고 호텔에 도착하여 나의 15분짜리 명성*이 전 세계에 퍼졌는지 보려고 TV를 켰다. 맙소사. 그날 밤 파리에서 일어난 다른 사건들이 엘니뇨 기사를 덮어버렸다. 내 시간은 지나갔다.

⚡ "미래에는 누구나 15분 동안 세계적으로 유명해질 수 있다."라는 앤디 워홀의 명언에 빗댄 말로, 개인이 잠시 누리는 명성을 뜻한다.

TOGA의 성공은 현재 기후학의 핵심인 기후 모델을 수천수만 시간에 걸쳐 가다듬고 조정하고 매만진 덕분이다. 하지만 모델은 그 밖의 많은 분야에서도 쓰인다. 화가는 그림을 실물과 최대한 비슷하게 그리려고 모델을 둔다. 엔지니어는 자신의 설계를 검사하거나 판매하려고 모델(정식으로 제작할 구조물의 축소판)을 제작한다. 물리학자와 수학자에게 모델은 연구하고자 하는 과정의 성질을 기술하는 방정식 체계다. 내가 종사하는 분야인 기상학과 기후학에서 모델은 실제 일기계와 기후계의 행동을 지배하는 물리법칙을 흉내 내는 수학 방정식 체계다. 논란의 여지가 있긴 해도 모델은 기후학자에게 가장 중요한 도구다. 그런데 어떤 연유로 그렇게 됐을까?

1940년대에는 한 층의 대기를 상정한 단순한 모델을 이용하여 대규모 바람 패턴을 예측했다. 1950년대 후반 차니와 폰노이만은 더 복잡한 방정식과 빠른 디지털 컴퓨터를 이용하여 기상예측을 혁신했다. 컴퓨터가 빨라지고 기상 현상에 대한 이해가 깊어지면서 대류, 복사, 경계층 역학, 지형 효과의 물리적 과정을 모델링할 수 있게 되었다. 전지구적 복합모델을 이용한 기상예측은 전 세계 일기예보 서비스의 통상 업무가 되었다. 숙련된 과학자가 없거나 고속 컴퓨터를 조달할 재원이 없는 나라는 전지구적 모델의 지역 버전을 이용하거나 다른 전지구적 모델의 예측을 가져다 쓴다.

기상예측 컴퓨터 모델에서 출력되는 날씨 변수의 양적 추정값은 모델에 이용된 격자의 해상도에 따라 달라진다. 컴퓨터에서 쏟아져 나오는 어마어마한 분량의 데이터는 일반 대중이 쉽게 접근하고 이용할 수 있는 언어로 요약되어야 한다. 지금까지는 이 일을 라디오와 텔레비전의 기상 캐스터가 했다. 하지만 소셜미디어와 스마트폰이 등장하면서 1만 개 가까운 날씨 앱이 현지 날씨 정보를 상시적으로 공급한다. 일기예보를 내놓는 기본 방정식은 똑같지만 해상도, 모델의 물리적 과정 처리 방식, 예측된 날씨 조건을 고정된 위도와 경도에서 보간(interpolate)⚡하거나 계산하는 방법 등에 따라 결과가 달라진다. 날씨 앱이 이토록 많은 것은 기상예측을 처리하고 보간하고 유포하고 표시하는 방법이 천차만별이기 때문이다.

기후 모델은 날씨 모델보다 훨씬 복잡하다. 날씨 모델은 대기 모델링에 국한되지만 기후 모델은 대기, 해양, 지표면 과정 그리고 이 셋의 상호작용을 아우른다.

전지구적 대기와 해양에 대한 모델은 각각 대기대순환모델(atmosphere general circulation model, AGCM)과 해양대순환모델(ocean general circulation model, OGCM)이라고 부른

⚡ 둘 이상의 변숫값에 대한 함숫값을 알고서 그것 사이의 임의의 변숫값에 대한 함숫값이나 그 근삿값을 구하는 방법.

다. AGCM과 OGCM을 역학적으로 결합한 새 모델은 결합대순환모델(coupled general circulation model, CGCM)이라고 부른다. 지구물리유체역학연구소의 마나베 수키와 커크 브라이언(Kirk Brian)은 CGCM을 최초로 개발했다. 이 결합모델들은 정기적 계절예측을 하지만 지난 30년에 걸쳐서는 인류발 온실가스 배출량 증가로 인한 기후변화의 미래 전망을 추정하는 데 가장 주요하게 응용되었다.

현재 전 세계 스물다섯 개 이상의 모델링 그룹이 기후 모델을 실행하고 있는데, 그룹마다 해상도가 다르고 대류와 구름양 같은 물리적 과정을 처리하는 방법이 다르다. 이 때문에 모델마다 기후변화에 대해 다른 전망을 내놓는다. 모델이 다르면 강점과 약점도 다르며 모델링업계는 현재 기후 시뮬레이션의 최소 성능 기준을 충족하지 못하는 모델을 배제하기 위한 품질 관리 방법에서 합의를 이루지 못했다. 그래서 현재는 '모델민주주의' 원칙에 따라, 결과를 제출하는 모든 나라의 모델링 그룹에서 작성한 기후 전망이 기후변화에 관한 정부 간 협의체에 의해 5년마다 발표된다.

지난 50년간 기후 모델링 업계의 주된 난제는 과거 기후를 올바르게 모델링하는 것이었다. 그렇기에 기후 모델링 연구에서는 관측된 기후를 시뮬레이션하는 결합모델의 정확도를 높이는 데 주안점을 둔다. 모델링 그룹은 자체 모델의 정확도가 만족스러우면 이를 이용하여 기후계의 성질을 이해하고 대기

순환 및 강우의 전지구적 패턴을 예측하고 기후변화의 미래 전망을 내놓는다.

이런 전지구적 결합모델은 처음에는 관측된 해양 상태로부터 해양 조건이 미래에 어떻게 진화할지 올바르게 예측하지 못했다. 그러다 MIT에서 마크 케인의 지도를 받는 박사과정생 스티븐 제비액(Stephen Zebiak)이 열대 태평양의 단순 결합모델을 개발했다.(이따금 애정을 담아 '엘니뇨에 대한 장난감 모델'이라고 부른다.) 열대 태평양에서 엘니뇨 관련 해수면 온도 변화를 정교하게 예측한 첫 사례였다. 케인과 제비액의 혁신적 연구에 자극받은 기후예측업계는 전지구적 결합모델과 해양 데이터 동화 기법을 개량했다. 전지구적 해양-대기 모델이 엘니뇨를 장난감 모델만큼 훌륭히 예측하기까지는 10년 가까이 걸렸다. 전지구적 결합모델은 이제 강수량과 바람의 전지구적 패턴을 상시적으로 예측하는 데 쓰인다.

현재의 기후 모델은 대기, 지표면, 해양, 빙판에서 일어나는 물리적 과정만 반영한다. 하지만 지구 시스템의 화학적·생물학적 요소는 인간 상호작용뿐 아니라 물리적 기후계와도 긴밀하게 연결되어 있으므로 기후의 미래 전망을 위한 모델은 이 둘과의 상호작용을 포함해야 한다. 당연하게도 이것은 지구 시스템 모델이라고 부른다. 연구과학자들은 이미 상호작용적 지구 시스템 모델과 인간 시스템 모델을 개발하기 위해 노력하고 있다.

이를테면 기후변화는 토양 수문, 식물 생장 및 식생 역학, 적설 및 영구동토층, 빙하와 빙상, 육상 및 해양 생물지구화학에 영향을 미치며 이 모든 변화는 대기 중 탄소-질소 순환에 영향을 미친다. 지구 시스템 모델은 물리계, 화학계, 생물계, 생태계 사이의 상호작용을 고려해야만 한다. 이런 복잡한 모델을 개발하고 검증하는 일은 과학계에 어마어마한 도전일 것이며 그런 뒤에야 지구 시스템의 **예측가능성**을 추정하는 작업에 착수할 수 있다. 우리는 이제 첫발을 뗐을 뿐이다.

열둘

나는 직업인으로서는 승승장구하고 있었다. COLA는 계절예측의 발전에 전념하여 성공을 거두고 있었으며 나는 전 세계에서 프로젝트에 참여하고 이 분야의 가장 명석한 과학자들과 공동 연구할 기회를 얻었다. 1980년대는 광적이고 아찔한 시대였다.

앤은 두 아이 찬드란과 소니아를 혼자 키우다시피 하면서 나보다 더 안간힘을 쓰고 있었다. 내 아버지의 이름을 딴 찬드란은 1981년에 태어났으며 1983년에 둘째 소니아가 태어났다. 두 아이는 우리의 삶에 엄청난 기쁨을 선사했다. 하지만 내가 영국으로, 스위스로, 이탈리아로, 인도로 날아가는 동안 아이들은 걸음마를 하고 유치원에 입학하고 내가 아빠라는 걸 잊기 시작했다.

한번은 유난히 오래 떠나 있었는데, 소니아가 앤에게 이렇게 말했다고 한다. "아빠 얼굴이 기억 안 나." 나를 떠올리게끔 앤은 딸을 내 옷장 앞에 데려가 검은색 바지를 꺼내어 보여주었다. 나는 COLA에서 하는 일의 의미를 확신했지만 그 때문에 우리 아이들이 비싼 대가를 치른다는 사실도 알았다.

자녀와 부대끼며 양육하는 일은 내 적성에 맞지 않았다. 첫 결혼 때는 아내의 이름조차 몰랐으며(푸네에서 서류를 작성하기 위해 처음 알게 되었다.) 딸이 걸음마를 시작할 때까지 한 번도 만나본 적이 없었다. 인도 농촌에서 남성은 정자 기증자나 다름없었다. 어릴 적 자기 아내나 자녀(특히 딸)와 어울리는 사내는 우리 아버지를 비롯하여 한 명도 보지 못했다. 자녀가 태어났을 때 남성의 역할은 최대한 안정적으로 금전과 물질을 지원하는 것이었다. 이를 위해 대부분의 시간을 가족과 떨어져 지내야 하더라도 어쩔 수 없는 노릇이었다.

하지만 찬드란과 소니아에게는 다른 아빠가 되고 싶었다. 나는 앤과 관계를 맺으면서 다른 종류의 결혼이 가능함을 알게 되었으며 자녀에게도 새로운 양육 방식을 시도하고 싶었다. 그래서 처음부터 최대한 함께하려 했다. 앤이 찬드란을 임신했을 때는 라마즈 호흡법 및 분만 수업에 참석하기도 했다. 수업을 들으면서 신경쇠약에 걸릴 뻔했다! 이렇게 곳곳이 지뢰밭일 줄 누가 알았겠는가?

몇 달 뒤 앤이 위층에서 양수가 터졌다고 고함질렀을 때는 들고 있던 크랜베리 주스 잔을 내려놓을 새도 없이 허겁지겁 달려 올라갔다. 그 뒤로 몇 달간 계단에는 찬드란의 탄생을 기념하는 루비색 얼룩이 배어 있었다.

출장과 출장 사이에 아이들과 놀고 차고에서 축구공을 차고 실랑이의 심판을 보고 소소하게 응석을 받아주는 일이 좋았다. 앤과 나는 두 걸음마쟁이(때로는 신경질적인 꼬맹이)를 전 세계에 데려갔다. 프랑스 파리의 레스토랑에서는 쫓겨난 적도 있다.

인도에도 최대한 자주 데려갔다. 찬드란이 인도까지 열네 시간 비행을 처음 견뎌낸 것은 고작 생후 7개월 때였다. 우리는 반년을 머물렀으며 아들은 뉴델리 게스트하우스의 흙투성이 바닥에서 기어다니는 법을 배웠다. 찬드란이 여덟 살, 소니아가 여섯 살이 되었을 때는 바라나시에 데려갔다. 갠지스강 유역의 그 도시는 아버지가 세상을 떠난 곳이자 내가 대학에 진학한 곳이었다. 찬드란은 바라나시의 뱀 묘기에 어찌나 반했던지 피리 부는 사람이 쓴 터번을 사달라고 졸랐다. 5년 뒤 처음으로 아이들을 데리고 고향을 방문했다. 온 미르다 주민이 아이들을 환영하러 나온 것 같았다. 아이들은 말 여러 마리와 심지어 코끼리 한 마리가 낀 작은 악단에, 앤은 가마에 감탄했다.

찬드란이 열네 살 때 애틀랜타 올림픽에 데려갔다. 아들은 스포츠 사진 촬영을 연습하려고 망원렌즈를 여러 개 챙겼다. 찬드란이 언제나 기기와 기계에 푹 빠졌다면 소니아는 친구 사귀는 일에 재능이 있었다. 이토록 개성 넘치게 자라는 아이들을 바라보고 있으면 뿌듯했다. 인도에서 본 모든 아버지가 종종 떠올랐다. 문화적 이유에서든 개인적 이유에서든 그들은 아이들의 어린 시절을 목격하는 순수한 즐거움을 알지 못했다.

그래서 푸자의 어린 시절을 지켜보지 못했다는 점이 더더욱 서글펐다. 1년에 한 번 방문할 때와 편지를 통해서 만나는 것이 고작이었다. 나는 푸자를 최고의 기숙학교에 보냈고 푸자와 온 가족을 보살피기 위해 최대한 많은 돈을 인도에 보냈다. 하지만 딸이 지구 반대편에 있다는 사실은 그 시기에 일어난 온갖 좋은 일들 위에 그림자를 드리웠다.

나는 행복했으며 내가 운이 좋다는 사실을 알았다. 하지만 이따금 나의 삶이란 문화 사이에서, 나라 사이에서, 내가 돌보고 싶고 돌봐야 하는 모든 사람 사이에서 밀고 당기는 끝없는 줄다리기 같았다. 나의 하루하루는 아내와 아이들, 의미 있는 일들로 풍요로웠지만 너무 멀리 떨어져 있는 가족과 다시는 보지 못할 사랑하는 친구들이라는 결핍의 메아리도 가득했다.

아들이 태어나기 직전 줄 차니가 보스턴에서 전화했다. 그의 전화는 특별하지 않았지만 목소리에 긴박감이 서려 있었다. 차니는 자신을 보러 와줬으면 한다고 말했고 나는 항공편을 알아보겠다고 대답했다. 실은 업무와 둘째 맞을 준비에 너무 바빠서 매사추세츠까지 갈 엄두가 나지 않았다. 그때 차니가 자신이 항공편을 알아보고 적당한 것을 정해두었다고 말했다. 나는 시간이 관건임을 알아차렸다.

옛 지도교수가 편찮다는 건 알고 있었지만 암이 얼마나 진행됐는지까지는 몰랐다. 차니가 케임브리지 자택 문을 열었을 때 오래전 도쿄에서 만난 사람과 같은 사람이라는 게 믿기지 않았다. 나의 활기차고 카리스마 넘치던 친구의 몸은 쪼그라들었고 피부는 흙빛이었다. 근육이 죄다 빠져나갔고 눈은 어두컴컴했다. 그럼에도 내게 힘없이 미소 짓고 더 힘없이 악수를 나누고는 떨리는 손으로 점심을 내오겠다고 고집을 부렸다.

우리의 마지막이 될 식사 자리에서 차니가 내게 부탁이 하나 있다고 했다. 그는 MIT에서 마지막 박사과정생을 지도하고 있었다. 카를로스 노브레(Carlos Nobre)라는 브라질 출신 지구 시스템 과학자였다. 차니는 노브레의 논문을 지도하지 못하게 될 경우 내가 지도교수를 맡아주길 바랐다. 나는 그러겠노라고 말했다. 이즈음 차니와는 가족끼리 친구가 되어 있었다. 나사를 방문할 때 우리 집에 묵은 적도 여러 번이었다. 한번은 그의 지도학생 출신인 에우헤니아 칼나이, 이네스 펑(Inez Fung), 마이클 매킨타이어(Michael McIntyre) 등과 함께 우리 집 앞마당에서 축구를 하기도 했다. 사실 차니가 무슨 부탁을 했더라도 기꺼이 수락했을 것이다. 그는 나를 지금의 과학자로 만들어준 사람이었으며 자기비판적이되 대담하라고, 거창하고 정신 나간 아이디어를 외치라고 가르친 사람이었다. 컴퓨터 기반 기상예측, 세계기상실험, 장기 몬순 예측, 역학 계절예측 같은 아이디어 말이다. 차니는 1979년 세계기상실험을 위한 주요 학회의 조직위에 나를 초빙하라고 요구한 사람이었으며 조직위에서 자리가 없다고 하자 자신의 자리라도 양보하겠다고 말해 조직위에서 황급히 내 자리를 마련하도록 한 사람이었다.

아버지는 나를 진흙탕 웅덩이에 던져 헤엄치는 법을 가르쳤는데, 그와 마찬가지로 줄 차니는 해결할 수 없어 보이는 문제에 다짜고짜 뛰어들어 공략하는 법을 가르쳤다. 그는 모든 것을 선형화할 수 있고 해를 구할 수 있다고 말했다. 모든 것을.

차니와 점심을 먹은 지 몇 주 뒤 배우자 팻이 전화하여 그가 다시 한번 나를 찾는다고 말했다. 섬망에 빠진 채 내 이름을 부르고 또 부른다고 했다. 며칠 뒤 팻이 다시 전화하여 임종을 지키길 원하면 지금 와야 한다고 말했다. 예일 민츠, 아른트 엘리아센(Arnt Eliassen, 노르웨이 출신으로 차니의 친구이자 오랫동안 함께 연구한 인물), 나는 공항으로 내달려 가장 빠른 보스턴행 비행기를 탔지만 너무 늦었다. 우리가 도착했을 때 그는 예순넷을 일기로 세상을 떠난 뒤였다. 그 뒤로 매일같이 그가 떠올랐다. 이 문제에 대해, 저 실험에 대해 뭐라고 말했을지 궁금했다. 우리가 얼마나 발전했는지 그가 볼 수 있으면 좋겠다는 생각이 들었다.

차니의 마지막 부탁은 평생의 우정이자 생산적인 직업적 관계로 이어졌다. 카를로스 노브레와 나는 공통점이 많았다. 내가 인도에서 어린 시절을 보내면서 몬순 예측에 집착하게 되었다면 노브레는 아마존 우림과 이것이 브라질 기후에 미치는 영향에 강박적으로 매달렸다. 그는 숲 파괴가 1980년대의 엄청난 속도로 계속되면 무슨 일이 벌어질지 우려했다. 노브레가 박사과정을 마치자 나는 우리 모델을 이용해 아마존 탈산림화의 영향을 연구하자며 그를 COLA에 초대했다.

1980년대 후반 들어 아마존에서 벌어지는 생태 재앙이 알려져 사람들의 우려를 자아내기 시작했다. 넓은 경작지와 방목지를 조성하기 위해 나무 수백만 그루가 벌목되고 있었다. 고속도로가 놓이고 광산이 채굴되고 밀림 꼭대기에 댐이 건설되었다. 이 모든 활동은 세계은행과 브라질 정부의 (보조금까지는 아니더라도) 지원을 받았다. 마구잡이 벌목과 이로 인해 창출되는 산업으로부터 돈을 벌려는 사람들은 숲이 재생 가능한 자원이며 베어내도 다시 자란다고 주장했지만 노브레 같은 과학자들은 그렇게 생각하지 않았다. 이제 우리는 지표면이 날씨를 그저 받아들이기만 하지 않음을 안다. 땅은 날씨를 만들기도 한다.

아마존이 만신창이가 되었을 때 무슨 일이 벌어질지 궁금해한 과학자는 노브레와 내가 처음이 아니었다. 하지만 육지를 현실적으로 다루는 정교한 모델을 만들어낸 것은 우리가 처음이었다. 피어스 셀러스 덕분이었다. 그의 단순생물권 모델 덕분에 아마존을 지구상에서 지워버리는 실험을 진행할 수 있었다.

결과는 충격적이었다.[1] 아마존을 듬성한 초원으로 대체했더니 아마존 전역의 평균 지표면 온도가 2.5도 급등했다. 증발산'은 30퍼센트, 강수량은 25퍼센트 감소했다. 이 시나리오에서는 나무들이 에너지를 아끼려고 잎을 떨어뜨리는 바람에 더 많은 햇빛이 숲 바닥에 닿았으며 이 때문에 하층식생이 말라버려 산불이 나기 좋은 여건이 조성되었다. 토양 속 물이 줄어들자 나무가 빨아올려 잎이 대기 중에 내보낼 물도 줄었다. 증발이 줄면서 구름도, 폭풍우도, 심지어 흙에 스며들 물도 줄었다. 이 건조의 악순환을 사바나화(savannization)라고 부른다.

건기도 길어졌다. 심란한 결과였다. 열대우림은 건기가 짧거나 없어야만 생겨날 수 있기 때문이다.

한마디로 마구잡이식 탈산림화는 결국 더위와 가뭄의 되먹임 고리를 만들어낼 것이며 밀림은 결코 회복하지 못할 것이다. 무수한 동물, 식물, 곤충이 멸종할 것이다. 우림은 탄소흡수원이 아니라 **탄소공급원**이 될 것이다. 우리 연구는 《사이언스》에 발표되었으며 여러 주 동안 기자들이 COLA 과학자들에게 전화하여 연구에 대해 인터뷰했다. 우림을 계속 파괴할 경우 나타날 두려운 결과에 대한 최초의 명확하고 신뢰할 만한 전망이었기 때문이다.

아마존 개벌이 나쁜 생각임은 누구나 알았지만 노브레, 셀러스, 나의 연구는 개벌이 얼마나 큰 재난인지를 입증했다. 우리 모델이 얼마나 강력한 도구인지, 장기 기후예측이 자연에 대한 대중의 이해와 공공 정책에 어떤 영향을 미칠 수 있는지도 입증했다. 피어스 셀러스와 카를로스 노브레는 COLA의 'L'을 떠받칠 튼튼한 기초를 놓았다. (우리의 박사과정생 중 하나인 폴 더마이어(Paul Dirmeyer)는 이 방면에서 빼어난 과학적 업적을 수없이 거뒀으며 지금은 COLA의 육지-대기 상호작용 연구를 이끌고 있다.)

몇 해 뒤 COLA의 젊은 과학자 쉐융캉과 함께 비슷한 실험을 진행했는데, 이번에는 COLA 모델을 이용하여 재산림화에 초점을 맞췄다. 유타 대학교를 막 졸업한 쉐의 관심사는 아프리카 사헬지역의 사막화 위기였다. 1970년대 후반 차니의 눈길을 사로잡은 바로 그 문제였다. 그 뒤로 사하라사막은 사헬 초원으로 계속 남진하면서 필수 경작지를 집어삼키고 5억 명 넘는 사람들의 식량 안전을 위협했다.

사막화는 토지에 일어날 수 있는 최악의 사태 중 하나다. 사회에도 마찬가지다. 수메르와 바빌로니아왕국 둘 다 사막화 때문에 무너진 것으로 추정된다. 그곳의 토양은 경작이 불가능하게 바뀌었으며 사냥감과 물도 귀해졌다. 지금도 그렇다. 사람들이 생계를 의탁하는 땅이 죽었을 때 그 상황에 적응하기란 불가능에 가깝다.

쉐와 나는 사하라사막 남단에 식물을 심어 이 과정을 되돌리거나 적어도 멈출 방법이 있는지 알고 싶었다. 나무를 베었을 때 가뭄이 악화한다면 나무를 심었을 때는 반대 효과가 나리라는 것이 우리의 가설이었다. 그리하여 다시 한번 셀러스의 생물권 모델을 이용하여 시뮬레이션을 진행했다. 이번에는 사헬지역을 초목으로 무성하게 바꿨다. 우리는 적극적 재산림화가 효과가 있으며 땅에 넓게 퍼진 재앙적 사막화를 멈출 수 있음을 발견했다.

재산림화 아이디어는 (언어유희를 쓰자면) 뿌리를 내렸다. 현재 녹색장성(Great Green Wall)을 건설하는 사업이 진행 중이다. 길이 7775킬로미터, 너비 15킬로미터의 이 식물 장벽은 언젠가 세네갈부터 지부티까지 아프리카대륙을 가로질러 뻗어 사하라사막의 침범을 막고 세계에서 가장 빠르게 증가하는 인구 집단 중 하나인 아프리카인의 목숨과 생계를 보호하는 든든한 방벽이 되어줄 것이다.

기후예측은 강력하다. 발전도상국에서 기후예측은 목숨을 살린다.

발전도상국 과학자를 지원하고 기회를 제공하는 일은 1964년 파키스탄 물리학자 압두스 살람(Abdus Salam)이 국제이론물리센터(International Centre for Theoretical Physics, ICTP)를 설립한 뒤로 이 기관의 사명이었다. 살람은 내게 영웅 같은 존재였다. 노벨상 수상자로 입자물리학에서 크나큰 성과를 거뒀으며 과학을 활용하여 파키스탄을 비롯한 발전도상국의 여건을 개선하는 데 헌신했다. 살람은 이 사명에 전념하느라 하루도, 심지어 휴일에도 쉬지 않았으며 친목 모임에도 거의 나가지 않았다.

살람을 만난 것은 1988년 ICTP 회의에서였다. 나는 점심시간에 내 옆자리가 살람의 자리인 것을 알고 한껏 들떴다. 어깨가 넓고 머리카락과 수염이 회색이고 네모난 거북딱지 안경을 쓴 살람이 슬며시 자리에 앉아 핀스트라이프 양복을 가다듬었다. 그는 내 이름표를 흘끗 보더니 식기를 집어 들고서 말했다. "무슨 연구를 하는지 말해주시죠, 슈클라 박사님."

나는 메릴랜드에 대해, COLA에 대해, 역학계절예측이 가능할 뿐 아니라 반드시 필요하다는 과학적 확신이 점점 커지고 있는 사정에 대해 말했다. "저희 연구는 대부분의 발전도상국이 자리한 열대지역의 기후가 온대지역의 기후보다 예측가능성이 크다는 사실을 밝혀냈습니다."

이 말에 살람은 관심을 보였다. 과학과 기술의 발전이 주로 선진국에 유익했음을 누구보다 잘 알고 있었기 때문이다. 그는 포크를 살짝 내려놓고서 침묵했다. 나는 그의 몸짓을 더 이야기해달라는 요청으로 해석했다. 이야기하는 동안 설명(경계조건과 지구 자전의 영향)이 백합의 주황색 꽃잎에 쓰여 있기라도 한 듯 그는 앞에 놓인 꽃을 물끄러미 바라보았다. 나는 이렇게 끝맺었다. "안쓰러운 노릇이지만 이 나라들은 자연이 선사하는 독특한 선물을 활용할 과학적 역량과 자원이 없습니다. 아시다시피 거의 전적으로 농업에 생계를 의지하는 발전도상국이야말로 역학계절예측이 가장 필요한 나라들입니다."

살람은 기다란 식탁 맞은편에 앉아 있던 부소장을 불렀다. 순식간에 ICTP의 2인자가 내 앞에 섰다. 살람이 나를 가리키며 말했다. "이분은 슈클라 박사님입니다. 우리는 이 자리에서 기후 그룹을 시작해야 합니다."

겁에 질린 눈빛이 번득였다. 삶이 방금 전에 비해 훨씬 고달파졌음을 알아차린 사람의 표정이었다. 하지만 부소장은 "예, 알겠습니다.”라고만 대답했다. 살람에게는 누구나 이렇게만 말했다.

후식이 나오는 동안 나는 믿기지 않는다는 듯한 함박웃음을 짓지 않으려고 입꼬리를 다잡아야 했다. 도무지 믿을 수 없었다. 나의 영웅이 내 말에 감명받다니! 이론물리학계와 고급수학계에서 가장 존경받는 그의 조직이 내가 몇 년간 씨름한 바로 그 문제들을 공략하기 위해 기후 연구 그룹을 출범시키기로 했다. 한껏 기쁨에 휩싸여 있는데 살람이 팔꿈치로 내 팔꿈치를 툭툭 건드렸다.

살람이 진한 펀자브어 억양으로 말했다. “당신이 이 그룹의 수장을 맡아줘야 해요. 계획에 착수해주시기 바랍니다.”

불현듯 앤과 아이들, COLA의 동료들, 미국 사무실에 쌓인 온갖 항공권이 떠올랐다. 나는 그해 델리를 열네 번 왕복할 예정이었다. 몇 주 뒤 살람이 취임 청탁서를 보냈다. 두둑한 급여, 승용차, 기사가 딸린 자리였다. 나는 으쓱했지만 두 번 고민하지 않고 거절했다. 무엇도 COLA의 동료들, 우리가 진행하는 중대한 연구로부터 나를 꾀어낼 수 없었다. 나는 옛 친구 안토니우 모라와 벵카타라마나이야 크리슈나무르티와 함께 ICTP의 기후 그룹 설립을 도왔다. 오늘날 이 그룹은 지구시스템물리학(Earth System Physics)이라고 불리며 발전도상국의 기상·기후예측을 위해 연구를 수행하고 과학적 역량을 키운다.

그해 눈코 뜰 새 없이 바빴지만 교황청 과학원에서 교황을 모셔놓고 강연해달라는 요청은 거절할 수 없었다. 교황청 과학원은 1603년 이후 여러 형태로 존재했으며 첫 원장은 갈릴레오 갈릴레이였다. 과학원은 다양한 신앙을 가진 전 세계 과학자를 초청하여 수학, 과학, 물질계의 문제를 논의한다. 이곳의 관심 분야 중 하나는 발전도상국의 과학이다. 내가 교황청에 초청된 것은 아시아 몬순과 사헬 가뭄에 대한 COLA의 연구 때문이었다. 이번 심포지엄의 주제는 기후발 위기, 특히 1980년대의 가장 큰 재난 중 하나인 아프리카의 참혹한 역대급 가뭄이었다.

나는 교황청을 결코 경멸하진 않지만 흠모한 적도 전혀 없었다. 개체군동태학을 연구하는 학자로서 산아제한이 널리 보급되고 실시되어야 한다고 확고하게 믿기 때문이다. 하지만 심포지엄 참석자 명단은 마치 내가 직접 작성한 듯 친구와 옛 동료 일색이었다. 이 즉흥 해후를 마다할 수는 없었다.

교황청 과학원은 비오 4세 별관에 있다. 이 건물은 모래색 호화 빌라로, 외벽에 새겨진 조각상이 타일 장식 뜰을 내려다본다. 500년 된 건축물의 내부는 외부보다 더 아름다웠다. 이름난 르네상스 화가들의 프레스코화가 벽지처럼 사방을 둘렀다. 동료 과학자들과 나는 사흘간 성화(聖畫)로 가득한 홀을 거닐었다. 벽감마다 작은 조각상이 들어 있었다. 우리는 아치형 천장 아래서 연미복 차림의 종업원들에게 시중받으며 정찬을 들었다. 특색 없는 회의실에서 도시락을 먹을 때와는 비교할 수 없었다.

심포지엄 마지막 날 청중 가운데 교황 요한 바오로 2세가 흰색 수단 차림으로 우리 앞에 앉아 있었다. 모든 과학자가 아프리카대륙의 가뭄을 예측하거나 완화하려는 자신들의 노력에 대해 발표하

1986년 바티칸 교황청 과학원에서 열린 기후 학회의 참석자들에게 인사하는 교황 요한
바오로 2세(성 바오로).

고 나서 교황이 우리에게 기후조절의 잠재력에 대해 강연했는데,
꽤 흥미로웠다. 우리는 예의 바르게 귀를 기울였다. 어쨌거나 교황
성하는 더 높으신 분과 직접 소통하니 말이다. 기상·기후조절을 실
현할 수 있는 사람이 하나라도 있다면 그것은 교황이었다.

오후가 지나갈 무렵 교황은 한 사람 한 사람과 악수를 했다. 교
황 옆에서 사제가 우리에게 묵주를 건네는데 누군가 사진을 찍었
다. 우리는 호텔에 돌아와 그 사진들을 볼 수 있을지 궁금해했다.
그렇고말고. 유광 사진이 금세 현상되어 기다란 탁자에 진열되어

있었다. 원하는 사람은 구입할 수도 있었다.

물론 우리는 구입했다. 다음번에 인도를 방문할 때 사진을 마을에 가져갔는데, 아무도 감명받지 않았다. 몇 시간 지나지 않아 슈클라 박사가 긴 치마를 입은 남자와 함께 있더라는 소문이 온 동네에 퍼졌다.

이것은 약과였다. 한번은 누군가 미국발 인도행 항공권 가격을 알게 되고서 내가 비행기를 샀다는 소문이 돌았다. 일기예보를 위해 인도 최초의 슈퍼컴퓨터 센터를 설립하는 데 일조한 사실이 전국 뉴스에 보도되었을 때는 이런 소문이 퍼졌다. "이 마을에서 자란 소년이 슈퍼컴퓨터를 발견했대."

1990년대 중반 내가 주력한 개념과 관념은 전 세계 사람의 삶을 더 낫게 바꾸고 있었지만 계절예측에 대한 나 자신의 학문 활동은 그만한 성공을 거두지 못했다. 나비 효과 패러다임이 과학계와 사회 전반에 단단히 자리 잡고 있었다. 로렌즈의 1972년 강연 '브라질에서 나비가 한 날갯짓이 텍사스에서 토네이도를 일으킬까?', 제임스 글릭의 1987년 베스트셀러 『카오스』, 애슈턴 쿠처 주연의 2004년 영화 「나비 효과」 덕분에 나비 효과는 혼돈의 보편적 상징이자 우연에 휘둘리는 우리 삶에 대한 보편적 통념이 되었다.

나는 연구자로서 사는 내내 계절예측을 가로막는 나비들과 씨름했으며 (레딩에서 에드워드 로렌즈 앞에서 강연한 주제인) 경계조건의 영향을 발견하여 대단한 진전을 거뒀다.

강연의 바탕은 1981년 《대기과학 저널》에 발표한 2부짜리 논문이었다. 1부는 대기 중 행성 규모 파동의 특수한 성질 덕분에 월평균을 예측할 수 있음을 밝혔다.(이 파동은 느리게 변화하며 계절평균의 변동을 좌우한다.) 2부는 해수면 온도 같은 경계조건이 월평균과 계절평균에 미치는 영향이 초기조건보다 훨씬 크며 그렇기에 월·계절평균 기온 및 강우량의 예측가능성에 대한 훨씬 확실한 근거임을 밝혔다.

저널은 논문의 1부는 받아주었지만 2부는 거절했다. 검토자는 내가 해수면 온도를 이용하여 특정 연도의 사례만 제시했을 뿐 월평균과 계절평균의 예측가능성에 대한 확고한 토대를 다지지 못했다고 주장했다. 언젠가 나비 효과가 경계조건에 의한 신호를 압도하기에 충분한 잡음을 발생시키지 않으리라고 어떻게 말할 수 있나? 이것이 검토자의 질문이었다. COLA와 전 세계 과학자들의 연구에서 새 증거가 수없이 제시되고 있었기에 결국 나는 논문을 철회하기로 마음먹었다.

하지만 검토자가 제기한 질문은 계속해서 나를 괴롭혔다. 나비 효과가 강력한 경계조건 효과를 압도할 수 없음을 예측가능성에 대한 로렌즈의 언어를 써서 설득력 있게 입증할 방법을 찾아야 했으며 지구 대기의 복합모델에서 이를 증명할 수치실험을 설계해야 했다. 여러 해가 지나 마침내 방법이 떠올랐다. 10억 마리 나비 실험이었다. 한 마리 나비의 날갯짓을 바꾸듯 모델의 초기조건을 미세하게 바꿔 한 계절에 대해 실행하는 것이 아니라 10억 마리 나비의 날갯짓을 바꾸듯 초기조건을 극단적으로 바꾼 모델을 동일한 해수면 온도에서 실행하면 어떨까? 그러면 날갯짓이 해양 경계조건을 압도하는지 해양 경계조건이 날갯짓을 압도하는지 알 수 있을 것이다.

나는 수십 년에 걸친 기상도와 해수면 온도 기록을 들여다본 뒤 1982년 12월과 1988년 12월의 초기조건이 대조적이어서 내 가설을 검증하기에 안성맞춤이라고 판단했다. 이 두 연도는 대기 조건과 해양 조건이 정반대에 가까웠다. 1983년은 엘니뇨의 해였고 1989년은 라니냐의 해였다.

처음에는 1982년 12월 15일, 다음에는 1988년 12월 15일의 매우 다른 두 초기조건을 전지구적 대기 모델에 대입했다.

결과를 보고서 눈을 믿기 힘들었다. 초기조건이 전혀 달랐는데도 이듬해 봄 평균 강수량이 사실상 동일했던 것이다. 두 예측은 분기가 아니라 **수렴**하기 시작했으며 두 주도 지나지 않아 사실상 같아졌다.

결과를 몇몇 학생과 동료들에게 보여주었다. 몇몇은 컴퓨터 프로그램에 오류가 있었을 거로 의심했고 몇몇은 마법을 부린 거냐며 농담했다. 이것은 간단한 장난감 모델이 아니었다. 복잡한 최신 전지구적 대기 모델이었다. 나는 전 세계에서 관측한 초기조건을 넣어 계산하기 시작했다. 이런 모델들이 같은 해로 수렴하는 경우는 알려져 있지 않았다. 초기조건이 (자연적으로 가능한 범위 안에서) 최대한으로 다른 경우에는 더더욱 그랬다. 우리는 결과를 다시 점검했다. 하지만 오류는 전혀 없었다. 잘못된 계산이 하나도 없었으며 마법도 없었다. 해양 조건이 같으면 대기 조건이 완전히 다르더라도 결과가 수렴했다. 또 다른 해수 온도에서 서로 다른 두 초기 대기 조건으로 실험을 되풀이했는데, 이번에도 두 해가 수렴했다.

이 실험들은 해수면 온도 효과가 너무 커서 초기조건의 10억 마리 나비조차 결과를 바꿀 수 없음을 입증했다. 이것은 역학계절예측을 튼튼하고 탄탄하게 떠받치는 과학적 토대가 되었다.

대단한 실용적 가치가 있는 또 다른 뜻밖의 발견은 해수면 온도가 열대에 큰 영향을 미치는 시기에는 열대와 온대 둘 다에서 계절평균의 예측가능성이 커진다는 것이었다.

열대 강수량과 온대 대기순환에 대한 두 해(解)는 해당 연도에 관찰된 값에 매우 가까이 수렴했기 때문에 나의 실험은 모델이 매우 높은 정확도에 도달한 지금 정확한 해수면 온도 값을 입력하면 대기순환과 강수량을 정확히 시뮬레이션할 수 있음을 밝혀냈다. 이것은 역학계절예측에 엄청난 의미가 있었다. 열대 해수면 온도 조건을 정확히 예측하는 현실적 결합해양대기모델을 만들 수 있다면 역학계절예측을 일기예보만큼 상시적으로 할 수 있을 테니 말이다.

그리하여 COLA 과학자들은 대기의 예측가능성에서와 비슷한 절차를 따라 해양 모델에 대한 해양 예측가능성 연구에 착수했다. 우리는 대기 조건이 같되 초기 해양 조건을 서로 다르게 하여 전지구적 해양 모델을 실행했다. 대기 조건의 나비 비유에 빗대에 이번에는 10억 마리 물고기의 지느러미가 일으키는 소용돌이와 파도를 초기조건으로 삼았다. 모델을 실행했더니 두 해양 조건은 천천히 수렴하다 매우 비슷해졌으며 이는 관측 해수면 온도에 가까웠다. 하지만 열대 대기가 두 주 만에 수렴한 것과 달리 열대 해양은 3~6개월이 걸렸다. 주목할 만한 발견이었다. 엘니뇨 예측의 희망을 품을 수 있기 때문이었다.

실험의 성공을 보면서 이론물리학자이자 수학자 프리먼 다이슨(Freeman Dyson)의 말이 떠올랐다. "과학은 두 가지 옛 전통의 융합에서 생겨났다. 하나는 철학적 사유의 전통이고 다른 하나는 숙련된 기술의 전통이다. 철학은 과학에 개념을 제공했고 숙련된 기술은 연장을 제공했다." 나비 효과에도 불구하고 기상·기후를 예측할 수 있다는 나의 대담한 추측은 삶에 대한 전반적 낙관주의와 자연이 그토록 많은 인류에게 그토록 잔인할 리 없다는 철학적 사상에 오로지 근거했다. 내 일은 이를 입증할 연장을 어떻게 써야 하는지 알아내는 것뿐이었다.

이 모든 과정은 오랜 노력과 (솔직히 말하자면) 낙관주의, 희망, 헌신의 정점이었다. 하지만 전지구적 복합 결합해양대기모델을 이용한 상시 역학계절예측이라는 목표를 추진할 확고한 근거이기도 했다.

애석하게도 이런 결합모델은 시급성에 비해 개발 속도가 느리다. 전 세계에 슈퍼컴퓨터 센터가 많지 않고 센터마다 인력 및 재원에 한계가 있으며 그마저도 인간이 지구 기후에 미치는 영향을 거듭거듭 입증하는 데 치중하는 실정이다. 이는 우리 사회가 기본적 진실을 받아들이지 못하고 있기 때문이다. 정확하고 신뢰할 만한 상시 계절예측을 위해서는 탄탄한 결합해양대기모델을 구축해야 하는데, 이 연구에 쓸 과학적 자원과 연산 재원이 부족하다. 현재 사회와 기후변화를 겪을 미래 사회에 꼭 필요한 작업인데도 말이다.

그럼에도 실험을 진행하고 난 뒤 해야 할 일을 했다는 만족감이 들었다. 나는 나비 효과에도 불구하고 계절예측이 가능함을 설득력 있고 명확하게 입증했다. 그즈음 계절예측의 과학적 근거가 널리 받아들여지고 있었기에 실험 결과를 발표할 필요성을 느끼지 않았지만 몇 년 뒤 학회에서 이 연구에 대해 강연한 뒤 젊은 여성이 다가와 결과를 어디에라도 발표용으로 제출한 적이 있느냐고 물었다. 마침 그는 《사이언스》 편집인이었다. 결국 논문 「카오스 한가운데에서의 예측가능성」이 《사이언스》에 발표되었다.

열 셋

COLA 동료들과 나는 우리 분야의 최전선에서 전 세계를 돌아다니며 각국 총리, 대통령, 교황을 만났지만 그런 우리조차도 답답한 관료 정치에는 도무지 적응이 되지 않았다. 1990년대 초가 되자 메릴랜드 대학교의 많은 사람이 자기네 한복판에 들어앉은 COLA를 달가워하지 않는다는 사실이 점차 분명해졌다. 우리의 연구가 언론에 대서특필되어 대학의 명성을 높여주고 어느 때보다 많은 학생을 기상학과로 끌어들이고 있는데도 말이다.

인정하건대 불만 중 일부는 내 탓이었다. 첫 면담에서 총장은 기상학과의 현재 위상을 어떻게 평가하느냐고 물었다. 나는 솔직하게 미국에서 중위 33퍼센트에 속하는 것 같다고 답했다. 이 말에 총장은 얼떨떨한 표정을 지으며 말했다. "그런데 기상학과에서는 자기네가 상위 10퍼센트에 속한다던데요!"

나는 총장에게 우리 연구진이 메릴랜드를 선택한 것은 학문적 우수성 때문이 아니라 편의성 때문이라고, 우리에게 정년보장 교수직과 성장 잠재력을 제공했기 때문이라고 설명해야 했다. 나는 메릴랜드 대학교 기상학과를 미국 내 상위 10퍼센트에 올려놓는 것을 급선무로 삼겠다고 약속했다.

보탬이 되고 싶었을 뿐이지만 내 말은 총장과 나 둘만의 비밀로 남지 않았다. 사태가 급속도로 악화했다. 사소한 실랑이도 많았다. 우리가 매주 점심시간에 진행하는 세미나를 놓고 일부 교수가 카드놀이 장소를 빼앗겼다며 항의하기도 했다. 심각한 괴롭힘도 있었다. 정년보장 교수들은 COLA 연구과학자들에게 학과 회의에 참석하지 말고 토의가 끝날 때까지 밖에서 기다리라고 요구했다. 어엿한 대학 구성원을 외국 스파이 취급하는 태도였다. 우리는 주요 보직에서 배제되었으며 질서를 어지럽힌다는 비난을 들었다. 심지어 학과 업무 공간에서 내쫓겠다는 협박을 당하기까지 했다. 이 모든 불상사에는 대가가 따랐다. 불필요한 딴지에 시달리느라 꼭 필요한 연구에 전념하지 못한 것이다.

우리가 대학을 떠날 거라고는 누구도 예상하지 못했다. COLA 같은 연구소가 대학에 적을 두는 이유는 정통성을 위해서만이 아니다. 대학은 업무 공간을 제공하고 컴퓨터를 보유하고 급여 및 복지 업무를 처리해준다. 제휴 기관과 후원 기관(국립과학재단, 해양대기청, 나사)이 해마다 200만~300만 달러를 선뜻 내어준 이유는 메릴랜드 대학교가 자질구레한 행정 업무를 맡아준 덕에 우리가 지원금에 걸맞은 과학 연구에 전념할 수 있기 때문이었다. 게다가 메릴랜드 대학교는 나의 정년을 보장했다. 평생직장이었던 것이다. 이런 혜택을 두고 떠나기는 쉽지 않다.

결별을 가로막는 또 다른 걸림돌은 구성원과 그들의 가족을 다른 기관으로 옮겨야 하는 현실적 어려움이었다. 부부가 같은 학교에 임용되기는 하늘의 별 따기이며 우리가 당시 고용한 여남은 명의 연구자를 기꺼이 채용해줄 대학을 찾기도 힘들었다.

이 정도면 막다른 골목에 갇힌 듯한 느낌을 받았어야 마땅하지만 그렇지 않았다. 계절예측, 재분석, 단순생물권 모델, 국내외 연구 프로그램에 대한 기여, 전 세계적 영향력 등 COLA는 지난 10년간 막대한 성취를 거뒀다. COLA를 방문한 일본인 과학자는 우리에게 빌딩을 통째로 쓰고 있느냐고 물었다.(실제로는 상업용 빌딩의 한 층에 입주해 있었다.) 나는 우리가 어디에 있든 연방 기관들이 우리 연구를 계속해서 지원해주리라고 확신했다. 물론 '어디에'는 100만 달러짜리, 아니 실제로는 200만 달러짜리 문제였다. 공간을 직접 마련하면 어떨까? 이런 생각이 들었다. 연구소를 독자적으로 설립하면 어떨까? 정신 나간 생각을 평생 해오긴 했지만 이번이 그중에서도 가장 정신 나간 것이었을 테다.

그럼에도 짐, 에드, 데이비드와 한자리에 앉아 내 아이디어를 얘기했을 때는 정신 나간 생각으로 치부되지 않았다. 짐과 데이비드는 적극 찬성이었다. 두 사람 다 사직할 각오가 되어 있었다. 그들은 독자 연구소라는 아이디어를 열성적으로 지지했다. 무엇보다 데이비드의 찬성이 큰 힘이 되었다. 그는 지난번에도 나사의 고위 종신직을 버리고 COLA에 합류했는데, 이번에도 다시 한번 믿음의 대도약을 단행할 준비가 되어 있었다. 일이 잘 안 풀리고 자금이 마련되지 않더라도 결국에 가서 각자 일자리를 찾을 수 있으리라는 것은 알았다. 하지만 목표는 헤어지지 않고 지금까지의 연구를 이어가는 것이었다. 이번에는 공간과 회의 탁자를 놓고 실랑이를 벌일 필요가 없길 바랐다.

그렇게 우리는 낮에는 늘 하던 대로 수업을 진행하고 연구 논문을 쓰고 박사과정생들을 지도했다. 하지만 밤과 주말에는 밤늦게까지 독립 연구소를 설립하는 방법에 대한 책을 읽고 다른 비영리 단체 대표 및 변호사들과 논의하고 배달 음식 용기에 전략을 메모했다. 나사, 해양대기청, 국립과학재단 담당자들에게 우리가 한 팀으로서 역학계절예측이라는 단일 프로젝트를 진행했음에도 그동안에는 마치 열 가지 별개 프로젝트를 진행하는 것처럼 지원이 이루어졌다고 설명했다. 세 기관은 (우리가 오랫동안 제출한 열 가지 프로젝트가 아니라) 단일 프로젝트를 받아들이는 데 동의했으며 덕분에 서류 작업에 들어가는 어마어마한 시간을 절약할 수 있었다. 하지만 이 기관들은 단일 프로젝트 제안서를 제출하는 데 엄청난 위험이 따른다고 경고했다. 세 기관 중 하나라도 지원을 거부하면 새 연구소는 출범도 하기 전에 좌초할 것이기 때문이었다. 우리는 기꺼이 위험을 감수하기로 했다.

우선 비영리단체를 공식적으로 설립해야 했다. 그 모법인(母法人)은 COLA 지원금을 신청하고 처리하며 메릴랜드 대학교가 10년간 제공하던 행정적 지원을 제공하게 된다. 지구물리유체역학연구소에는 프린스턴 대학교가 있고 국립대기연구센터에는 대기연구대학연합이 있고 나사 제트추진연구소에는 캘리포니아 공과대학교가 있다. 우리는 COLA를 거느리는 비영리단체의 명칭을 지구환경사회연구소(Institute of Global Environment and Society, IGES)로 정했다. 연방 지원금을 관리할 창립 직원으로는 다름 아닌 앤을 뽑았다.

앤은 MIT 아키텍처머신그룹에서 일했기 때문에 COLA 같은 연구소를 운영하는 법을 잘 알았다. 또한 MBA 과정을 이수하면서 권한 관리, 급여 지급 절차 수립, 복지 혜택 조사 그리고 깐깐한 연방 감사에 대비한 꼼꼼한 기록을 실행할 만반의 준비를 갖췄다. 앤은 이 업무를 기꺼이 맡아주었지만 지루하고 고된 일이었다. 자녀양육을 도맡고 있었기에 더욱 힘겨웠을 것이다. 앤이 누리는 한 가지 특전은 재택 근무였다. 첫 여섯 달 동안은 IGES가 우리 집에 입주해 있었기 때문이다. 실은 차고에 있었지만.

가장 까다로운 문제는 연방 자금을 지원받는 독립 연구소를 종잣돈 한 푼 없이 설립하는 일이었다. 국립과학재단은 선급금을 지급할 수는 없다면서도 우리가 지원금을 받게 되면 급여를 비롯한 비용을 정산해주겠다고 약속했다. 하지만 지원금을 받으려면 조직을 운영할 공간, 기기, 설비가 있음을 입증해야 했다. 이 모든 과정을 위해 막대한 융자를 받아야 했는데, 우리 같은 신생 조직이 막대한 융자를 받으려면 막대한 담보가 있어야 했다.

나는 자신감이 넘쳤기에 집을 담보로 잡히는 데 거리낌이 없었다. 하지만 친구들과 동료들에게 이 결심에 대해 얘기했더니 "멍청하다"느니 "정신 나갔다"느니 하는 말이 돌아왔다. 심지어 모넥스 시절 옛 친구이자 우리의 시도를 대체로 지지한 국립과학재단 담당자조차 내게 신중을 기하라고 신신당부했다. 하지만 나는 귀담아듣지 않았다.

그리하여 워싱턴 DC 교외에 있는 앤과 나의 집은 어엿한 공간을 임차할 자금이 마련될 때까지 우리의 담보이자 본부가 되었다. 맞춤하게도 이 동네가 조성될 때 우리 집이 모델하우스였기에 분양 사무실이던 차고에 전화선 열여섯 개가 설치되어 있었다. 차고는 벽체 마감이 되어 있었으며 책상 여러 개와 컴퓨터 몇 대를 욱여넣을 수 있을 만큼 넓었다. 모든 집기를 들여놓고 배치하고 보니 제법 사무 공간처럼 보였다.

이 모든 작업에 여섯 달 남짓이 걸렸다. 마지막 허들은 국립과학재단 경영진의 현장 방문이었다. 기억하건대 내가 초조감을 느낀 유일한 순간이었다. 일자리, 집, COLA의 미래까지 모든 것을 걸었으며 이제 앞으로 나아가는 데 필요한 자금을 실제로 조달할 수 있는지 알아볼 때였다. 우리의 운명을 결정할 인물은 바지 정장 차림에 진지한 표정의 중년 여성이었다. 그녀는 차고에 놓인 책상을 보고서도 나와 달리 별로 감명받지 않은 듯했다. 그녀가 물었다. "IGES는 어디에 있죠?"

잠시 어색한 시간이 흐른 뒤 여성이 부엌 식탁 앞에 앉았다. 짐, 앤, 내가 함께 자리했다. (위층에서는 이제 열두 살과 열 살이 된 찬드란과 소니아가 조용히 책을 읽고 있었다. 앤이 부엌에 들어오지 말라고, 그날 오후엔 무조건 출입 금지라고 엄포를 놓았다.) 여성은 나를 쳐다보고 짐을 쳐다보고 앤을 쳐다보고 다시 나를 쳐다보았다.

그녀가 불쑥 물었다. "당신이 죽으면 어떻게 되죠?"

불길한 첫 질문에 어안이 벙벙해져 대답을 더듬거렸다. 다행히 명석한 아내가 자신이 세워둔 승계 계획을 설명하기 시작했다.

한 시간 남짓 흐른 뒤 국립과학재단 직원의 질문거리가 바닥났다.(그녀의 찡그린 얼굴은 내 기억에 영구히 남았다.) 면담이 끝날 무렵 그녀는 우리의 사명을 이해하고는 유용한 조언을 여럿 건넸다.

방문 이후 운명적 결정을 기다리는 며칠은 내 인생에서 가장 힘겨운 나날이었다. 아버지가 추락한 직후 두려움에 떨었던 몇 시간 이후로 심장이 이토록 거세게 쿵쾅거린 적은 한 번도 없었다. 마치 내 몸이 사안의 중대성을 알고 있는 듯했다. 전진하려 하지만 제자리에서 옴짝달싹 못 하는 자동차가 요란하게 공회전하는 듯한 느낌이었다.

불면증에 시달렸다. 어느 날은 한숨도 자지 못했다. 우리가 낸

빚, 국립과학재단 지원금에 생계가 걸린 많은 가족, 이 일이 무산되면 우리 아이들이 구경하지 못할 대학 등록금이 떠오르기 시작했다. 나는 계단을 오르락내리락했다. 소음 때문에 잠에서 깬 앤은 남편이 마침내 실성했다고 생각했다.

태양이 지평선을 어렴풋한 주황색으로 물들일 무렵 전화벨이 울렸다. 이탈리아 트리에스테에 있는 국제이론물리센터(ICTP)의 부소장이었다. 그는 내가 ICTP 자리를 거절하긴 했지만 살람 박사가 내 마음이 바뀔 때를 대비하여 급여로 준비해둔 10만 유로가 아직 남아 있다고 알려주었다. 믿기지 않는 타이밍이었다. 불안을 가라앉히고 몇 시간 동안 단잠을 자기에 충분했다.

며칠 뒤 COLA가 5년간 지원금을 받게 됐다는 편지를 받았다. 이제 최상의 환경에서 연구에 집중할 수 있게 되었다. COLA의 모든 과학자가 메릴랜드 대학교에 일제히 사직서를 제출했다. 여섯 달 뒤인 1993년 가을 IGES 사무실이 우리 집 차고에서 나와 워싱턴 DC 외곽 업무지구에 입주했다.

우리는 사무실 마련을 축하하기 위해 초청 행사를 준비했다. 새 단장한 COLA 연속 강연의 첫 강연자로 마나베 수키를 섭외했다. 우리는 메릴랜드 대학교의 전직 동료, 나사와 해양대기청과 국립과학재단과 워싱턴 안팎의 연구 기관 구성원 등 모두를 초대했다. 새 서고와 회의실, 집을 담보로 맡기고 구입한 온갖 집기에 다들 감탄하는 모습에 뿌듯했다. 나사의 옛 동료 한 명은 이렇게 멋진 공간에서 일하면 생산성이 두 배로 높아지겠다고 말했다.

하지만 정말 중요한 것은 공간이나 집기가 아니었다. 이 일을 성사시킨 과학자들이라는 가족이었다.(오랜 세월을 함께하고 나니 정말로 가족이나 다름없었다.) 연구 기관을 직접 설립하는 것은 대단한 성취였다. 기후 연구를 위한 비영리 독립 연구소는 누구도 해내지 못한 업적이었다. 하지만 우리는 이 일을 영예를 누리거나 뻐기기 위해서 한 것이 아니었다. 우리가 과학을 발전시키고 있음을, 우리의 과학이 모든 사람에게 더 낫고 안전한 세상을 만들고 있음을 진심으로 믿기 때문이었다.

COLA에 출근하는 아침 내가 세상에서 가장 운 좋은 사람이라는 생각을 종종 했다.

물론 과학은 고되고 지루하다. 우리가 수행한 실험과 우리가 쓴 논문이 기상학계에 커다란 반향을 일으키긴 했지만 실제 영향을 미치기까지는 수십 년이 걸렸다. 우리의 작은 연구소가 스스로 이름을 떨친 지 30년도 더 지난 지금 나는 우리의 진짜 영향력을 목격하고 있으며 내가 세상에서 가장 운 좋은 사람이었다고 확실히 말할 수 있다.

20세기의 마지막 10년과 21세기의 첫 몇 해 동안, 경계조건이 기후에 미치는 영향이 밝혀지고 결합모델이 등장한 덕분에 역학계절예측이 연구실을 벗어나 현실에 도입되기 시작했다.

계절예측을 이용하여 사람들의 삶과 생계를 보호하는 가장 영향력 있는 기관 중 하나로 컬럼비아 대학교 국제기후사회연구소

(International Research Institute for Climate and Society, IRI)가 있다. 나는 연구소 제안서를 작성한 위원회에 속해 있었다. IRI는 엘니뇨 예보를 준비하기 위해 1990년대 초 설립되었으며 옛 친구 안토니우 모라가 초대 소장을 맡았다. 그 뒤로 IRI의 사명은 더욱 확장되었다. 지금은 발전도상국의 (무엇보다) 농업 생산을 안정화하고 철새의 이주 패턴을 예측하고 자연재해와 전염병을 대비하는 데 필요한 계절예보를 제공하기 위한 연구를 수행한다.

이 연구는 각국에 맞춤형으로 진행된다. 이를테면 IRI 연구자들은 베트남의 농업지대 일곱 곳에 걸쳐 평균 우기 개시일을 알아냈다. 이 말은 캘리포니아보다 작은 나라에서 농민들이 자신의 지역에 적합한 파종 시기를 더 정확히 알 수 있다는 뜻이다.[1]

다른 나라도 IRI 예보 덕에 재난을 사후에 대처하는 게 아니라 사전에 대비할 수 있다. 2008년 IRI 과학자들은 서아프리카 나라들에서 강수량이 평년을 웃돌 위험이 크다고 예측했다. 이 지역은 소득이 낮으며 인구 대다수가 범람원에 조성되어 홍수에 취약한 판자촌에 거주한다. 이 예측을 바탕으로 적십자사와 적신월사의 현지 지부는 예상된 홍수에 앞서 기금을 요청하고 여러 나라에 재난 구호 물자를 비축하고 비상 계획을 갱신했으며 지자체 관료들에게 경고했다. 예측대로 큰비가 내렸고 과학을 기반으로 대비한 덕분에 인명과 재산 손실을 부쩍 줄일 수 있었다. 300명이 사망한 직전 해 홍수에 비하면 큰 성과였다.[2]

최근 IRI는 중앙아메리카 전역에 덥고 습한 날씨를 예보하는 시스템을 개발했다. 덥고 습하면 모기가 증식하여 지카, 뎅기열, 치쿤구니야열 같은 매개체 전파 감염병이 창궐하기 쉽다. 기후가 계속 변화하는 상황에서 계절예측은 신생 분야인 기후전염병학에 요긴하게 쓰일 것이다.

역학계절예측이 세상을 바꾸는 방법은 이 밖에도 많으며 오늘날 IRI 외에도 많은 기관이 이 분야에서 활약하고 있다. 미국에서는 사람들이 계절예측에 하도 익숙해져서 있는지조차 모를 때가 많다. 국립기상청은 3개월 단위로 기온과 강수량 전망을 발표한다.[3] 해양대기청도 같은 기간에 대한 가뭄 전망을 내놓는다.[4] 해마다 허리케인 철을 앞두고 해안지방 공무원과 주민들은 그해의 허리케인 전망에 촉각을 곤두세운다. 내가 이 책을 쓰면서 보낸 대부분의 기간에 각국은 대규모 엘니뇨에 대비하여 전력망, 농업 시스템, 비상 대응 계획, 식량 비축을 준비하고 있었다.

내가 자란 곳과 비슷한 인도 농촌 마을에도 마침내 계절예측이 찾아왔다. 인도 기상청은 복합결합모델에 투자했으며 지금은 농업·농업인복지부에 장기 예보를 제공한다. 내 이웃들은 예전에는 징조에 의지하고 판창을 귀동냥하려고 기다렸지만 이제는 과학에 의지하며 농업·농업인복지부 지도관들이 모델의 예측을 전달하고 파종 시기와 작물에 대해 조언해주길 기다린다. 아직 완벽하지 않고 할 일이 많이 남았지만 내가 어릴 적 목격한 분투와 몸부림에 비하면 괄목할 발전이다.

당신이 농민이나 농업부 장관이나 인도주의 원조 활동가나 값비싼 해변 주택의 소유주가 아니라면 계절예측이 당신의 삶에서 어떤 역할을 하는지 쉽게 감이 오지 않을지도 모른다. 하지만 계절예측은 좋은 일이다. 신뢰도가 커지고 상시적으로 운용되고 있기에 문제가 생겼을 때만 눈에 띈다. 계절예측이 모두의 삶에서, 특히 가장 취약한 사람들의 삶에서 조만간 뒷전으로 밀려나는 것이 나의 바람이다.

작가들은 종종 뇌우를 혼돈의 상징, 또는 느닷없고 충격적인 변화를 예고하는 플롯 장치로 구사한다. 폭풍이 몰아치는 3막에서 리어왕이 광기에 빠져드는 장면, 실연한 히스클리프가 격렬한 돌풍 한가운데서 '폭풍의 언덕'을 떠나는 장면을 생각해보라. 문학에서나 현실에서나 폭풍은 예측할 수 없고 피할 수 없는 고통의 순간을 나타낸다.

사람들은 무슨 옷을 입을지, 우산을 챙겨야 할지, 축하연을 실내에서 열지 야외에서 열지 결정하거나 폭풍우가 들이닥칠지 알기 위해서 일기예보를 확인한다. 우리는 태양과 지구에서 방출되는 에너지와 탁월풍 패턴이 기온 결정에 일조한다고 얘기했다. 그렇다면 강수량에 대해서는 어떨까? 모두가 날씨 앱을 찾게 만드는 폭풍의 원인은 무엇일까?

마을을 둘러싼 논에서 뇌우가 우르릉거리면 우리 가족은 어머니 침실에 모였다. 콘크리트 지붕은 비를 막고 바람의 굉음을 잠잠하게 했다. 우리는 옹송그린 채 담요나 깔개를 덮었다. 구석에서는 등잔이 빛났다. 오늘 나는 우리 모두가 함께한 이 추억을 일종의 장밋빛 향수를 품고서 돌아본다. 하지만 무척 겁에 질린 기억도 떠오른다.

내가 아직 초등학교에 다닐 때였다. 그해 몬순은 이례적으로 거셌다. 초가지붕이 해어지기 시작하고 집 바닥에 진흙 웅덩이가 송송 파일 지경이었다. 어느 날 저녁 거대한 검은 폭풍이 동쪽에서 몰려왔다. 보리수고무나무가 바람에 휘청거리자 어머니가 우리를 집 안에 불러들여 당신 침실에 모이게 했다. 깔개가 이미 깔려 있었고 등잔이 이미 밝혀져 있었다.

그날 밤 비가 어찌나 거세던지 누군가 우리 집에 양동이로 물을 들이붓는 듯한 소리가 났다. 매분 무시무시한 우렛소리가 하늘을 둘로 가르는 것 같았다. 나는 겁에 질렸다. 그러다 궁금증이 들기 시작했다.

유심히 들어보니 우렛소리가 울려퍼지기 전에 어김없이 번개가 번득였다. 번쩍, 쾅! 번쩍, 쾅! 우렛소리는 번개 직후에 들릴 때도 있었고 몇 초 뒤에 들릴 때도 있었다. 이제 두뇌가 바쁘게 돌아가느라 겁도 나지 않았다. 왜 번개가 항상 천둥보다 먼저 칠까? 이런 의문이 들었다. 그러다 궁금해졌다. 왜 이 폭풍은 다른 폭풍보다 유난히 사나울까?

뇌우는 어마어마한 양의 에너지를 품었다가 뿜어낸다. 원자폭탄의 에너지보다 몇 배나 강하다. 뇌우의 에너지원은 수증기가 응결하여 비가 될 때 생기는 응결잠열이다. 주전자에 물을 끓이면 가스레인지의 열에너지가 김으로 전환되어 주전자에서 빠져나간다. 이 수증기는 주전자 밖으로 이동하면서 모든 에너지를 가져간다. 마찬가지로 대기의 모든 수증기는 태양 에너지에 의해 생성되는데, 이 때문에 바다와 모든 지표수에서 증발이 일어난다.

공기 중 수분은 응결하면서 모든 에너지를 방출한다. 뇌우가 몇 시간 뒤에 사멸하는 이유는 빨아들인 습한 공기 속 에너지가 소진되기 때문이다. 뇌우와 달리 허리케인이 며칠간 지속되는 이유는 이동하면서 아래쪽 바다로부터 수분을 새로 공급받기 때문이다. 허리케인이 뭍에 상륙한 뒤에 사멸하는 이유는 습한 공기의 공급이 급격히 줄고 땅의 거친 표면이 에너지를 흩뜨리기 때문이다.

내가 폭풍을 처음 경험한 몬순지대(일반적으로는 열대지방)에서는 습한 공기가 모자라는 일이 없다! 필요한 것은 습한 공기를 밀어 올리는 과정뿐이다. 한 가지 확실한 과정은 태양에 의한 육지 가열이다. 뒤이어 그 위에 있는 공기가 가열된다. 더워진 공기는 가벼워져 상승한다. 습한 공기가 높이 상승하여 수분이 응결하면 새로운 에너지원이 되어 습한 공기를 더욱 높이 밀어올리며 결국 비가 내리기 시작한다. 습한 공기가 언제나 존재하는데도 늘 뇌우가 쏟아지지 않는 이유는 육지가 가열되는 것에 더해 대기의 온도와 습도가 수직분포(vertical profile)를 이뤄야 습한 공기가 부력을 얻어 계속 올라갈 수 있는데 수직분포가 언제나 존재하지는 않기 때문이다. 열대지방에서 지표면 공기를 밀어 올려 폭풍을 일으키는 물리적·역학적 과정은 온대지방에서 폭풍을 일으키는 과정과 다르다. 우리의 기상예측 능력이 열대지방과 온대지방에서 다르게 나타나는 것은 이 때문이다.

자, 이제 폭풍이 어떻게 시작되는지는 알았지만 쇼의 주인공은 어떻게 됐을까? 천둥과 번개 말이다. 우뚝한 뇌운 속에서는 크기와 무게가 제각각인 물방울과 얼음 결정 사이에서 마찰이 일어나 정전기가 발생한다. 크고 무거운 물방울은 구름 아래쪽에 머무르는 반면에 작고 가벼운 물방울은 높이높이 올라간다. 큰 물방울은 음전하를 축적하는 경향이 있는 반면에 작은 물방울은 양전하를 축적한다. 이 반대 전하가 충분히 커지면 격렬한 방전 현상이 일어나는데, 이것이 번개다. 번개는 구름 속 음전하에서 출발하여 땅 위의 양전하를 향할 때도 있고 근처 구름의 양전하를 향할 때도 있다.

천둥은 번개가 공기를 빠르게 가열하여 팽창시켜 일어난다. 번개 경로에 있는 공기는 온도가 3만 도까지 올라가기도 하는데, 이 정도면 태양 표면보다도 훨씬 뜨겁다. 하지만 이 고온은 찰나 동안만 지속된다. 번개가 번득이고 나면 공기는 가열될 때만큼 빠르게 냉각되고 수축하면서 음파를 발생시키는데, 이것을 천둥이라고 부른다.

우렛소리는 3초에 1킬로미터를 이동한다. 번개가 얼마나 멀리서 쳤는지 알고 싶으면 '번쩍'부터 '쾅'까지 몇 초인지 세어 3으로 나누면 된다. 15초면 번개는 5킬로미터 밖에서 쳤다. 3초면 1킬로미터밖에 안 된다. 0초면? 부디 실내에 머물렀길.

내 삶에 대해 이야기하자면, 몸 숨길 곳 없이 바깥에 나가 있는 격이었다. 구름이 몰려드는 줄도 까맣게 모른 채.

열 넷

1997/1998년 엘니뇨를 성공적으로 예측했을 때 앤츠 리트마는 나의 은퇴가 머지않았다고 농담했다. 하지만 그가 모르는 것이 있었다.(아무도 몰랐다.) 실은 예순 살 생일이 다가오면서 사임을 고민하기 시작했다. COLA를 이전하는 시기에는 미래 지도부 이야기를 꺼내기까지 했다. 내가 이 문제를 언급한 것은 그때가 처음이었다.

역학계절예측은 현실에서 시행되어 진짜 목숨을 구하고 진짜 삶을 개선하고 있었으며 대부분의 주요 기상 센터에서는 독자적인 장기 예보를 실시하고 있었다. 나는 여전히 간절하게 사회에 보탬이 되고 싶었고 기상학만으로 해결하지 못하는 훨씬 큰 문제들을 인지하고 있었다. 굶주림, 불평등, 빈곤처럼 수많은 사람을 괴롭히는 고통을 어떻게 가라앉힐 수 있을까? 이것이 내가 답하고 싶은 문제였다.

이즈음 《워싱턴 포스트》를 읽다가 마이클 조던에 대한 기사를 보았다. 그도 나처럼 은퇴를 준비하고 있었다. 기사 제목은 농구 선수 조던이 "정상에서" 이 스포츠를 떠난다고 전했다. 이 말이 심금을 울렸다. 나는 전설적 농구 선수는 아니었지만 한창때 그만두는 게 현명하다는 걸 알았다. 기사 제목을 오려 집에 있는 책상 위에 붙였다. 그러고는 은퇴 연설의 초고를 작성하기 시작했다.

새로운 진로를 향한 첫 탐색은 연설을 하기 오래전에 시작되었다. 그 장소는 당연히 미르다였다. 고향을 잠깐 방문했을 때(다른 장거리 비행 중간에 하루이틀 짬이 났을 것이다.) 어머니의 말에 한 방 먹었다.

어머니는 손을 진자처럼 흔들며 말했다. "넌 여기저기 다니며 전 세계에서 많은 일을 하고 있어. 그런데 고향을 위해서는 뭘 했니?"

정곡을 찔렀다. 나는 미국, 이탈리아, 브라질, 한국, 인도 등 전 세계에서 기후학의 발전을 위해 노력했지만 정작 고향에는 소홀했다. 그럼에도 해마다 귀국할 때면 아버지가 지은 초등학교에 들어가(아직까지도 마을의 유일한 교육 시설이었다.) 아무것도 달라진 게 없다는 데 놀랐다. 의자도, 책상도, 문짝도 없었다. 구석에는 말라붙은 짐승 똥과 낙엽이 널브러져 있었다. 마을 원로에게 초등학교 과정을 끝마치는 학생이 몇 명이냐고 물었더니 30퍼센트가량이라는 대답이 돌아왔다.

어머니의 예리한 질문을 받은 뒤 무슨 일을 해야 할지 깨달았다. 하지만 오로지 나 혼자 깨우친 것은 아니었다. 고향에 지역사회 대학을 설립하는 것은 부모님이 시작한 일의 연장일 뿐이었다. 아버지가 교실 두 개짜리 학교를 지으려고 얼마나 분투했는지 아직도 기억난다. 굶주리고 절박한 걸인이 우리 집 문간에 올 때마다 어머니가 쌀이며 담요 같은 것을 내어주는 광경은 수십 년이 지난 지금도 여전히 총천연색과 선명한 해상도로 떠오르는 추억이다. 몇몇 회의적인 주민을 설득하느라 몇 년이 걸렸고 앤과 내가 가족 소유의 땅과 재산을 기탁해야 했지만, 1999년 간디 대학이 미르다에서 문을 열었다.

사업은 예상보다 훨씬 고역이었다. 조언과 지침을 구하려고 결성한 마을위원회 위원들은 부패가 인도의 가장 큰 문제라고 성토했지만 떡고물 앞에서는 결코 망설이는 법이 없었다. 대학 신설을 승인할 권한이 있는 주정부 관료들은 단계마다 뇌물을 요구했다. 미국에서 신설 대학으로의 송금을 승인하는 뉴델리의 국무부조차 뇌물을 원했다. 진짜 딜레마를 맞닥뜨렸다. 간디 대학을 뇌물로 출발해야 하나? 뇌물 없이는 새로운 기관을 만드는 게 불가능하다는 말을 들었다. 누군가 단도직입적으로 물었다. "인도주의 단체들이 대형 프로젝트를 진행하면서 뇌물을 하나도 안 준다고 생각하세요?" 하지만 나는 사업 초기에 간디 대학 일로 뇌물을 제공하지 않겠다고 굳게 다짐했으며 그 결심을 고수할 작정이었다.

대신 뉴델리의 몇몇 관료들과 협력했다. (미국에서) COLA 소장이라는 지위와 (인도에서) 슈퍼컴퓨터와 몬순 예보에 대한 업적 덕에 평상시라면 우리 마을 같은 곳에 관심을 두지 않을 거물급 인사들과 면담할 수 있었다. 그럼에도 승인을 얻기까지는 여러 달이 걸렸다. 마을위원회는 뇌물로 훨씬 빠르게 일을 성사시킬 수 있는데 내가 시간을 허비한다고 생각했다. 하지만 나는 정직과 투명성을 대학의 주춧돌로 삼을 것임을 마을 사람들이 알아주길 바랐다.

간디 대학은 과학·공학 교육을 제공할 여력이 없었지만 인성을 기르고 여성의 권익을 신장하기 위해 분투할 수는 있었다. 정직, 인내, 이타심이라는 간디의 원칙에 바탕을 둔 남녀공학이지만 학생의 80퍼센트는 여성이다. 의도한 결과였다. 지방에 학교가 없으면 대부분의 농촌 여아는 고등교육을 받을 수 없었다. 부모가 학비를 댈 수 없거나 그나마 있는 돈을 아들 교육에 우선으로 썼기 때문이다. 많은 어린 여성은 집에서 반나절 넘게 걸어야 하는 발리아에서 하숙하는 것이 허락되지 않았다.

동생 슈리람은 미국 영주권자여서 미국에서 살 수 있었지만 인도에 돌아와 교실, 실험실, 도서실 건축을 감독하고 교과과정을 확립하느라 열심히 일했다. 그는 지난 20년간 대학을 감독했다. 그간 우리는 우리 마을과 인근 마을 여성의 자긍심이 쑥쑥 자라는 광경을 목격했다. 읽고 쓸 줄 모르는 어머니의 아들이었기에 교육받고 권익을 누리고 자신이 어떤 존중을 받아야 하는지 아는 새 세대의 여성들을 보면 뿌듯하다. 무엇보다 어머니의 청을 들어줄 수 있어서 기쁘다. 어머니를 자랑스럽게 하는 일에는 내 나이 예순일 때나 기도실 양초에 불을 붙이던 여섯 살 때나 똑같이 어깨가 으쓱해진다.

대학이 설립되어 운영된 지 1년쯤 지났을 무렵 어머니의 건강이 악화하기 시작했다. 어머니는 2000년 4월 세상을 떠났다. 여러 장례 의식에 참여하느라 3주간 마을에 머물러야 했다. MIT에 진학하려고 고향을 떠난 이후 가장 오랜 기간이었지만 무엇도 내가 어머니에게 작별을 고하는 것을 막을 수 없었다.

힌두교에서는 영혼이 결코 죽지 않는다. 죽음은 영혼이 하나의 몸을 떠났다는 의미일 뿐이다. 시간이 지나면 영혼은 다른 몸에 깃든다. 이것이 환생의 기본 가정이다. 힌두교 장례식은 영혼이 평안을 누리고 한 몸에서 다른 몸으로 고이 옮아가기를 목적한다. 장례식에서는 망자의 영혼이 고요하고 평안하길 기원하며 매일 기도를 올리고 물과 음식을 바치는데, 두 주간 이어지기도 한다. 어머니는 브라만이어서 열사흘간 장례를 치렀다.

아흐레째 되는 날 나를 비롯한 가족의 남자들은 애도의 표시로 수염과 머리카락을 밀었다. 열사흗날에는 어머니의 영혼이 마침내 다음 목적지로 떠날 준비가 되도록 성대한 음식을 차리고 공들여 기도를 올렸다.

서글프고 무기력한 나날이었다. 그리고 어머니의 삶을 세심하게 기릴 수 있는 기회가 반가웠다. 아버지의 느닷없는 죽음을 겪었기에 더더욱 고마웠다. 하지만 여러 날 장례를 치르면서 우리 문화의 고질병이 떠올랐다. 나는 나의 어린 시절을 규정한 친숙한 혼돈에 빠져들었다.

이를테면 장례를 주관하는 사제는 돈, 소, 금을 바치라고 요구했다. 안 그러면 영혼이 편히 쉬지 못하고 헤맬 거라고 겁주었다. 형제들은 사제의 환심을 사고 어머니가 반드시 환생할 수 있도록 사제가 해달라는 대로 해주었다. 두 형제가 친척과 마을 주민 250명가량을 이끌고 어머니의 시신을 갠지스강 화장터로 운구할 때 또 다른 사제(화장용 장작을 태울 불을 내어주는 특별한 역할을 했다.)가 우리 가족이 부유한 것을 알고서 불쏘시개 대가로 5만 루피를 요구했다. 다행히 이번에는 형제들이 순순히 응하지 않고 흥정하여 5000루피로 낮췄다.

열사흘날 대만찬으로 말할 것 같으면 형 마헨드라는 비용을 아끼지 않았다. 내가 만찬 비용을 기꺼이 부담할 것임을 알았기에 인근의 모든 마을에 기별꾼을 보내어 북을 두드리며 소식을 알렸다. 줄잡아 8000명은 참석했을 것이다.

나는 체념한 채 아버지의 옛 취침용 발코니에 앉아 요리사들이 당도하여 불 피울 구멍 열 개를 나란히 파는 광경을 바라보았다. 어마어마하게 큰 가마솥에서 쉰 명 남짓한 요리사가 각종 채소를 삶았다. 밀가루 반죽을 뜨거운 기름에 떨어뜨려 푸리를 만들고 처트니를 젓고ˊ 과자를 내놓았다. 약 700명이 한 번에 먹을 수 있었으며 식사 시간은 약 20분이었다. 그때마다 수십 명의 일꾼이 공터를 누비며 참석자들을 대접했다. 참석자들은 나뭇잎 접시에 놓인 음식을 먹고 도기 잔에 담긴 음료를 마신 뒤 접시와 잔을 한데 쌓았다. (전에 이런 행사에 가본 적이 있었지만 수천 명이 지속 가능한 만찬을 하는 것은 새로운 경험이었다.)

냄새, 고함, 분주한 발걸음은 장례 만찬보다는 서커스를 닮았다. 당신이 상상할 수 있는 어느 리얼리티 TV 쇼보다도 흥겨웠다. 자정 무렵 마침내 싫증이 나서 자러 들어갔다. 아침에 깨어 보니 2000명은 족히 먹을 만한 음식이 남아 있었다. 남은 음식은 마을 사람들에게 나눠주었다.

인도에 가기 전에 늘 받는 질문이 있다. 야심과 고급 양복으로 가득한 도시 워싱턴 DC에서 잠에서 깨어 아직도 들판에 볼일을 보는 시골 오지 미르다에서 잠자리에 드는 기분이 어떠냐는 질문이다. 그때마다 나에겐 세 가지 삶이 있다고 대답한다. 셋 다 똑같이 중요하고 진실하다. 하나는 미국에 있고 하나는 델리와 푸네 같은 인도 도시에 있고 하나는 우리 마을에 있다. 나는 한 곳에서 다른 곳으로 이동할 때 별다른 생각 없이도 슬슬 스며든다. 사투리를 쓰고 전통 의복을 입고 토박이만큼 수월하게 관습을 따른다. 메릴랜드 친구들은 내가 베텔** 잎을 씹고 행인과 보지푸리어로 말을 주고

* 푸리는 기름에 튀긴 속 빈 빵이고, 처트니는 음식에 곁들이는 인도식 양념이다.

** 아시아 남부와 동인도 제도에서 널리 재배되는 후츳과의 식물. 잎으로 빈랑 열매와 석회, 향료 등을 싸 씹는 담배를 만든다.

받는 광경을 상상하지 못한다. 하지만 이것은 내게 회의실에 앉아 생수를 홀짝거리는 것만큼이나 자연스럽다.

어머니의 장례식에 참석하러 갈 때에도 예전에 수없이 했던 것처럼 그 삶들을 거쳤다. 하지만 장례식이 끝나고 인도를 떠날 때는 세 번째 삶(내가 사랑하는 고향에서의 삶)의 큰 부분이 끝나가고 있다는 느낌을 떨칠 수 없었다. 내게 어머니는 마을의 화신이자 나와 미르다를 묶는 가장 강한 매듭이었다. 고향을 생각하면 어머니가 생각났고 어머니를 생각하면 고향이 생각났다.

게다가 가족 중 몇 명은 미국에 이주하여 메릴랜드 한복판에 마을 비슷한 것을 꾸렸다. 무엇보다 푸자가 우리와 함께 살면서 미국 대학에 다니려고 찾아왔다. 쉬운 변화는 아니었다.(다섯 번째 가족을 맞아들이면서 네 사람 모두 역할을 조정해야 했다.) 하지만 온 가족이 한 지붕 아래서 지내는 일은 오랫동안 고대하던 위안이었다. 많은 삶을 사는 것은 신나고 모험으로 가득할 때도 있지만 고달프고 그리움으로 가득할 때도 있다.

예전에 어머니에게도 미국에 오시라고 권하고 싶었지만 어차피 설득하지 못했을 것이다. 어머니는 미국을 딱 한 번 방문했다. 아이들이 무척 어려 경황없던 몇 년간이었다. 앤과 나는 어머니를 최대한 편안하고 행복하게 해드리려고 최선을 다했다.(부엌에서 고기와 생선의 흔적을 깡그리 없애기도 했다.) 하지만 어머니는 내 제2의 모국에 심드렁했던 것 같다. 실은 지겨워했다.

어머니는 종종 큼지막한 전망창 앞에 앉아 지나가는 차량과 사람들을 바라보았다. 사람들이 길에서 서로 지나치면서도 눈을 마주치지 않는 게 이해되지 않는다고 내게 말했다. 고향에서는 담소하고 뒷소문을 주고받고 마실 가는 것이 단순한 시간 때우기가 아니었다. 일상생활에 꼭 필요한 일이었다. 미르다에 돌아갈 때가 되었을 때 어머니는 조금도 아쉬워하지 않았다.

나를 자랑스러워했다는 말로는 어머니의 심정을 제대로 표현할 수 없다. 인도에 돌아간 어머니는 미국에서의 내 신분을 과장하기 시작했다. 이웃들에게 내가 메릴랜드 대학교의 일개 교수가 아니라 총장이라고 말했다.

어머니가 찬드란에게서 마헨드라의 모습이 보인다고 말한 것은 이 방문에서였다. 당시 찬드란은 걸음마쟁이에 불과했기에 나는 어머니의 말뜻을 이해하지 못했다. 하지만 아들이 자라면서 어머니 말이 옳았다는 게 분명해졌다. 찬드란은 형의 대담하고 모험적이고 독립적인 성격을 물려받았다.

찬드란은 머리가 굵어지면서 학교생활을 따분해했다. 자기 기준에서는 언제나 너무 느리고 단조로웠기 때문이다. 아들에게는 무궁무진한 호기심과 잽싼 손이 있었다. 불굴의 자신감은 말할 것도 없었다. 책을 읽기보다는 컴퓨터를 조립하든 로켓을 쏘아 올리든 자동차 엔진을 분해하든 몸 쓰는 일을 좋아했다. 시끄럽고 불이 잘 붙는 것도 좋아했다. 심지어 총기에도 끌렸다. 한번은 유타에서 대학에 다니다가 하루에 두 번이나 단속에 걸렸다. 두 번 다 시속 160킬로미터 이상으로 달리고 있었다. 그의 부모가 서로 쳐다보며 이 아이가 누구 자식인지 의아해한 것은 이번만이 아니었다.(부모는 오후에 신문을 읽고 저녁에 친구들과 식사하기를 즐기는 사람들이었다.)

마헨드라가 아버지의 뜻을 거역하고 씨름꾼이 되겠다고 고집했듯 찬드란은 앤과 내가 품은 계획에 관심이 없었다. 하지만 찬드란에게 안 된다고 말하기란 쉽지 않았다. 환하게 미소 짓는 아이의 눈빛은 산불처럼 밝고 끈질겼다. 누구와 말싸움해도 지지 않을 만큼 똑똑했다. 내가 아들을 총기 박람회에 한 번도 아니고 두 번이나 데려가고 드래그레이스(drag race)⚡에도 여러 번 데려간 것은 이 때문이다. 찬드란과 시간을 보내려면(무척 그러고 싶었다.) 그의 관심사에 호응해야 했다. 내 관심사와는 아무리 딴판이더라도 말이다.

앤과 내가 단호하게 선을 그은 것은 오토바이였다. 찬드란이 오토바이 구입을 허락해달라고 부탁했을 때 우리는 절대 안 된다고 말했다. 다시 생각해보라고 간청했다.

어느 날 아침 아직 잿빛 어스름이 깔려 있을 때 진입로에서 후진하는 트럭이 삑삑거리는 소리에 잠에서 깼다. 무슨 일인지 알아보려고 복도를 지나 찬드란의 방을 들여다보았다. 아들은 없었다. 벌써 아래층에 내려가 있었다. 방금 새 오토바이 인수증에 서명한 뒤였다. 몇 주 지나지 않아 아들은 레이싱 클럽에 가입했다. 우리에게는 조심하겠다고 약속했다.

⚡ 두 명의 선수가 평탄한 직선 코스를 나란히 출발해 결승선에 먼저 도착하는 선수가 이기는 경주.

우리는 아들의 또 다른 무모한 취미는 적극 지지했다. 비행이었
다. 찬드란은 전투기 조종사가 되고 싶어 했다. 해병대 신병 훈련소
에서 돌아왔을 때는 마치 딴사람 같았다. 팔은 무쇠 같았고 행동
거지는 흠잡을 데 없었다. 퇴소를 축하하기 위해 성대한 파티를 열
어주었는데, 아들은 손님들에게 말끝마다 군대식으로 대답했다.
앤과 나는 뿌듯했다. 아들이 세상을 더 나은 곳으로 바꾸는 일에
지력과 에너지를 모두 쏟아붓는 모습이 더없이 대견했다. 아들이
이룰 온갖 성취를 얼른 보고 싶었다. 하지만 그런 일은 일어나지
않았다.

2004년 3월 14일 찬드란이 스카이라인 로(路)(셰넌도어 국립공원
의 옛 애팔래치아산맥 능선을 꼬불꼬불 넘어가는 도로)에서 친구들과 오
토바이를 타던 중 도로에 널브러진 자갈에 오토바이 바퀴가 미끄
러졌다. 아들은 스물세 살도 되기 전에 세상을 떠났다.

우리의 슬픔이 얼마나 크고 깊었는지는 말로 표현할 수 없다. 갈
피를 잡을 수 없고 실감이 나지 않았다. 우리 뜻대로 할 수 있는 것
이 아무것도 없음을 뼈저리게 절감했다. 찬드란이 죽고 나서 며칠
몇 주간 비극이 왜 이토록 우연적이고 무작위적인지, 왜 이토록 은
밀하고 느닷없이 닥치는지 이해하려고 안간힘을 썼다.

몇 달이 지나도록 마음을 추스를 수 없었다. 저녁을 차리거나 옷
을 개키는 평범한 집안일을 하다가도 주체할 수 없이 울음이 터져
나왔다. 소니아나 다른 가족과 함께 있거나 이야기하는 것이 울음
의 유일한 해독제 같았다. 실은 오랫동안 앤과 내가 할 수 있었던

일은 해치를 닫고 가족끼리 꼭꼭 뭉치는 것뿐이었다. 어릴 적 몬순 폭풍이 몰아칠 때 어머니가 그랬던 것처럼.

어떻게든 삶을 이어가야 할 때가 되자 기상학계에서 은퇴하겠다는 충동은 흔적 없이 사라져 있었다. 실은 정반대 충동을 느꼈다. 무엇보다 책상 앞에 앉아 연구를 계속하고 싶었다. 아버지의 죽음, 미국 이주와 영영 고향에 돌아가지 않겠다는 고통스러운 결심, 메릴랜드에서의 소동, 아들과의 사별을 겪기까지 나를 지탱해준 바로 그 과학으로 돌아가고 싶었다. 새롭거나 다른 것에 뛰어든다는 생각은 더는 매혹적이거나 흥미롭지 않았다. 우리 가문의 많은 사람은 종교에서 위안을 찾았지만 나는 일과 연구의 친숙한 리듬에서 위안을 얻었다. 연구를 서서히 접기는커녕 프로젝트와 제안서가 들어오는 족족 수락했다.

그러다 위대한 학자이자 조지 메이슨 대학교(George Mason University, GMU) 교무처장 피터 스턴스가 박사과정을 신설하고 싶다고 말했을 때(COLA 과학자들이 이 대학에서 수년째 수업을 진행하고 있었다.) 나는 1년 안에 준비할 수 있다고 답했다.

벅찬 일정이었지만 바쁘면 슬픔을 잊을 수 있었다. 그 뒤로 몇 달간 GMU를 위해 완전히 새로운 학과인 대기해양지구과학과의 틀을 마련했다. 우리는 새 학과가 기후에 통합적으로 접근하길 바랐다. COLA는 이 접근법을 수십 년간 추구했지만 대학이라는 여건에서는 전혀 새로운 방식이었다. 학생들은 기후역학(내가 이 과정에 붙인 이름) 박사 학위를 받을 수 있으며 세계 최고 기후학자들의 지도하에 가장 포괄적인 데이터 집합과 첨단 결합모델을 이용하여 COLA 컴퓨터로 훈련받게 된다. 교수진은 COLA의 해양, 육지, 대기 연구진과 타 학과의 지질학 교수진을 묶어 구성할 예정이었다.

나는 교무처장에게 교수 자리는 여덟 개면 충분하며 COLA의 고삐를 GMU에 넘기고 우리를 후원하는 연방 기관의 연구 지원금도 GMU에서 관리하도록 하겠다고 말했다. 우리의 혁신적 성과에 대한 모든 공은 GMU가 차지할 것이며 그와 더불어 더 많은 자금과 학생, 더 큰 위상을 얻게 될 거라고 덧붙였다. 실은 GMU가 동의할 거라 생각하지 않았다. 하지만 대학은 신규 교수직 여덟 자리에 대한 예산을 편성했을 뿐 아니라 교무처장과 총장 둘 다 우리를 끊임없이 격려하고 지지했다. 신설 학과인 대기해양지구과학과가 탄생했다. COLA 과학자와 연구 프로젝트가 대학에 이전되고 3년 뒤 기쁘게도 GMU가 미국 내 최고 등급(R1) 연구대학의 엘리트 그룹에 선정되었다.

GMU는 나름의 동기가 있었고 내게도 나름의 동기가 있었다. 찬드란이 죽은 뒤 나는 미래가 얼마나 불확실할 수 있는지 깨달았다. 그래서 과학적 사명과 연구소를 위해 크나큰 위험을, 그것도 여러 번 감수한 과학자들을 챙겨주고 싶었다. COLA가 대학이라는 우산 아래 들어온 덕에 많은 과학자는 정년보장 교수로서 더 확실한 미래를 보장받을 수 있었다. 내가 은퇴를 염두에 둔 시점인 2000년대 중반 우리 연구소는 완전히 새로운 길에 들어섰다.

나도 변화를 겪고 있었다. 찬드란이 죽기 전에는 늘 시류에 저항

하여 이것을 바꾸거나 저것을 중단하라고 동료나 직원을 들볶았
다. 하지만 아들을 잃은 뒤로는 세차게 몰아치는 강물 한가운데의
바위보다는 강물에 가까워졌다. 더는 물살을 거스르고 싶지 않았
다. 물살의 흐름에 나를 맡겼다.

4부
희망의 이유

열 다 섯

아버지가 훗날의 나와 비슷한 어린 시절을 보내던(사촌 패거리와 풀밭을 어슬렁거리고 바니안나무의 거미줄 같은 가지 아래서 수업을 듣고 하늘에서 모래폭풍과 몬순비의 조짐을 살펴보았을 것이다.) 19세기 들머리에 바깥세상은 엄청난 변화를 겪고 있었다. 내연기관이 부르릉거리며 탄생했고 석탄 증기기관차가 대륙을 누볐다. 지저분한 작업복 차림의 남자들이 드넓은 숲을 벌목하고 공장에 동력원으로 쓸 광물을 캤다. 공장들은 지평선을 가릴 정도로 거대했다. 과학자들이 훗날 "과거에도 일어날 수 없었고 미래에도 재현될 수 없는 대규모 지구물리학 실험"이라고 부르게 될 사건이 인류에 의해 벌어졌음을 그때는 아무도 몰랐다. 마을 사람들은 물론이고 이 맹렬한 혁명의 열쇠를 쥔 사람들조차 알지 못했다.

그 '실험'이란 산업국의 물리적 경관이 (녹지에서 마천루로, 초록색에서 회색으로) 극적으로 달라졌듯이 대기 조성 또한 달라지고 있었다는 것이다. 어마어마한 양의 이산화탄소가 공기 속으로 뿜어져 들어갔다. 이 인류 최대의 딜레마를 우리가 깨닫기까지는 100년이 지나야 했다. 자연환경 파괴와 고삐 풀린 이산화탄소 배출은 성장과 문명 발전을 가속화했지만 지구를 거주할 수 없는 곳으로 바꿀 수도 있었다.

산업혁명이 일어나기 전 소수의 과학자가 대기 중 CO_2 양과 지표면 온도의 연관성을 탐구했다. 1897년 스웨덴의 과학자 스반테 아레니우스(Svante Arrhenius)는 CO_2 감소가 빙하기를 촉발하며 CO_2가 두 배로 증가하면 지구 기온이 4~5도 상승할 수 있다고 주장했다. 그도, 사람들도 걱정하진 않았다. 아레니우스는 당시 CO_2 배출량을 근거로 대기 중 이산화탄소 농도가 두 배로 증가하려면 약 500년이 걸린다고 추산했다.

1930년대 후반 열성적 아마추어 기상학자 가이 스튜어트 캘런더(Guy Stewart Callendar)는 화석연료를 태우면 지구가 가열된다고 확신했다. 캘런더는 이 결론에 도달하기 위해 전 세계 147개 기상대에서 과거 기록을 수집했다. 모든 계산을 손으로 마친 뒤 그는 지구 평균 기온이 50년 만에 약 0.3도 상승했음을 알게 되었다. 캘런더는 같은 시기에 인류가 태운 화석연료의 양이 약 1500억 톤의 CO₂를 대기 중에 내보낼 정도였다고 추정했다. 1938년 논문에서 그는 이 두 가지 현상이 연관되어 있다고 단언했다.[1]

이때는 온실가스와 지구 평균 기온의 관계를 과학적으로 설명하는 결합해양대기모델이 등장하기 오래전이었다. CO₂를 면밀히 측정하는 사람도 아직 아무도 없었다. 신뢰할 만한 데이터나 탄탄한 증거가 없었기에 많은 과학자는 캘런더의 발견을 우연으로 치부했으며 캘런더도 자신의 발견에 별로 관심을 두지 않았다. 그는 지구가 더워지면 '무시무시한 빙하'가 다시 나타나지 못하게 막고 세계 대부분의 지역이 농사짓기에 유리해지리라 여겼다.

그럼에도 캘런더 효과(인류발 지구온난화의 원래 이름)는 여러 저명한 연구자의 눈길을 끌었다. 그중에는 스크립스해양연구소의 과학자 로저 리벨(Roger Revelle)과 한스 수스(Hans Suess)도 있었다. 리벨과 수스는 1957년 논문에서 그렇게 많은 이산화탄소가 대기 중에 머무르리라는 데 의문을 던졌다. 두 사람은 평균적 CO₂ 분자가 약 10년간 상공에 머물다가 바닷물에 용해될 거라 추정했다. 따라서 화석연료를 태워 배출된 이산화탄소는 대부분 이미 바다에 의해 격리되었을 것이다.[2] 리벨과 수스는 그럼에도 전례 없는 양의 화석연료를 태우는 '대규모 지구물리학 실험'(그들이 써서 유명해진 표현)에 대해 우려를 표명했다. (그해 리벨은 의회에 나가 화석연료로 인한 기후변화 때문에 남부캘리포니아가 사막으로 바뀔 수도 있다고 증언하기까지 했다.[3]) 두 과학자는 후속 연구를 촉구했다. 특히 67개국

과학자들이 한 해 동안 중력, 우주방사선, 정밀 지도 제작, 지진학, 해양학을 비롯한 여러 지구과학 분야를 공동으로 탐구하는 국제 지구물리관측년(International Geophysical Year, IGY)에 기대했다.

리벨은 소원을 이뤘다. IGY 기금으로 스크립스 CO_2 프로그램을 추진했는데 전 세계 이산화탄소 농도를 최대한 정확하고 일관되게 측정하는 사업이었다. 이를 위해 그는 찰스 데이비드 킬링(Charles David Keeling)을 채용했다. 킬링은 초고감도 CO_2 감시기를 개발했으며 이것을 이용하여 이산화탄소 농도가 밤에 가장 높고 오후에 가장 낮음을 발견했다.(주된 이유는 낮에 광합성이 이루어지기 때문이다.) 초정밀 센서로 무장한 킬링은 남극과 마우나로아(하와이섬에 있는 화산)에 연구 기지를 세웠다.

그리하여 기후학을 통틀어 가장 상징적인 데이터 집합 중 하나가 탄생했다. 킬링곡선이라고 불리는 이 데이터는 대기 중 이산화탄소가 지난 65년에 걸쳐 꾸준히 증가했음을 보여준다. 킬링이 측정을 시작한 1958년 대기 중 이산화탄소는 313피피엠이었다(공기 분자 100만 개 중에서 313개가 CO_2 분자라는 뜻). 킬링은 CO_2 농도가 하루 중에 변동하듯이 계절적으로도 변동한다는 사실을 발견했다. CO_2 농도는 5월에 가장 높고 10월에 가장 낮다. 땅에 떨어진 잎과 식물 잔해가 겨울에 분해되고 미생물 호흡으로 CO_2가 발생하면 대기 중 CO_2가 꾸준히 증가한다. CO_2 농도는 5월에 최댓값에 도달했다가 식물과 나무가 봄여름에 생장하면서 이산화탄소를 더 많이 흡수함에 따라 감소하기 시작한다. 하지만 시간이 갈수록 그

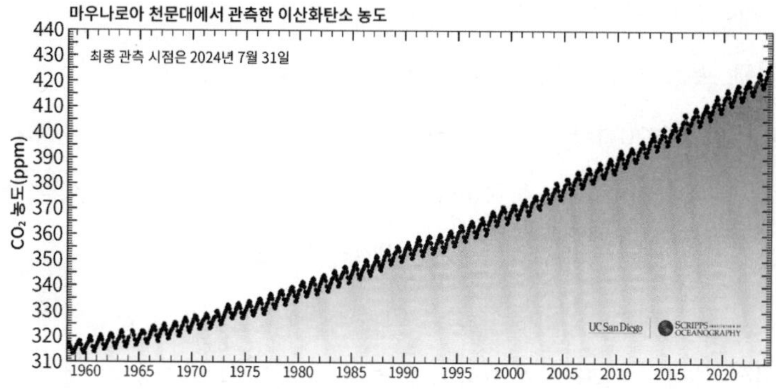

하와이 마우나로아 천문대에서 관측한 이산화탄소 농도. 측정이 시작된 1960년대 이래 꾸준히 상승했다. 톱니를 닮은 계절적 순환은 광합성과 식물 활동의 변화에서 비롯한다.

래프에서 톱니 패턴을 만들어낸 식물의 이런 '계절 호흡'에도 불구하고 대기 중 이산화탄소가 해마다 증가하고 있음이 분명해졌다. 1965년이 되자 CO_2 농도는 320피피엠으로 상승했다.(이 책을 쓰는 지금은 425에 가깝다.) 킬링이 마우나로아에서 측정을 시작했을 때 많은 사람들은 그를 의심하고 비방했다. 일부는 관광객이 마우나로아에 차를 가져가 관측소 근처에서 엔진을 공회전시킨 탓에 초기 농도가 높게 나왔다고 주장했다.

킬링곡선은 지구 대기 중 CO_2가 급증하고 있음을 적나라하고 확실하게 보여준 첫 사례였다. 과학자들이 확신하듯 이 현상은 틀림없이 지구 기온에 중대한 영향을 미칠 것이었다. 레이철 카슨의 『침묵의 봄』이 출간되고 '지구의 날'이 제정되고 환경보호국이 설립된 1960년대 후반과 1970년대 초반 킬링곡선은 많은 사람의 눈길을 사로잡았으며(그중에는 하버드 학부생으로 로저 리벨의 인구역학 수업을 듣던 앨 고어도 있다.) CO₂ 증가가 기후에 미치는 영향에 대한 연구 프로그램이 출범하는 데 핵심 역할을 했다. (그로부터 얼마 지나지 않은 1970년대 중반 나는 리벨의 초청으로 다른 인도 과학자들과 함께 연구용 선박을 타고 아라비아해를 조사했다. 우리는 다양한 해양 측정을 실시했지만 지구온난화의 증거는 발견하지 못했다.)

내가 고향을 영영 등질 즈음 미국 정부는 이미 지구온난화의 사회적·경제적 여파를 우려하고 있었다. 국립과학원은 향후 정책 방향을 정하기 위해 기후학 분야의 거인들에게 도움을 청했다. 내 멘토들이었다.

내가 기후변화 연구를 처음 거절한 것은 1973년으로, MIT에서 방문학생으로 프린스턴에 갓 도착했을 때였다. 마나베 수키는 내게 지구물리유체역학연구소(GFDL)의 최신 모델 시뮬레이션에 대해 들려주었다. 이 실험에서 마나베는 대기 중 CO₂ 농도를 두 배로 증가시켜 지구온난화 모델링에 성공한 최초의 과학자가 되었다. 그 결과가 충격적이긴 했지만(기온이 2도 이상 상승했다.) 당시 나의 유일한 학문적 관심사는 몬순 예보였다. 나는 마나베의 모델을 아라비아해 해수면 온도가 인도 몬순강우에 미치는 영향을 들여다보기 위해서 이용했다.

오랜 세월이 지나 마나베는 자신이 발견한 이산화탄소와 지구온난화의 관계를 강조하지 않았다는 이유로 비판을 받았지만 자신은 과학자이지 운동가가 아니라고 항변했다. 게다가 마나베의 모델은 무시무시한 미래를 그려냈을지는 몰라도 인간이 그것에 적응할 수 있을지, 탄소 배출을 줄이기 위해 어떤 정책이 필요한지에 대한 통찰을 내놓지는 않았다. 그가 내놓지 않은 또 한 가지는 확고한 자신감이었다. 애석하게도 불확실성은 기후 모델링의 불가피한 측면이다. 과학자들이 하지 말라고 훈련받는 한 가지가 있는데, 바로 불확실성을 과소평가하거나 일축하지 말라는 것이다.

그렇다고 마나베가 이 문제에 대한 연구를 중단하지는 않았다. 오히려 더 실험하여 기후변화의 실존적 위험에 대한 논문들을 발표했다. 1977년에는 이산화탄소효과연구평가프로그램이라는 투박한 이름의 프로젝트에 참여하여 마이애미비치의 한 호텔에서 과학자 일흔다섯 명과 함께 지구온난화의 가능성과 위협을 논의했다. 그들은 보고서에서 후속 연구를 촉구하고 더 정교한 모델 개발의 중요성을 지적했지만 전반적으로는 무미건조한 어조로 위험을 언급했다.

지금 현재 과학자들은 화석연료 연소가 계속되면 유의미한 기후변화가 일어날 것인지, 예측되는 기후변화가 모든 것을 고려할 때 해로울 것인지에 대해 절대적으로 확신하지 못한다. 다른 한편으로 모든 기후변화는 스트레스를 가하며 우리는 바람직하지 않은 장기적 기후변화의 가능성을 외면해서는 안 된다. 사회는 화석연료 연소와 CO_2 배출의 결과를 예상할 수 있어야 한다.[4]

1979년 조언을 받아들였는지 카터 행정부는 국립과학원에 인류 발 기후변화의 과학적 근거를 탐구하고 평가해달라고 요청했으며 줄 차니를 책임자로 임명했다.

그해 7월 차니는 미국 유수의 기후 전문가 여덟 명을 매사추세츠 우즈홀로 초청했다. 그들은 머리를 맞대고 온실가스의 효과에 대한 기존 연구 결과를 모조리 검토했다. 회의 중에 차니는 나사 물리학자 제임스 핸슨(James Hansen)에게 전화를 걸어(이 프로젝트를 위해 핸슨은 마나베와 함께 모델 시뮬레이션을 수행했다.) 스피커폰으로 결과에 대해 논의했다.

핸슨은 맨해튼에 있는 고더드우주연구소에서 일했는데, 내가 밀턴 헤일럼과 자주 찾아가던 곳이었다. 핸슨은 과묵하고 다정하며 입가에 괄호처럼 깊은 주름이 패여 있었다. 그는 이산화탄소가 금성의 기후를 어떻게 변화시켰는지 연구했다. 핸슨의 태도와 연구에서는 언젠가 골수 기후 운동가가 되리라는 조짐을 전혀 볼 수 없었다.

핸슨은 뉴욕시에 있는 사무실에서 코드곶[*]에 있는 과학자들에게 자신의 모델에서 나온 결과를 설명했다. 대기 중 CO_2 양이 두 배로 증가하면(킬링곡선에 따르면 21세기 초에 일어나리라 예상되는 결과였다.) 지구 기온이 4도나 치솟을 거라고 말했다. 10년 전 마나베가 예측한 상승 폭의 두 배에 가까웠다.

---

[*] 매사추세츠 우즈홀은 코드곶에 있다.

국립과학원에서는 지구온난화의 정확한 수치를 내놓으라고 닦달했지만 차니는 이 프로젝트가 어떤 파장을 일으킬지 알았기에 마나베의 모델과 핸슨의 모델을 둘 다 반영하여 수치 범위를 제시했다. 그는 과학이 수치를 정확하게 확신한다는 인상을 주면 대중을 오도할 수 있다고 우려했다. (또 다른 위원 로버트 디킨슨(Robert Dickinson)은 위대한 통계학자 존 투키(John Tukey)가 주관하는 또 다른 국립과학원 위원회 위원이기도 했는데, 차니의 결정을 지지하면서 정확한 숫자가 아니라 반드시 범위로 추정을 제시해야 한다는 투키의 주장을 언급했다.)

최종 보고서에서는 온난화 범위를 1.5~4.5도로 예측했으며 "물리적 이해의 불확실성과, 수학 문제를 축소하지 않는 한 현재의 가장 빠른 전자컴퓨터로도 다룰 수 없어서 생겨나는 부정확성" 때문에 범위로 제시할 수밖에 없다고 해명했다.[5] (차니 위원회가 제시한 지구온난화 범위는 40년이 지난 지금도 유효하다.)

마나베와 마찬가지로 차니는 투명성을 철저히 중시했다. 하지만 훗날 '차니 보고서'로 불리게 된 이 보고서를 작성하면서 그는 기후변화가 실질적 위협이라고 확신하게 되었으며 이번에는 그도, 다른 위원들도 변죽을 울리지 않았다.

저자들은 이렇게 썼다. "온난화는 결국 일어날 것으로 보이며 이와 관련하여 사회경제적 영향을 평가하는 데 매우 중요한 지역적 기후변화가 상당한 수준으로 나타날 것이다."

국립과학원 기후연구위원회 위원장은 보고서 서문에서 더 노골적으로 표현했다. "연구진은 이산화탄소가 계속 증가하면 기후변화가 일어날 것임을 의심할 이유를 전혀 찾지 못했으며 이 변화가 사소하리라 생각할 이유도 전혀 찾지 못했다. 뒷짐 지고 있다가는 때를 놓칠 것이다."

내가 지구온난화 연구를 두 번째로 거절한 시기는 지구온난화와 기후변화가 "미래에 대박이 될" 거라고 지도교수가 말했을 때였다. 다음 연구 주제로 삼으라고 독촉하는 듯한 말투였다. 이때에도 나의 관심사는 역학계절예측이었다. 다른 곳에 쏟을 시간과 에너지가 없었다. 하지만 다른 이유도 있었다. 지금까지 관측된 지구온난화의 정도가 기후 모델의 정확성과 지구온난화의 미래 전망을 검증하기에는 불충분하다는 느낌이 꺼림칙했다.

차니 보고서를 읽으니 위원회가 모델을 무턱대고 받아들인 것 같아 마음이 편치 않았다. 모델이 이따금 엉성하고 불완전하고 지독히 조잡할 수 있음은 몸소 경험한 바였다. 이를테면 연구에 쓰인 두 모델이 서로 다른 결과를 내놓았는데, 하나가 다른 하나보다 두 배나 컸다. 왜 그들은 매개변수화 변화에 대한 결과의 민감도를 평가해야 한다고 고집하지 않았을까? 왜 모델이 이렇게 전혀 다른 결과를 내놓는 이유를 설명하지 않았을까? 매개변수 하나를 살짝 바꿨을 때 모델의 지구온난화가 사라지면 어쩌려고? 지구온난화를 완전히 반박하는 제3의 모델이 없다고 누가 말할 수 있지? 하루 예보에 성공한 지 10년밖에 지나지 않은 주제에 어떻게 수십 년 뒤를 자신 있게 예측하나? 무시할 수 없는 불확실성 요인이 한두 가지가 아니었다.

나는 차니에게 우려를 털어놓았다. 이렇게 물었다. "이 모델들이 얼마나 미흡하고 불확실한지를 왜 보고서에 명시하지 않았나요?"

우리는 MIT에 있는 그의 연구실에 있었다. 내가 일부러 찾아갔다. 그는 자리에 앉은 채 잠시 찰스강을 바라보며 생각에 잠겼다. 그러고는 평소처럼 호기롭게 말했다. "간단한 계산을 해봤다네. 대기와 해양의 물리학과 역학에 대한 나의 이해에 근거하여 이것이 참임을 알 수 있었지."

더 따지고 들지 않기로 했다. 어쨌거나 나는 과학에 대해서가 아니라 과학을 뒷받침할 데이터와 모델링이 있는지에 대해 의구심을 품었으니까. 10년이 지나는 동안 공화당과 민주당을 막론한 정치인들과 화석연료업계 인사들은 보고서를 기정사실로 받아들였으며 마나베를 비롯하여 내가 존경하는 동료 중에서도 모델을 신뢰한다고 말하는 사람이 점점 늘었다. 나는 차니와 마나베의 견해를 무척 존중했기에 의심을 억누르고 양면적 태도를 취했다.

내가 동료 과학자들과 함께 기후예측과 씨름하던 1980년대 메릴랜드 대학교에서 차로 20분 걸리는 의사당에서는 정치인들이 기후 정책에 대한 토론회와 청문회를 열고 있었다. 상당수 회의는 당시 하원의원이었고 훗날 상원의원이자 과학기술위원이 된 앨 고어의 주도로 열렸으며 인류발 기후변화의 위협에 대해 점점 목소리를 높이던 제임스 핸슨이 참석했다.

한편 유수의 기관과 비영리단체에서 진행한 연구와 조사는 차니가 1979년에 발견한 사실을 입증했으며 마침내 국립과학원에서 차니 보고서에 대한 1983년 후속 보고서를 발표했다. 「변화하는 기후」는 지금까지의 과학을 샅샅이 평가하고 해법을 제시하고자 했지만 새로운 정보는 별로 제시하지 못했다. 설상가상으로 핵심저자인 스크립스연구소 물리학자 윌리엄 니런버그(William Nierenberg)는 기자회견에서 보고서에 실린 더 우려스러운 결과를 평가절하하고 자신이 서문에서 밝힌 접근법을 강조했다. "우리 입장은 보수적이다. 조심할 필요는 있지만 겁먹을 이유는 없다고 생각한다."

니런버그의 발언은 모닥불에 젖은 수건을 던진 격이었다. 이후 몇 년간 기후 정책을 수립하려는 실질적 조치는 전무했으며 석유·가스업계는 슬그머니 대화에서 빠졌다. 온실가스 논의가 재개된 것은 대기에서 또 다른 비상사태(오존층 구멍)가 발생한 뒤였다. 하지만 그때는 화석연료 기업 경영진의 태도가 달라져 있었다.

화석연료업계는 자기네 과학자들이 내놓는 경고를 호도했으며 대중과 정책 결정자들이 기후학을 의심하도록 은밀하고도 조직적으로 캠페인을 벌였다. 대중을 상대로 기후학의 불확실성에 대한 발언을 기꺼이 해줄 과학자들을 모집했다. 불순한 이유에서였다. 지구온난화가 이론의 여지가 없는 과학이라는 확신은 어느새 많은 공화당 의원 사이에서 연기처럼 사라졌다. 정치와 이윤이 끼어들어 대화를 끌고 나가는 것처럼 보였다. 이즈음 과학자들은 자신의 의회 증언이 백악관에 의해 검열되거나 노골적으로 수정되고 있다고 폭로하기 시작했다.

하지만 핸슨은 입마개를 거부했다. 1988년, 기록적으로 더운 해의 가장 더운 날 핸슨은 다시 한번 의회에 출석했다. 한때 침묵하던 과학자는 파란색 재킷과 빨간색 넥타이 차림으로 대담하게 선언했다. "이젠 지구온난화가 상당히 진행되었기에 온실효과의 인과관계를 굳게 확신할 수 있습니다." 오늘날 조금도 급진적이지 않은 이 발언은 당시에는 폭탄선언이었다.

그때 나는 오스트레일리아에 있었기 때문에 핸슨의 증언을 뉴스에서 단편적으로만 접했다. 화면을 보면서 고개를 내두르지 않을 수 없었다. 저 사람 때문에 우리의 삶이 무척 고달파지겠군, 하는 생각이 들었다. 이튿날 배달된 《뉴욕 타임스》 1면 머리기사 제목은 "지구온난화가 시작되었다."였다.

우려스러웠다. 현재 입수할 수 있는 관측값과 모델링 결과로는 그런 중대 선언을 하기에 미흡했다. 더더욱 우려스러운 점은 내가 전문가들에게 관측에 대해 이야기하면 그들은 관측이 모델에서 확인되었다고 말하고, 동료들에게 모델링에 대해 이야기하면 모델링 결과가 관측으로부터 확인되었다고 말한다는 것이었다. 우리가 예상할 수 없는 모종의 이유로 지구 기온이 내려가면 어떻게 될까? 화석연료업계는 틀림없이 총력을 다하여 기후학이 불확실한 정도를 넘어서서 아예 틀렸다고 주장할 것이다. 그러면 과학자들에게 어떤 영향이 미칠까? 확실히 알 때까지는 목소리를 너무 높이지 않는 게 상책이라는 생각이 들었다. 이제 와서 말인데, 내가 틀렸고 핸슨이 옳았다.

그 뒤로 현재 미국의 기후위기를 특징짓는 격렬한 정치화는 더욱 가속화했다. 한편에는 실존적 공포가 있었고 다른 한편에는 왜곡과 부정이 있었다. 석유·가스 기업들은 전쟁을 선포했으며 (엑손의 보고서에서 촉구했듯) "과학적 결론의 불확실성을 강조하"려고 안간힘을 썼다. 미국석유협회는 대규모 로비 계획을 수립하여 지구온난화 회의론을 언론에 퍼뜨릴 과학자들을 섭외했다. 나의 MIT 동문이자 조지 H. W. 부시의 비서실장 존 스누누는 자신의 컴퓨터에 장난감 기후 모델을 설치하여 기후학자들의 전망이 성장과 발전에 반대하는 '편견' 때문에 어긋나는 온갖 사례를 수집했다.

한번은 덴버에서 워싱턴으로 가는 비행기에서 전 에너지부 장관 제임스 슐레진저 옆자리에 앉았다. 그는 최근《뉴욕 타임스》기명 칼럼에서 유럽 나라들이 기후학을 신뢰하고 화석연료 소비 감축을 지지하는 진짜 이유는 미국 경제를 약화하려는 음모라고 주장했다. 지금껏 들어본 고위 관료의 발언 중에서 가장 터무니없는 망언이었다.(기록은 금세 깨졌다.) 비행 중에 슐레진저에게 그 주장에 대해 물었다. 난색을 표하며 수사적 표현이었다고 변명할 줄 알았다. 하지만 놀랍게도 자신의 헛소리를 더 자신 있게 되풀이했다. 미국이 기후 문제를 놓고 얼마나 양극화되어가는지 비로소 절감했다.

마침내 조치가 이루어졌다. 핸슨의 증언에 고무된 과학자들은 지구온난화에 대해 더 공개적으로 나서고 정책 결정자들과 협력하여 해법을 모색하기로 마음먹었다. 1988년 말 유엔은 기후변화에 관한 정부 간 협의체(Intergovernmental Panel on Climate Change, IPCC)를 설립했다. 이 기관은 전 세계를 상대로 기후변화를 경고했으며 차니 보고서와 비슷한 보고서를 6~7년마다 발표했다.

1990년대에 IPCC 평가보고서위원회에 참여해달라는 요청을 여러 번 받았지만 그때마다 고사했다. 시간이 없었다. 출장 일정이 꽉 차 있었다. IPCC 보고서를 작성하려면 전 세계를 돌아다녀야 했으며(기후학자들은 대기 중 탄소의 상당량이 'IPCC' 탓이라는 농담을 한다.) 자료를 읽고 회의에 참석하느라 살인적 스케줄을 감당해야 했다.

그러나 찬드란을 떠나보낸 슬픔에 여전히 잠겨 있던 2004년 IPCC 제4차 평가보고서를 위한 자연과학위원회에 참여해달라는 초청을 받았다.

이번에는 수락했다.

이 장 앞부분에서는 스반테 아레니우스와 가이 캘런더 이야기를 들려주고 과학자들이 대기 중 탄소와 지구 기온의 관계를 어떻게 발견했는지 설명했다. 하지만 나 또한 불과 몇 년 전에 알게 된바 저 서술이 아주 정확한 것은 아니었다.

1856년 8월 23일 전자기학 전문가이자 새로 설립된 스미스소니언협회 사무총장 조지프 헨리(Joseph Henry)는 뉴욕 올버니에서 열린 미국과학진흥협회 연례 학회에서 「태양 광선의 열에 영향을 미치는 조건」이라는 논문을 낭독했다.

논문에서 헨리는 간단하지만 근사한 실험을 소개했다. 유리 원통 두 개에 온도계를 장착하고 서로 다른 종류의 기체(건조한 공기와 습한 공기, 수소와 이산화탄소)를 채운 뒤 양달에 내놓았다. 어떻게 됐을까? 습한 공기를 채운 원통이 건조한 공기를 채운 원통보다 따뜻했으며 이산화탄소를 채운 원통이 수소를 채운 원통보다 따뜻했다. 게다가 이산화탄소를 채운 원통은 양달에서 치웠을 때 식는 데 더 오래 걸렸다.

헨리는 이렇게 결론 내렸다. "대기가 그 기체로 이루어지면 우리 지구는 기온이 높아진다. 일부 추측처럼 지구 역사의 한 시기에 그 기체의 대기 중 농도가 현재보다 더 높았다면 반드시 기온 증가가 따랐을 것이다."[6]

이 결론은 두 가지 이유에서 주목할 만하다. 첫째, 기후변화를 예측한 최초의 사례 중 하나다. 둘째, 여성이 썼다. 미국의 과학자이자 여성 인권 옹호자 유니스 뉴턴 푸트(Eunice Newton Foote)는 실험을 떠올리고 진행하고 논문을 썼음에도 자신이 직접 발표하지 않았다. 그 까닭은 명시되지 않았지만 쉽게 짐작할 수 있다.

푸트의 이름과 (푸트의 새러토가스프링스 집에서 실행되었고 개인적인 호기심과 과학에 이바지하고자 하는 바람에서 비롯한) 이 실험이 역사에서 잊히다시피 한 것은 이 때문일 것이다. 그녀는 온실효과 발견의 공로를 오랫동안 차지한 남성(아일랜드의 물리학자 존 틴들(John Tyndal))보다 몇 년 전, 스웨덴의 과학자 스반테 아레니우스가 이산화탄소를 관측하기보다 몇십 년 전, 가이 캘런더가 대기 중 CO_2 증가를 지구온난화와 연관 짓기보다 거의 한 세기 전에 선구적 업적을 거뒀지만 나를 비롯한 대부분이 그녀의 이름을 들어본 적이 없었다.

부끄럽게도 이런 사례는 과학에서 드물지 않다. (사회 전반은 말할 것도 없다. 우리 집에서 부모님은 두 여동생보다는 나와 형제들을 훨씬 우대했다. 여동생들은 10대에 시집보냈다.) 과학자, 아마추어 과학자, 학생, 실험 보조원, 이름난 학자의 이름 없는 아내 등 기후학에 일조하고도 인정받지 못한 여성이 얼마나 많겠는가? 이를테면 요한 폰 노이만의 아내이자 헝가리의 컴퓨터 프로그래머 클라라 단 폰 노이만(Klara Dan von Neumann)은 1950년 세계 최초로 24시간 기상예측을 내놓

은 전자컴퓨터 에니악을 프로그래밍하고도 공로를 거의 인정
받지 못하고 있다.[7]

인도에서는 명석한 과학자 안나 마니(Anna Mani)를 아는
사람이 거의 없다. 그녀는 인도의 전통적 성 역할을 거부했으
며 인도 기상학 기관들의 전문성 향상에 크게 기여했다. 1918
년 인도 남단에서 태어난 마니는(그녀가 태어난 주(州)는 모계
중심이었다.) 남다른 보살핌을 받았으며 동네 대형 도서관에
다니면서 열두 살까지 책을 탐독했다.

바로 이즈음 마하트마 간디가 마니의 고향을 방문했다. 그
곳에서 그는 인도 독립을 옹호하고 외국산 제품 불매운동을
촉구했다. 마니는 기상청에서 평생 일하는 동안 간디의 말을
좌우명으로 삼았다. 그녀는 기상청의 장비와 121명의 남성을
책임졌다. 1950년대 초에는 기상학 장비(기구(氣球)를 이용하여
대기 상층의 기온과 압력을 측정하는 간단한 도구)의 수입에서 벗
어나려고 노력했으며 장비 국산화에 힘을 보탰다.

마니는 '틀린 측정은 안 하느니만 못하다'는 것을 알았기에
장비 하나하나를 꼼꼼하고 정확하게 설계하고 조립하고 보정
하고 설치하고 판독해야 한다고 당부했다.[8] 선견지명을 지닌
과학자 마니는 대기 중 오존과 태양 복사를 측정하는 장비를
직접 설계하기도 했다. 상당수 장비는 적잖은 오류를 냈지만
과학자들은 이를 발전한 모델의 도움을 받아 나중에야 알아
차렸다.

내가 푸네에서 일할 때 마니는 장비를 담당하는 부청장이
었다. 그녀는 푸네를 방문하면 연구원 손님방에 머물렀는데
나는 바로 옆 사무실에서 늦게까지 일하고 있었다. 우리가 대
화를 나눈 적은 몇 번밖에 없지만 그녀의 다정한 태도는 똑똑
히 기억난다. 오랜 세월이 지나 깜짝 놀랄 일이 있었는데, 알
고 보니 마니는 강압적 상관으로 악명을 떨쳤고 상당수 남성
하급자들이 그녀를 두려워했다고 한다!

만년의 마니는 인터뷰에서 자신이 직장에서 능히 예상되
는 차별을 받았고 사소한 잘못으로도 공격당했으며 과학적
논쟁의 주변부로 밀려나 있었다고 털어놓았다. 하지만 자신
이 여성이라서 주목받았다는 평가는 반박했다. 그녀가 기자
에게 말했다. "여성과 과학에 대해 이게 웬 호들갑인가요? 제
가 여성인 것은 인생에서 무엇을 할지 선택하는 문제와 아무
관계도 없었어요."9

기후학 분야에서는 아직 성평등이 달성되지 않았지만(최
신 IPCC 평가보고서 저자 중 남성 과학자는 전체 저자의 3분의 2를
넘는다.) 다행히도 오늘날 나의 기후학 수업에서는 많은 자리
를 여학생이 채운다. 과학·기술·공학·수학 융합교육(STEM)
분야에 종사하는 동료들도 비슷한 추세를 목격하고 있다. 유
니스 뉴턴 푸트의 명성은 여성 역사가들에 의해 역사의 쓰레
기통에서 구출되고 여성 기후학자들에 의해 드높여졌으며
이젠 나의 기후변화 입문 강연 파워포인트에서 틴들, 아레니

우스, 캘런더보다 한두 슬라이드 앞에 등장한다. 제자리를 찾은 것이다.

나는 지구온난화에 양면적 태도를 취하다가 수용하기로 순식간에 돌아섰다. 그때 나는 에어컨이 돌아가는 강당에서 전 세계 4분의 3 가까운 나라를 대표하는 500명 가까운 과학자에게 둘러싸인 채 어안이 벙벙하여 아무 말도 하지 못하고 앉아 있었다. 수많은 전문가가 잇따라 단상에 올라 자신의 연구 분야에서 밝혀진 우울한 소식을 전했다. 마치 우리가 알던 세상을 애도하는 무수한 추도사 같았다. 이번은 첫 세션인 총회에 불과했다. 우리는 직전 IPCC 평가보고서가 공개된 이후 기후변화에 대해 발표된 모든 자료를 여러 해

동안 열심히 분석하고 평가했다. 하지만 시작도 하기 전에 불길한 기분이 엄습했다.

모르는 사람이 많지만 IPCC는 진정한 국제적 사업이다. 사명 선언문에 따르면 "기후변화와 그 영향 및 잠재적 미래 위험에 대한 공식적인 과학적 평가를 정책 결정자들에게 제출하고 적응 및 경감 방안을 제시하"는 임무를 전 세계 정부로부터, 전 세계 정부를 위해 부여받았다. 이를 위해 각 참여국(내가 부시 행정부에 의해 참여자로 지명된 해에는 130개국이었다.)은 자국 과학자를 파견하는데 모두가 여러 해 동안 협력하여 두꺼운 보고서를 작성한다. 이 보고서는 다음 보고서가 발표될 때까지 기후변화의 상태와 미래 변화에 대한 과학적 합의 역할을 한다.

한마디로 6~7년마다 작성되는 IPCC 평가보고서 하나하나는 스테로이드를 투약한 차니 보고서였다. 1979년 차니와 동료들이 지구온난화에 대한 학술 연구를 검토하려고 우즈홀에 모였을 때는 넘겨볼 논문 편수가 손에 꼽을 정도에 불과했으니 그럴 만도 하다. 반면에 IPCC 제3차 평가보고서와 제4차 평가보고서 사이에만 기후변화를 주제로 발표된 동료검토 논문이 6000건에 달했다. 우리는 IPCC 과제에 맞춰 연구했다.

암울한 총회가 끝나고 우리는 팀별로 흩어졌다. IPCC 평가보고서에는 실무그룹이 셋 있는데, 첫 번째 그룹은 자연과학, 두 번째 그룹은 영향·적응·취약점, 세 번째 그룹은 경감 방안을 맡는다.[1] 나는 첫 번째 실무그룹에 속해 있었다. 우리의 임무는 직전 보고서 이후 동료검토 학술지에 발표된 논문들을 검토하고 기후변화의 과거, 현재, 미래에 대한 과학적 토대(기후변화의 왜)를 탐구하는 것이었다. 두 번째 실무그룹의 임무는 기후변화가 전 세계 사회와 생태계에 어떤 영향을 미치고 있는지(기후변화의 어떻게) 탐구하는 것이었다. 세 번째 실무그룹의 임무는 온실가스 배출량을 제한하거나 감축할 전략(기후변화의 이제 무엇을?)을 제안하는 것이었다. 꼼꼼한 검토와 토론을 마친 뒤 각 그룹은 자체 보고서를 작성했는데, 전화번호부 두께의 이 보고서는 해당 분야에 대한 인간 지식의 깊이와 너비를 보여주었다.

자연과학 보고서는 대개 10~15장으로 구성되며 핵심저자로 불리는 여남은 명의 과학자가 장마다 배정된다. 나는 모델링을 다룬 장 '기후 모델과 그 평가'의 핵심저자였다.[2] 첫 회의에서 우리는 각자 주제를 나눠 맡았다. 나는 동료 핵심저자들에게 정말 하고 싶은 주제를 먼저 고르면 내가 남은 것을 맡겠다며 인심을 썼다. 그래도 몬순에 대한 절을 맡게 되리라 내심 기대했는데, 인도인 동료 과학자가 냉큼 자원해서 조금 실망했다. 그렇게 해서 나는 익숙한 연구 주제가 아니라 열대저기압과 허리케인에 대한 절을 쓰게 되었다. 실은 열대저기압에 대한 문헌을 마지막으로 섭렵한 시기는 발표 준비를 위해 날밤 새우던 푸네 초창기였다.

그 경험은 유익한 속성 입문 강좌나 마찬가지였다. 이제 와서 최신 학술 문헌을 들여다보니 모델들은 사이클론, 허리케인, 태풍의 개수가 철마다 증가할지 감소할지 신뢰할 만한 예측을 하지 못했다. 더 분명한 것은 세계가, 특히 바다가 더워질수록 열대폭풍의 세기가 커지리라는 사실이었다.

하지만 세계가 정확히 얼마나 더워질까? 수천 쪽으로 이루어진 각각의 IPCC 평가보고서에서 논란의 여지가 있지만 가장 중요하고도 가장 많이 회자되는 부분은 지구 표면 온도가 다양한 시나리오(인류가 온실가스 배출을 지금 당장 중단하면 어떻게 될까에서부터 인류가 온실가스를 더 많이 뿜어내면 어떻게 될까까지)에서 얼마나 증가하는가였다. 이 수치에 대해 합의를 도출하는 것이 자연과학 실무 그룹의 임무 중 하나였다. 그러려면 전 세계 스물세 개 기후 모델의 시뮬레이션을 평가해야 했다.

IPCC는 소위 모델민주주의 원칙에 따라 각각의 모델이 과거에 얼마나 정확하다고(또는 부정확하다고) 입증되었든 상관없이 모든 모델을 동등하게 취급한다. 정치적·현실적 이유에서다. 모든 참가국이 전력으로 동참하지 않으면 프로젝트가 성공할 수 없으므로 이를테면 러시아의 과학적 전문성을 미국의 전문성과 동등하게 취급할 수밖에 없다. 또한 모델민주주의를 떠받치는 합의에 따라 어떤 모델이 한 방면에서 뛰어난 성과를 거뒀다고 해서 다른 방면에서도 그러리라는 보장은 전혀 없다고 본다. 모델마다 강점이 다르므로 모든 모델의 평균을 내야 한다.

모델민주주의 이면의 정치적 이유도 정확도와 신뢰도에 따라 모델의 등급을 매기지 않으려 드는 IPCC의 태도도 이해는 되었지만 결코 동의할 수는 없었다. 우리 모두가 여기 모인 것은 실존적 위협에 맞서기 위해서이니만큼 모델능력주의가 훨씬 적절하다는 확신이 들었다. 누구의 감정도 다치게 하고 싶지 않았지만 인류에게 최상의 생존 기회를 선사하고 싶은 마음은 확고했다.

그랬기에 나의 IPCC 임무가 진행되던 2006년 COLA 동료 팀 델솔(Tim Delsole), 마이크 페네시(Mike Fennessy), 짐 킨터, 댄 파올리노(Dan Paolino)와 함께 스물세 개 모델을 평가하여 각 모델의 수준과 지구온난화 예측 능력 사이에 관계가 있는지 알아내겠다는 나의 바람을 실현할 연구를 설계했다. 기본적으로는 관측값이 존재하는 지난 100년에 대해 각 모델의 시뮬레이션 성적을 조사하여 과거 조건을 얼마나 정확히 재현하는지 볼 계획이었다. 그런 다음 그 모델이 미래 지구가 얼마나 온난화할 거라고 예측하는지 보기로 했다. 연구 결과가 어떻게 나올지는 전혀 알 수 없었다.

데이터를 분석했더니 이른바 뛰어난 모델일수록 지구가 더 많이 온난화한다고(약 4~5도) 예측했다. 이 정도의 기온 상승은 재앙이다. 매우 간단한 계산에서 매우 무시무시한 결과가 나왔다. 우리는 세상 사람들도 결과를 알고 싶어할 거라 생각했다.

우리의 착각이었다. "CO_2 증가로 인해 예측되는 지구온난화는 현세대의 기후 모델들이 예측하는 최댓값에 가깝"다고 경고하는 논문을 《사이언스》에 제출하자 한 검토자는 사람들이 겁에 질릴 거라며 논문을 실으면 안 된다고 주장했다. 이 검토자는 명성이 대단했는데, 논문 게재를 거절하고 며칠 뒤 내게 전화를 걸어 우리 사회뿐 아니라 나의 안위가 걱정돼서 그랬다고 말했다. 이런 논문을 발표했다가는 기후변화 부정론자들 때문에 삶이 비참해질 거라고 경고했다.

논문은 2006년 《지구물리 연구 회보》 학술지에 순조롭게 게재되었다. 우리 IPCC 팀은 발표된 모든 논문을 평가할 의무가 있었으므로 이 중대한 결과가 우리 보고서에서 강조될 거라 확신했다. 하지만 미국 에너지부 소속 과학자인 동료 핵심저자가 반대했다. 그는 IPCC 위원을 우대한다는 비난을 받을 수도 있다고 주장했다. 예전에 너무 호들갑을 떠는 것 같아 보이던 과학자들의 자리에 이젠 내가 서 있는 듯한 느낌이 불현듯 들었다. 누구도 내게 귀 기울이게 만들 수 없을 것 같았다. (돌이켜 보건대 논문의 결론은 세월의 검증을 이기고 살아남았다.)

오랫동안 걱정할 필요는 없었다. 어느 모델이 최고였든 2006년에는 모든 모델의 결론이 일치했기 때문이다. 지구온난화는 진짜였고 인간 활동이 원인이며 지구는 곤경에 처했다.

모든 IPCC 모델은 일관된 실험 설계를 따른다. 각 모델은 두 번 실행된다. 첫 번째 실행은 '자연 실행(natural run)'이라고 불리는데, 지난 150년간 대기 중에 자연적으로 존재한 CO_2 농도를 대입하여 모델을 실행한다는 뜻이다. 모델은 자연과 마찬가지로 지구 평균 기온의 등락을 보여주며 등락의 원인은 엘니뇨와 화산 분화처럼 인간과 전혀 무관한 현상이다. 모델마다 불확실성 요인(이를테면 구름)을 조금씩 다르게 취급하기 때문에 산출 범위도 다르다.

두 번째 실행에서는 인간이 대기 중에 배출하리라 예측되는

CO₂ 양을 모델에 대입한다. 미래 인간 활동과 미래 기술 발전을 예측할 수는 없으므로 IPCC에서는 적극적 기후 행동에서 현상 유지까지 여러 시나리오를 분석한다. 이번에도 모델의 불확실성 때문에 시나리오마다 지구온난화 예측값에 차이가 발생한다.

보고서를 작성하는 동안 IPCC 사상 처음으로 두 모델 실행(온실가스를 대입한 실행과 대입하지 않은 실행)의 차이가 현저히 벌어졌다. IPCC는 인간 활동이 기후변화의 원인이라고 자신 있게 말할 수 있었다.

시간을 1988년으로 되돌려보자. 나는 인류발 기후변화가 이미 존재한다는 제임스 핸슨의 선언을 지켜보면서 기후학의 진실성에 대해 대중이 품을 인식을 심각하게 우려했다. 이제 나는 핸슨이 옳다고 확신한다. 마침내 모델들이 충분히 정교해졌다. 마침내 내가 기다리던 증명을 손에 넣었다. 마침내 잡음에서 신호가 나타났다.

모두가 결과에 동의했지만 문제는 소통이었다. 우리는 이번 모델 시뮬레이션 결과를 거의 확신했지만 모델에는 **언제나** 약간의 불확실성이 결부되기 마련이다. 이 사실을 어떻게 전달한담? 우리는 인류가 지구온난화, 해수면 상승, 해수 온도 상승, 폭우의 원인임을 거의 확신했지만 우리가 모르는 요인이 있을지도 모를 일이었다. 실제 보고서 초안을 작성할 때가 되자 긴장이 더욱 고조되었다. 나 같은 사람들은 우리가 확신하는 대로 표현하고 싶어 한 반면에 다른 사람들은 어떤 이유에서든 더 보수적인 태도를 취하고 싶어 했다. (IPCC에 관여하지 않는 많은 사람은 IPCC를 지구온난화의 규모와 영향을 과장하는 진보파 사업으로 간주하지만 IPCC는 사실 보수적인 조직이다. 온갖 나라 출신의 모든 저자가 최종 결론에 동의해야 한다.)

이 과정에 내재하는 모든 모호성을 처리하기 위해 IPCC는 신뢰도를 이용한다. 이를테면 발생 확률이 99퍼센트인 결과의 신뢰도는 거의 확실함이다. 95퍼센트는? 극히 가능성 높음이다. 신뢰도는 열 단계이며 가장 낮은 극히 가능성 낮음은 확률이 1퍼센트 미만이다.[3] 심란한 사안을 이런 용어로 나타내는 것이 너무 무미건조하게 느껴질 수 있겠지만(타이태닉호 침몰을 '해난 사고'라고 부르는 격이다.) 이것이 우리가 할 수 있는 최선이었다.

2007년 자연과학 보고서가 나머지 두 보고서보다 먼저 일반에 공개되었다. 보고서는 맨 앞 어딘가에서 명백하게 선언했다.

지구 평균 기온 및 해수 온도의 상승, 눈과 얼음의 전반적 해빙, 지구 평균 해수면 상승에 대한 관측으로 명백하게 알 수 있듯 기후계가 온난화되고 있음은 명백하다.[4]

이렇게도 말한다.

20세기 중반 이후 지구 평균 기온의 관측된 상승은 대부분 인류발 온실가스 농도의 관측된 증가 때문일 가능성이 매우 크다.

계속 읽어보자.

식별 가능한 인간의 영향은 평균 기온을 넘어서서 기후의 여타 측면에 확대된다. 인간의 영향은 20세기 후반 해수면 상승에 일조했을 가능성이 매우 크고, 바람 패턴의 변화에 일조하여 온대폭풍 경로와 기온 패턴에 영향을 미쳤을 가능성이 있으며, 극단적으로 더운 밤, 추운 밤, 추운 낮의 기온 변동을 일으켰을 가능성이 있고, 1970년대 이후 가뭄에 영향받고 잦은 호우를 겪는 지역의 열파 위험을 증가시켰을 가능성이 적지 않다.

인류발 온난화는 기후변화의 속도와 규모에 따라 급작스럽거나 돌이킬 수 없는 영향으로 이어질 수 있다.

IPCC 제4차 평가보고서는 인간 활동이 기후변화의 원인임을 처음으로 확증했지만 델리에서 워싱턴 DC까지 전 세계 신문에 대서특필되었음에도 거의 어떤 조치도 이끌어내지 못했다. 정치권은 이 주장을 사실상의 교착 상태로 화석화했으며 유의미한 정책이 수립되기까지는 여러 해가 지나야 했다.

하지만 IPCC 보고서의 일원이 되면서 나 개인으로서는 큰 변화를 겪었다. 처음에는 회의론자였으나 확고한 신자가 되었다.

하지만 20년 가까이 지난 지금 기후학계의 많은 사람은 수많은 인력과 컴퓨팅 자원을 투입해가며 반드시 IPCC 평가보고서를 준비해야 한다고 생각하지 않는다. 보고서 한 편을 작성하려면 어마어마한 양의 시간과 노력이 든다. 남부끄러운 이동 거리는 말할 것도 없다.(나는 협의체에 몸담는 동안 IPCC 회의에 참석하려고 노르웨이,

이탈리아, 뉴질랜드로 비행했다.) 거의 모든 기후 모델링 센터는 자신의 모델을 개량하기보다는 차기 IPCC 협의체에 결과를 제출할 수 있도록 모델을 개발하고 검증하는 일에 우선순위를 두고 인적·물적 자원을 쏟아붓는다. IPCC 계산이 과학·컴퓨터 역량을 너무 많이 집어삼키는 바람에 다른 중요한 연구 주제(이를테면 계절예측!)가 소홀해진다. 더 중요한 사실은 IPCC 보고서가 똑같은 말을 거듭거듭 되뇌고 있다는 것이다. 데이터에서 튀어나올 희소식은 전혀 없다. 우리가 실제로 조치를 취하지 않는다면 말이다.

보고서가 발표되고 몇 달 뒤 나는 고요한 아침에 차를 음미하고 있었다. 휴대전화도 컴퓨터도 아직 켜지 않았다. 그냥 앉아서 생각에 잠겨 있는 게 좋았다. 그때 부엌에서 아내가 "어머나!" 하고 외치는 소리가 들렸다.

"IPCC가 노벨평화상 받는 거 알았어?" 아내가 휴대전화를 든 채 말했다. 홈 화면에 뉴스 알림이 떠 있었다.

"아니." 이렇게 대답하는 동안 저 말이 무슨 뜻인지 천천히 실감 났다. "그런데…… 나도 IPCC의 일원이군."

휴대전화와 컴퓨터를 켜자 딩동 소리가 100번은 울린 것 같았다. 친구와 동료들이 보낸 기쁨과 축하의 편지였다. IPCC는 앨 고어와 함께 그해 노벨평화상 공동 수상자로 선정되었다.

인간이 초래한 기후변화에 대한 더 많은 지식을 축적하고 전파하며 이런 변화에 대응하는 데 필요한 조치의 토대를 마련한 공로를 인정

합니다. 100여 개국의 과학자와 공직자 수천 명은 협력을 통해 온난
화 규모를 더 확실히 알아냈습니다.

IPCC는 개인이 아니라 수백 명의 과학자로 이루어진 기관이기
때문에 우리를 노벨상 수상자로 부르는 것은 적절치 않다. 이것은
얼마든지 양보할 수 있는 사소한 문제였다. (그렇다고 해서 많은 IPCC
위원, 특히 그들의 자국 뉴스 채널에서 자기네 나라가 노벨상 수상자를 배
출했다고 선언하는 것까지 막을 수는 없었다.) 하지만 우리 모두 IPCC로
부터 "2007년 노벨평화상 수상에 기여한" 공로를 인정하는 천연
색 증서를 받았다.

이런 심각한 발견으로 사회에서 가장 크고 위신 있는 상에 내
이름이 올라가다니 얼마나 초현실적인지. 어쨌거나 우리가 보고서
에 쓴 대로 "기후변화가 경감되지 않으면 장기적으로 자연·관리·인
간 시스템의 적응 능력을 초과할 가능성이 있"는데 어떻게 축하할
수 있겠는가.

지구가 얼마나 더워질지에 대해 IPCC 모델들의 예측이 일치하지 않은 이유 중 하나는 구름이 지닌 불확실성 때문이다. 이 희고 보송보송한 덩어리가 기후에 어떤 영향을 미치는지 이해하기는 오랫동안 불가능했다. 「사운드 오브 뮤직」을 인용하자면 구름을 잡아 핀으로 고정하려는 격이었다. 구름이 왜 이토록 오리무중인지 알려면 구름이 어떻게 탄생하고 얼마나 많은 것을 담고 있는지 알아야 한다.

이륙하는 비행기의 창밖을 내다본 때를 떠올려보라. 다가오는 구름이 전부 눈에 보이지 않는 하나의 선반에 얹혀 있는 것처럼 보이지 않던가? 비행기가 그 선반에 앞코를 밀어 넣어 맑고 푸른 하늘이 뿌연 회색 구름으로 바뀌는 순간 숨죽인 적이 있지 않나? 그때 당신은 기상학자들이 '강제상승응결고도(lifting condensation level)'라고 부르는 선을 넘었다. 이것은 대기에서 수분이 응결하여 구름이 될 만큼 기온이 낮아진 지점을 일컫는다.

이 수분은 어디서 왔을까? 주위를 둘러보라. 땅, 나무, 바다, 호수, 연못, 파스타를 삶는 냄비—이 모든 것이 공기 속 수분의 공급원이다. 대기 하층에는 수분이 풍부하지만 구름은 습한 공기가 강제상승응결고도까지 올라갈 수 있는 높이 이상에서만 형성된다. 대규모 운계(雲系)가 어떻게 형성되는지 알려면 습한 공기의 열역학(낮은 기온에서 응결한다는 사실)을 넘어서서 대기 자체의 역학을 들여다보아야 한다.

무시무시한 폭풍에서 보이는 것과 같은 대규모 운계가 형성되려면 습한 공기 덩어리(기후학에서는 '공기덩이(parcel)'라고 부른다.)가 대규모 수직 속도에 의해 상승해야 한다. 이 수직 속도를 만들어내는 것은 공기가 허리케인의 눈을 향해 수렴하는 것과 같은 대규모 대기 역학이다. 공기덩이가 상승하면 공기 속 수분이 응결하면서 공기덩이를 가열하여 더 높이 올려보낸다. 공기덩이가 주변 공기보다 가벼워졌기 때문이다. 이 과정은 공기덩이 속에 수분이 하나도 남지 않고 주변 공기보다 가볍지 않을 때까지 계속된다. 이 현상이 정확히 언제 일어나는가는 그날의 대기 조건, 특히 기온과 습도의 수직분포에 달렸다.

이에 더해 대기는 끊임없이 유동한다. 공기 안에서는 수분이 주변 공기의 온도에 따라 지속적으로 응결하고 증발한다. 구름이 한순간 몽글몽글한 마시멜로처럼 생겼다가 다음 순간 스테고사우루스를 닮을 수 있는 것은 이 때문이다.

구름은 대기 조건에 완전히 휘둘리기 때문에 역학의 노예라고 불리기도 한다. 하지만 일단 형성된 구름은 복사와 강수에 크나큰 영향을 미쳐 주인에 더 가까워진다. 전 세계적으로 우리의 현재 기후에서 구름은 태양 복사 총 유입량의 30퍼센트를 반사한다. 지구의 알베도가 0.3이라는 말은 이런 뜻이다. 심지어 오늘날 가장 정교한 모델조차도 구름의 수평·수직 분포와 알베도를 제대로 얻는 데 애를 먹는다. 이 때문에 구름이 지구의 기후와 기후변화에 미치는 막대한 영향을 이해하기 힘들다.

지금쯤 분명히 알겠지만 기후를 좌우하는 것은 들어오는 태양에너지와 나가는 장파 복사의 균형이다. 구름은 이 과정에서 이중의 역할을 한다. 태양 복사를 반사하여 지구를 냉각하기도 하고 지구 복사를 가둬 우주 공간으로 도망가지 못하게도 한다. 구름이 기후 모델링에 이토록 골칫거리인 이유는 두 상반된 효과의 순효과를 올바르게 파악하기 힘들기 때문이다. 간단히 말해서 구름이 얼마나 높고 두꺼운지, 구름이 어디에 있는지에 따라 효과가 달라진다. 구름 안에 물이 얼마나 있는지, 물방울이 얼마나 큰지, 얼어서 얼음 결정이 된 물의 비율이 얼마큼인지 등 구름의 구조와 미시물리학을 고려하면 더 복잡해진다. 이 모든 정보를 전지구적 복합기후모델에 포함하는 것은 여전히 난제다. 모델링 그룹마다 이 과정을 매개변수화하거나 취급하는 방식이 다르며 이것은 현재와 미래의 기후에 대한 결과가 다른 이유 중 하나다.

구름은 기후변화를 이해하는 데에도 골칫거리다. 지구의 온도와 습도가 계속 증가함에 따라 운계에 필요한 수직 속도를 만들어내는 대규모 역학도 커진다. 이런 까닭에, 일부 식물이 사멸하거나 새 곤충이 유입되는 등 우리의 인접 환경이 달라지면 머리 위 구름(얼마나 많이 생기는지, 어디에 생기는지)도 달라진다.

순지구온난화를 좌우하는 요인 중 하나는 이 새로운 구름 분포이며 이를 좌우하는 것은 해양 조건의 새로운 분포와 결합해양육지대기 시스템의 대규모 역학이다. (이를테면 육지는 바다보다 더워지므로 육지의 공기는 습기를 더 많이 머금을 수 있다. 여기에다 기온이 1도 상승할 때 공기가 응결 전까지 7퍼센트 많은 습기를 머금을 수 있음을 감안하면 왜 오늘날 홍수가 잦아지고 심해지는지 이해할 수 있을 것이다.)

좋은 소식은 모델이 개선됨에 따라 불확실성이 천천히 걷히고 있다는 것이고 나쁜 소식은 구름이 우리 편이 아닌 듯하다는 것이다. 최근 IPCC 평가보고서에서는 이렇게 결론 내렸다. "지구온난화에 반응하는 구름 변화의 순효과는 인간이 초래한 온난화를 증폭한다. 구름의 순되먹임은 양(陽)이다." 패배를 인정하고 싶지 않은 일부 과학자는 구름 씨앗을 뿌려 구름의 밝기를 키움으로써 들어오는 태양 복사를 더 많이 반사하도록 하자고 제안하기도 한다.

인류는 구름 패턴 변화에 영향을 받는 유일한 종이 아니며 변화를 알아차리는 유일한 생물도 아니다.

인도에서는 첫 몬순구름이 지평선에 나타나면 공작이 '춤'을 추기 시작한다. 나비는 날이 흐리면 먹이를 더 많이 먹는다.[5] 기러기는 밤이 흐리면 잠을 덜 잔다.[6] 바다에서는 동물

플랑크톤이 구름 덮인 시간에 '미니 이주(mini-migration)'를
하는 광경이 관찰되었다. 구름 덕분에 그늘이 지면 섭식을 위
해 해수면에 더 가까이 올라와도 안전하기 때문이다.[7] 남반구
고지대에서는 운무림(나무, 이끼, 양치식물, 지의류, 착생식물이
무성한 숲)이 진화하여 강제상승응결고도 위에서 삶을 만끽
한다.

열일곱

여러 해가 지나도록 2007년 IPCC 평가보고서에 자극받아 조치를 취한 유일한 집단은 화석연료업계인 듯했다. 미국 정부는 배출량을 감축하려는 어떤 유의미한 입법에도 거듭거듭 실패했지만 석유·가스 기업들은 미국 대중이 인류발 기후변화의 과학적 확실성을 의심하도록 해마다 10억 달러 가까운 거액을 쏟아부었다.[1]

물론 이제 우리는 이 시도가 오래전부터 계속되고 있었음을 안다. 일찍이 1998년에도 미국석유협회(엑손모빌, 셰브론, BP, 셸, 코노코필립스 등을 대리하는 로비 단체)는 세계기후학소통행동계획이라는 홍보 캠페인을 출범시켜 공세를 취했다. 목표는 무엇이었을까?《뉴욕 타임스》에 유출된 메모에 따르면 "대부분의 미국 대중이 기후학에 현저한 불확실성이 있음을 인식하고 있으므로 지구적 기후변화에 근거하여 미국의 미래 향방을 정하는 자들(이를테면 의회)에 대해 의문을 제기하"는 것이었다.[2] 또한 로비 집단이 세운 야심 찬 계획에는 동조적 과학자 네트워크를 포섭하여 그들을 미디어 플랫폼에 세우는 것, 워싱턴에 비영리재단을 설립하여 'IPCC 대안세력' 역할을 맡기는 것, 기후학에 대해 '균형 잡힌 그림(물론 석유와 가스가 지구온난화에 미치는 영향을 최대한 축소하는 그림)'을 제시할 교육 자료를 개발하는 것 등이 있다. IPCC와 고어 부통령이 노벨평화상을 받은 뒤 화석연료업계는 대중과 정책 결정자를 오도하고 지구온난화의 과학과 지구온난화가 미래 세대에게 미치는 영향에 대해 의심을 불러일으키려는 시도에 박차를 가했다.

15년 뒤 미국석유협회는 1998년 계획을 모두 달성하지는 못했지만 천명한 목표를 향해 성큼 다가섰다. IPCC가 노벨평화상을 받은 시점과 비교하면 2015년 봄까지 인간의 화석연료 연소가 지구온난화의 원인이라고 믿는 사람의 수가 **줄었다.**(정책 결정자 중에서는 더 많이 줄었다.)[3] 세상을 더 나은 곳으로 바꾸기 위해 오랫동안 헌신한 기후학자로서 나는 이 사회에 시급한 과학을 거부하는 사람들이 이토록 많다는 점이 무엇보다 괴로웠다. 우리의 IPCC 보고서와 이후 보고서들을 위해 세계에서 가장 똑똑한 사람 수백 명이 자신의 삶과 학문을 내려놓고서 최선의 방안이 담긴 엄밀하고도 유익한 문서를 만들어냈다. 그런데도 보고서는 거듭거듭 외면당했다.

유럽이나 인도에 갈 때마다 친구와 동료들에게서 미국인은 왜 지구온난화를 믿지 않느냐는 질문을 받는다. 한 번도 명확한 답변을 내놓지 못했다. 어쩌면 오지 않는 증명을 하염없이 기다리는 나 같은 과학자 때문에 화석연료업계가 훌쩍 앞서갔는지도 모르겠다. 어쩌면 영영 따라잡지 못할지도 모르겠다. 그러다 2015년 5월 31일 어느 아침 식탁에서 《워싱턴 포스트》를 읽는데 로드아일랜드주 연방상원의원 셸던 화이트하우스의 기명 칼럼 제목에 눈이 번쩍 뜨였다. "거대 석유 회사는 거대 담배 회사처럼 행동하는 듯하다." 상원의원의 기고문은 "담배업계가 했던 일과 화석연료업계가 지금 하는 일 사이에" 뚜렷한 유사성이 있다고 지적했다. 그중에는 이미 인정받은 과학의 타당성에 이른바 전문가 네트워크를 조직해 반격을 가하거나 치명적으로 해로운 제품을 팔아 수익을 거두는 것이 있다. 화이트하우스는 법무부가 1990년대에 담배 회사들에 했던 것처럼 리코법(RICO, 정부가 조직범죄에 연루된 집단을 처벌할 수 있도록 하는 법)에 의거해 민사소송을 제기하여 석유·가스업계가 은밀하게 지휘한 거대 거짓 정보 캠페인을 적발하라고 주장했다. 니코틴에 중독성이 있고 흡연이 건강에 해롭다는 연구 결과를 담배업계는 리코 청문회가 열린 뒤에야 받아들였다. 담배업계를 위해 일하는 과학자들은 훨씬 전부터 이 결론에 도달했지만 업계 수장들은 결과를 호도했다.

늦은 아침 햇빛이 신문을 가로지르는 동안 나는 의자에 앉아 화이트하우스 상원의원의 발상에 대해 생각했다. 근사한 아이디어처럼 보였다. 권력자들이 이 문제를 고려하도록 기후학자로서뿐 아니라 일반 시민으로서 목소리를 보탤 수 있을 것 같았다. 나는 미국 민주주의의 가장 오래고 성스러운 전통에 참여하기로 마음먹었다. 대의원들에게 편지를 쓰기로 했다. 친구와 동료 몇 명을 설득하여 서명을 받아낼 수도 있을 듯했다.

그날 오후 이메일 서식을 열어 가까이 사는 친한 친구 이름을 떠오르는 대로 타이핑하기 시작했다. 기후학을 잘 알면서도 기후변화에 대해 한 번도 목소리를 내지 않은 사람들 위주였다. 그들이 상원의원을 비롯한 대의원들에게 기꺼이 지지 서한을 보내줄까? 궁금했다. 답장은 신속했으며 하나같이 긍정적이었다.(거절은 두 건에 불과했다.) 온라인 대화가 진행되면서 아이디어는 새로운 형태로 발전했다. 조지 메이슨 대학교(GMU) 동료 한 명은 상원의원의 아이디어를 받아들이는 것에 그치지 말고 법무장관, 대통령 과학자문위원, 대통령 본인에게도 편지를 보내자고 제안했다. 모두가 편지 문구 작성에 참여하지는 않았지만 서명한 스무 명 모두 최종 원고를 승인했다.

2015년 9월 1일 출근하기 전, 앤에게 식료품점 가는 길에 아래 편지를 우체통에 넣어달라고 부탁했다.

오바마 대통령, 린치 법무장관, 홀드런 과학기술정책실장에게.

아시다시피 기후학자의 압도적 다수는 인간이 초래한 기후변화가 건강, 농업, 생물다양성에 심각한 악영향을 미칠 수 있다고 확신합니다. 배출 규제를 비롯하여 여러분이 행하는 노력에 박수를 보냅니다. 그럼에도 우리는 기후학자로서 기후변화에 대한 미국의 대응(실은 기후변화에 대한 전 세계의 대응)이 미흡하다고 우려합니다. 극단적 기상 현상의 증가, 해수면 상승, 해수 산성화 등 기후변화로 인한 위험과 이에 대처하기 위한 잠재적 전략은 제3차 전국기후평가(2014)「미국의 기후변화 영향」에 자세히 나와 있습니다. 지난 1만 년 동안 지구 기후가 안정된 덕에 농업이 성장했으며 그 덕분에 인류 문명이 번성했습니다. 지금 우리는 지구 기후에 심각한 불안정을 초래하고 전 세계 사람들, 특히 세계에서 가장 가난한 사람들에게 피해를 입힐 위험이 매우 큽니다.

완강한 의회에 맞서 여러분이 가진 제한된 수단을 적극적이고 창의적으로 활용하고 있음을 알고 있습니다. 최근 셸던 화이트하우스 상원의원이 제안한 또 하나의 수단이 있는데, 미국의 기후변화 대응을 막으려는 수단으로 기후변화 위험과 관련해 미국 국민을 고의로 기만한 기업과 단체를 리코법에 의거해 조사하는 것입니다. 이 단체들의 행위는 동료검토 학술 연구와 『청부과학』, 『기후 은폐공작(Climate Cover-Up)』, 『의혹을 팝니다』, 『기후 전쟁(The Climate War)』, 「기후 기만 보고서」를 비롯한 최근 문헌에 방대하게 기록되었습니

다. 우리는 화이트하우스 상원의원의 리코 조사 요청에 적극 동의합
니다.

이 단체들이 쓰는 수법은 예전에 담배업계가 쓴 것과 매우 비슷합니
다. 리코 조사(1999~2006년)는 담배업계가 흡연의 위험에 대해 미국
국민을 지속적으로 기만하지 못하게 하는 데 중요한 역할을 했습니
다. 화석연료업계 기업과 동조자들이 책과 학술 논문에 기록된 악행
에 비추어 유죄라면 악행을 최대한 일찍 중단시키는 것은 우리의 의
무입니다. 그러면 미국과 세계는 더 장기적인 피해가 벌어지기 전에
지구 기후를 안정시킬 효과적 방법을 찾는 절대적으로 중요한 임무
를 해나갈 수 있습니다.

고맙습니다.

J. 슈클라, E. 메이바크, P. 더마이어, B. 클링거, P. 쇼프, D. 스트라우
스, E. 세라치크, M. 월리스, A. 로보크, E. 칼나이, W. 라우, K. 트렌
버스, T. N. 크리슈나무르티, V. 미스라, B. 커트먼, R. 디킨슨, M. 비아
수티, M. 케인, L. 고더드, A. 베츠

그날 연구실에 도착하자마자 화이트하우스 상원의원의 보좌관
이 메시지를 남겨두었다는 말을 들었다.(기후학계의 누군가가 보좌진
에게 편지에 대해 미리 알려두었다.) 전화를 걸었더니 보좌관은 상원의
원이 우리의 지지가 고맙지만 발송을 미뤄주었으면 한다고 말했다.
서명하고 싶어 하는 사람이 훨씬 많다는(20명이 아니라 200명) 이유

였다. 서둘러 전화를 끊고는 아내에게 전화하여 편지를 부치지 말라고 했다. 하지만 너무 늦었다. 이미 우체국에 가서 편지를 부쳤다. 발송을 취소할 방법이 있을지 이야기를 나눴지만 결국 그냥 두기로 했다.

솔직히 이 편지가 대단한 성과를 거두리라고는 생각하지 않았다. 우리 자녀와 손자녀가 물려받을 행성의 미래를 위해 최선을 다해 싸우지 않았다는 죄책감을 떨칠 수 있다면 그것으로 만족이었다. 하지만 그때는 알지 못했다. 나의 싸움은 이제 막 시작되었을 뿐이었다.

#RICO20(우리가 나중에 붙인 이름)에 대한 블로그와 기사가 찔끔찔끔 올라오기 시작한 것은 2015년 9월 17일이었다.

전직 폭스 뉴스 진행자 터커 칼슨이 설립한 우익 뉴스·여론 웹사이트 《데일리 콜러》는 우리를 "인간에 의한 지구온난화 이면의 과학에 대해 자신들과 의견이 다른 사람을 처벌하라고 버락 오바마 대통령에게 요구하는 성난 학자들"로 규정했다.[4]

폭스 뉴스는 "과학계에서 또 저급한 짓을 벌이다: 기후변화 회의론자에 대한 범죄화"라는 헤드라인을 내보냈으며 '브레이트바트'는 우리의 편지를 이렇게 요약했다. "기후방정꾼들이 오바마에게 내건 요구: 리코를 동원하여 회의론자를 감옥에 처넣으라." '브레이트바트'의 필자는 우리의 "위선과 부정직이 믿기지 않을 정도"라고 언급했다.

‘트위치’라는 블로그는 인용 부호를 창의적으로 써서 우리가 “‘자신들에게 반하는 견해’를 범죄화하고 ‘과학적 반론’을 펴는 사람들을 ‘감옥’에 보내고 싶어 한”다는 거짓 주장을 펼쳤다.[5] 전직 코넬 대학교 교수는 블로그에 쓴 글에서 우리를 “겁쟁이, 열등한 지식인, 울보, 한심한 패배자, 실패한 과학의 유포자”라고 불렀다.[6]

저토록 많은 채널의 진행자와 저토록 많은 블로그의 필자가 마치 똑같은 지령이라도 받은 듯 전부 똑같은 말을 되풀이한다는 게 다소 놀라웠다. 어느 날 저녁 우연히 빌 오라일리가 진행하는 폭스 뉴스를 보고 있었는데, 그가 스태프에게 리코 편지에 서명한 스무 명의 “범죄자” 명단을 발표하라고 지시했다.

기사와 블로그 게시물이 올라오면서 사람들은 나의 휴대전화와 메일함에 신랄하고 모욕적인 글을 쏟아부었다.

네가 온 곳으로 돌아가라, 이 거짓말쟁이 새끼야.

뭐 하나만 물어봅시다, ‘교수 양반’. (법무장관에게 보내는 편지에 서명한 당신과 열아홉 명의 정신병자 말마따나) 기후 ‘과학’의 문제가 해결되었다면 기후 연구에 연구비를 더 지원해야 할 이유가 뭡니까?

전형적인 리버럴이 납세자의 젖꼭지를 빨고 있다.

당신 같은 돌격대를 보면 유대인인 우리 아버지가 왜 나치 독일에서 피신하셨는지 알겠군.

해결되려면 아직 먼 논쟁거리에 대한 건전한 토론을 질식시키려는 당신의 나치스러운 정신머리가 황당하다. 당신에게는 상담과 치료가 필요하다.

당신네 리코 중상모략 이면의 멍청함이 만방에 드러나서 얼마나 다행인지!

당신이 어느 나라에서 기어 나왔는지 모르겠지만 이곳 미국에는 표현의 자유가 있다.

심장마비나 걸려버려라.

제일 키 하바 카나[힌디어로 "당신은 감옥에 갈 것이다."라는 뜻].

이 부정확한 인신공격성 게시물들이 올라오는 웹사이트는 대부분 글을 읽어보는 것은 고사하고 한 번도 들어본 적 없는 곳이었다. 게다가 나는 아직 시작도 하기 전이었다. 편지를 보낸 것에 어떤 잘못도 없음을 알고 있었으므로 싸움판에 뛰어들지 않고 몸을 사렸다. 하지만 카오스의 나비에게는 다른 생각이 있었으니 사소한 행동 하나가 말썽의 토네이도를 일으키게 된다.

편지에 서명한 한 명이 내 연구실에 전화하여 지구환경사회연구소(IGES) 웹사이트에 편지 내용을 올리고 사람들이 이메일과 트위터로 퍼 나를 수 있도록 링크를 첨부하자고 제안했다. 좋은 아이디어였다. 나는 편지가 최대한 널리 멀리 공유되길 바랐다.

당시 IGES는 비영리단체를 공식 해산하는 절차를 1년 넘게 진행하는 개점휴업 상태였다. 이것은 COLA를 민간 비영리단체에서 GMU로 옮기기 위한 마지막 단계이자 요건이었다. 하지만 웹사이트는 여전히 살아 있었기에 편지를 올려두기에 제격이었다. 그래서 COLA 직원에게(내가 전화를 받았을 때 우연히 복도를 걷고 있었다.) 편지를 온라인에 올려달라고 부탁했다. IT 부서장이나 COLA 소장에게 상의하지는 않았다. 내 생각이 짧았다.

실수를 깨닫기까지는 오래 걸리지 않았다.

몇 시간 지나지 않아 기사와 블로그의 논조가 달라졌다. 내가 설립했고 예전에 정부 지원을 받던 조직인 IGES의 웹사이트에 편지가 올라왔기 때문에(나는 편지가 정치적이라고 생각하지 않았지만 많은 사람의 생각은 달랐다.) 느닷없이 내가 논쟁의 중심에 놓였다. 이제 헤드라인은 나를 겨냥했다.

회의론자를 처벌하라고 오바마에게 요구하는 기후학자가 미국 납세자들에게서 수백만 달러를 받았다

오바마/리코 편지를 배후에서 주동한 기후학자가 답해야 할 중대한

질문이 몇 가지 있다

기후극단주의를 내세워 부자가 되다

리코 20의 우두머리는 기후 돈벌이의 좋은 사례다

회의론자를 처벌하라고 오바마에게 요구하는 기후학자가 '이중 수급'으로 수백만 달러를 벌었다

지구온난화 이중 수급자가 세금으로 가족을 배 불리다

이중 수급. 이듬해 내내 꿈에 출몰한 표현이었다. 기후변화 부정론자들의 주장은 내가 GMU와 IGES 둘 다로부터 급여를 받아 법적·윤리적 잘못을 저질렀다는 것, 지갑을 두둑하게 하려고 근거 없는 지구온난화 공포를 조장하는 일에 공적 자금을 쓴 기후변화 사기꾼이라는 것이었다. 설상가상으로 그들은 내 아내도 허위 비영리단체에서 급여를 받은 사기꾼이라고 말했다.

사실 나와 GMU의 계약은 상당한 규모의 연구 프로젝트가 있는 연구자 사이에서는 관행이었으며 **그뿐 아니라** 계약서, 양해각서, 세세하게 기록된 근무 기록표 등의 기록도 꼼꼼히 작성해두었다. 사실 나 자신이 기후변화 회의론자에 가까워서 오랫동안 IPCC 참여를 망설였다. 사실 우리의 편지에는 반대파 과학자들을 투옥

하라는 뉘앙스가 전혀 없었다. 사실 나는 메릴랜드 대학교의 정년 보장 교수직을 사임했으며 국립과학재단, 해양대기청, 나사에 제출한 연구비 제안서가 퇴짜 맞으면 실업자가 될지도 모르는 위험을 감수했다. 사실 앤은 IGES의 창립회원으로, 우리 집을 담보로 잡히고 차고에서 연구소를 출범시키는 데 동의했으며 그녀와 나는 연 소득의 3분의 1 가까운 금액을 정기적으로 기부했고 저렴한 차를 몰았으며 수십 년간 같은 집에 살았다. 그리고 삶을 변화시키는 과학이 이것을 가장 필요로 하는 사람들에게 이바지할 수 있도록 하는 데 오랜 세월을 바쳤다. 사실 나는 일반 시민으로서 편지를 보냈다. 편지는 집 근처 우체국에서 발송되었으며 봉투에 적힌 반송 주소는 우리 집이었다. 느닷없이 사실은 중요하지 않게 되었다. 거짓 정보 제조기의 눈에 나는 "'미국 역사상 최대의 과학 추문'을 일으킨 기후방정꾼"이었으며[7] 폭스 뉴스에 따르면 2015년에 "세 번째로 위험한 자"였다.

기후변화 부정론의 한가운데에서 거짓 정보 제조기를 폭로하려는 편지의 서명을 조직한 내가 이제는 그들의 폭력적인 과녁 한가운데 서서 그 제조기가 얼마나 거대하고 얼마나 두둑한 지원을 받는지 온전하고도 무시무시한 전모를 보고 있다는 아이러니가 생생하게 다가왔다.

편지를 보내고 한 달이 지난 10월 1일 나도 편지를 한 통 받았다. 라마 스미스라는 하원의원이 보낸 편지였다. 그는 미 하원 과학우주기술위원회 위원장이었다.[8] 나는 그때까지 라마 스미스가 누구인지 전혀 몰랐다. 극단주의 블로그와 우익 웹사이트를 인용하는 각주로 빼곡한 편지에서 스미스는 면세 비영리단체 IGES가 왜 "당파적 정치 활동에 참여하"느냐고 무시무시하게 캐물었다. 내게 수년 치 전자 기록과 종이 기록을 보존하고 제출할 수 있도록 준비하라고 엄포를 놓았다. (나중에 알게 된 사실인데, 놀랍게도 선동적 웹사이트와 블로거들이 스미스 씨의 편지에 대해 나보다 먼저 알고 있었다.)

같은 날 나사, 해양대기청, 국립과학재단도 스미스 하원의원에게서 IGES 연구 지원금 관련 기록을 요구하는 편지를 받았다.

하루바삐 변호사를 수소문해야 할 것 같았다. 첫 상담에서 변호사에게 지금 당장 나에게 대리인이 필요한지, 아니면 실제 조사가 발표될 때까지 기다려야 하는지 물었다. 내게 다음과 같은 조언을 건넬 때 그의 얼굴에 떠오른 심각한 표정은 결코 잊지 못할 것이다. "슈클라 박사님, FBI가 문을 두드리기 전에 변호사를 선임하는 것이 최선입니다." 위안이 되는 조언은 아니었다.

다행히 GMU 동료 하나가 다른 변호사를 추천했다. 그의 이름은 에드워드 뉴베리였으며 세계 최고의 법무법인으로 손꼽히는 스카이어 패튼 보그스의 파트너 변호사였다. 나는 내가 겪고 있는 유의 법적 문제에 대한 그의 지식과 이해도에 감탄했지만 지금 『슈퍼 예측(*Superforecasting*)』(일기예보의 불확실성과 확률에 대한 책)을 읽고 있다는 말에는 더더욱 감탄했다. 그는 이 사건에서 일어날 수 있는 결과를 회사의 다른 변호사들과 논의할 때 이 책이 요긴하다고 말했다. 짧은 유료 상담 이후 에드워드 뉴베리와 동료 클라크

켄트 어빈은 무료 변론을 하기로 했다. 이렇게 훌륭한 변호사들을 만나 엄청난 행운이었다.

몇 달 뒤 나는 에드워드를 대동하고서 워싱턴 DC 시내에 있는 레이번 하우스 업무용 빌딩* 회의실에 착석했다. 요청받은 문서를 쌓아둔 회의 탁자 앞에 앉아 여덟 명가량의 과학우주기술위원회 위원을 마주했다. 그들이 심문을 시작했을 때(주로 IGES의 창립과 운영에서 내가 맡은 역할에 대해 물었다.) 나는 침착하고 단호했다. 그들의 몇몇 가정에 의문을 제기하고 모든 질문에 팩트와 수치로 답했다. 내가 이 총살형 집행부대에 능숙하게 맞설수록 훗날 틀림없이 이 의자에 앉게 될 과학자들이 덜 고달플 거라 생각했다. 두 시간 가까이 지나자 그들은 질문이 바닥난 듯 서로 쳐다보기 시작했다. 회의가 끝난 뒤 에드워드는 낙관적이었다. 나의 증언으로 위원회의 순전한 오해가 말끔히 해소될 것이라고 장담했다. 나도 그의 말이 옳다고 확신했다.

애석하게도 에드워드와 나 둘 다 틀렸다. 막후에서는 스미스 하원의원이 여전히 바쁘게 편지를 쓰고 있었으며 그의 의원실은 내가 제출한 문서를 주요 신문의 편집부에 제공했다. 한편 경쟁기업연구소(엑손모빌과 결탁했으며 찰스 코크 재단과 데이비드 코크 재단의 후원을 받았다.[9])와 청구권연구소(코크 형제의 총애를 받는 곳[10]) 등 화석연료업계의 후원을 받는 여러 단체는 우리가 속한 대학들에 정보자유법에 의한 정보 공개 청구를 퍼부었으며 우리 편지와 관계된 이메일을 전부 공개하라고 요구했다. GMU 외부자문위원회에 속한 코크 형제 수하들과 법학대학원 학장이 나서서 편지에 서명한 GMU 교수들을 조사하여 해고하라고 대학을 압박하고 있다는 얘기도 들려왔다.

그해 봄 포토맥강 타이들베이슨 저수지를 따라 벚꽃이 피기 시작할 무렵 국립과학재단 감사실이 스미스 씨의 편지에 화답하여 IGES, 이곳의 재무 현황, 그리고 나를 자체 조사하기로 했다는 소식을 들었다.

돌이켜 보면 국립과학재단 감사관이 요구한 어마어마한 양의 문서와, 그들이 요구한 모든 것을 내가 제출할 수 있었다는 사실 중에서 무엇이 더 믿기 힘든지 모르겠다. 나는 평생 자료 보관에 만전을 기해 업무와 관계있는 문서는 종잇조각 하나 버리지 않았는데, 이 수고가 드디어 빛을 발했다. 국립과학재단 감사관이 IGES와 COLA 전 직원의 지난 8년간 격주간 근무 기록표를 요구하자 앤은 이튿날 잉크로 서명된 근무 기록표 원본을 보냈다. 상자 여러 개 분량이었다.

하지만 문서가 제출되었다고 그 안에 사소한 잘못이 없는 것은 아니었다. 나는 20년 넘게 근무 기록표를 작성하면서 GMU 업무에 쓴 시간과 IGES 업무에 쓴 시간을 꼼꼼히 기록했는데, 무심결에 시간이나 날짜를 잘못 기재한 근무 기록표가 있을까 봐 노심초

사했다. 감사실에서 자료의 모순을 하나라도 발견하면 이를 이중 수급의 증거로 제시하여 내 경력을 끝장내리라는 것은 의심할 여지가 없었다. 라마 스미스의 정치적 압박이 그만큼 거셌다. 하지만 앤이 모든 사항을 꼼꼼히 기록해두었고 우리가 모든 연방 규정을 철저히 지킨 덕에 국립과학재단 감사관은 지난 10년간의 근무 기록표와 지급 명세서를 검토하고서 모순을 단 하나도 찾아내지 못했다.

국립과학재단이 더 많은 자료를 요구하고 서류를 뒤지는 동안(더 생산적으로 쓸 수 있었던 업무 시간과 돈이 이렇게 허비되었다.) 우리가 할 수 있는 일은 기다리는 것뿐이었다. 나는 많은 시간을 좌불안석하며 보냈다. 몸무게가 줄고 수면제가 없으면 잠들지 못하자 의사는 나의 건강을 염려했다. 그러는 동안에도 직업적 삶은 여느 때처럼 흘러갔다. 위원회 참여 요청을 받고 강연하고 학회에 참석하고 발표를 진행했다. 그 모든 일이 벌어지는 와중에 미국기상학회에서 나를 명예회원으로 선정했다는 소식을 들었다. 학회가 줄 수 있는 최고의 영예였다. 하지만 머릿속 언저리에는 언제나 조사건이 어른거리고 있었다. 정직성을 의심받아 속상했지만 무엇보다 연구를 방해받아 괴로웠다. 편지만큼 소극적인 것에도 이런 반응이 돌아오는 상황에서 유의미한 기후 행동을 벌였다가는 어떤 꼴을 당할지 생각하니 심란했다. 여러 위협에도 나는 편지를 철회하지 않고 버텼다.

화도 났다.

이른바 추문이 전개되는 동안 스미스 하원의원이 석유·가스 기업들로부터 80만 달러 가까운 자금을 받았음을 알게 되었다. 최대 후원자는 화석연료업계였다.[11] 그 때문에 스미스가 하원 과학우주기술위원회 위원장으로서의 권한을 그토록 공격적으로 행사했는지는 추측의 영역이다. 나와 #RICO20에만 그런 것도 아니었다. 텍사스가 지역구인 이 하원의원은 첫 3년간 위원회의 54년 역사를 모두 합친 것보다 많은 소환장을 발부했다.[12] 화석연료업계는 정치인, 웹사이트, 이른바 싱크탱크에 자금을 후원하면서 막강한 군대를 양성했다.

알고 보니 이 군대는 내가 오랫동안 안전하다고 생각했던 중립지대를 이미 침공한 적이 있었다. 과학 말이다. 화석연료업계와 얽히면서 가장 괴로웠던 점은 그 영향력이 어디까지 미치는지 실감한 것이었다. 내가 오랫동안 충실히 몸담은 기관에서 내가 친구와 지도자로 여긴 동료 과학자들이 나를 변호하기는커녕 나를 끌어내리는 일에 적극적으로 가담한 것이다. 고향을 떠난 뒤로 보편상수와 불변하는 물리법칙은 언제나 나의 피난처였다. 연구에 몸담은 기간 내내 카오스의 한가운데에서 예측가능성을 찾은 것이 우연이었다고는 생각지 않는다. 나의 삶 자체가 예측가능성을 찾으려는 여정이었다. 이제 숱한 불면의 밤을 새우며 나의 직업이 오랫동안 선사하던 안정을 잃은 것에 괴로워했다. 나의 구명 뗏목은 잔혹하고 혼돈한 바다에 떠 있었다.

하지만 이따금 한밤의 칠흑색이 아침의 자주색에 밀려나듯 그 시기의 가장 의미 있는 순간들을 되새기며 위안을 찾았다. 얼어붙을 듯 싸늘한 방에서 인도 최초의 슈퍼컴퓨터를 설치하고, 제네바에서 단상에 올라 세계에서 가장 정확한 엘니뇨 예보를 발표하고, 캔자스 프레리의 누런 풀과 뱅골만의 일렁거리는 물 위로 낮게 비행하며 보낸 시간을 떠올렸다.

알아차리기까지 시간이 좀 걸리긴 했지만 18개월의 조사 중 어느 시점엔가 이 기억들이 다른 무언가를 드러내기 시작했다. 나의 구명 뗏목은 실은 과학이 아니었다. 허리케인 헌터의 창밖을 내다보던 젊은 시절 내가 앞으로 나아갈 수 있었던 것은 더 완벽한 모델을 만들겠다는 소망이 아니었다. 더 완벽한 세상을 만들겠다는 소망이었다. 희망, 낙관주의, 남을 도와야겠다는 의무감―지금껏 나의 단단한 땅이 되어준 것은 과학 자체가 아니라 그 헌신이었다.

이런 생각이 떠올랐다. 스미스 하원의원과 기후변화 부정론 제조기가 들이민 진짜 위협은 나의 평판을 무너뜨릴 수 있다는 사실이 아니었다. 심지어 나의 과학을 무용지물로 만들 수 있다는 우려도 아니었다. 그들의 진짜 위협은 나와 사람들 마음속에 있는 희망, 낙관주의, 헌신을 짓이겨 없애버릴지도 모른다는 점이었다. 나는 우리 자녀와 손자녀의 미래를 위해서라면 그런 위협이 현실이 되지 않도록 싸울 각오가 되어 있었다.

이런 생각은 2017년 11월의 이른 날들을 헤쳐 나갈 수 있도록 나를 떠받쳤다. 그러다 국립과학재단으로부터 이메일을 받았다. 내용은 이게 전부였다. "고발을 입증할 증거가 전혀 없다는 결론을 내렸습니다. 조사는 종결되며 어떤 추가 조치도 취해지지 않을 것입니다.” 듣자 하니 국립과학재단 감사관이 작성한 보고서 중에서 가장 짧은 것이었다고 한다. (국립과학재단 감사실로부터 편지를 받기 사흘 전 스미스 하원의원은 재선에 도전하지 않겠다고 선언했다. 하지만 그가 떠나가더라도 정치권에는 그의 자리를 차지할 준비가 된 기후변화 부정론자들이 얼마든지 있었다.) 2년 가까운 혼돈의 기간 동안 나를 지지해준 가족, 친구, 동료에게 이메일을 전달하면서 이것은 기후학의 고결성을 지키기 위해 치러야 하는 사소한 대가였다고 덧붙였다.

이메일을 보낸 날 오래전 마을에서 들었던 구절을 처음으로 떠올렸다. “산치 코 앙크 나힌.” 나무와 황금을 구별하는 방법을 알려주는 속담이다. 둘을 불길에 넣어 어떤 반응이 일어나는지 보라. 직역하면 이런 뜻이다. “불길은 진실을 해치지 못한다.”

2016년 4월 오바마 대통령이 마침내 우리 편지에 응답했다.

2016년 4월 26일
메릴랜드 록빌 자가디시 슈클라 교수 귀하
친애하는 슈클라 교수님께.

편지를 보내주셔서 고맙습니다. 변화하는 기후의 위협은 우리 지구의 미래를 그 무엇보다 극적으로 정의할 위력을 품고 있습니다. 언제나 미국의 리더십을 이끈 결단력과 공통의 목표의식을 길잡이 삼아 저희 행정부는 미래 세대를 위해 우리 지구를 보전하려고 대담하게 조치했습니다.

기후변화에 대한 과학적 합의는 분명합니다. 99퍼센트의 과학자가 지지하는 압도적 분량의 증거는 지구 기후가 여러 면에서 빠르게 변하고 있음을 보여줍니다. 변화의 주원인은 인간의 온실가스 배출이며 우리가 배출 속도를 유의미하게 역전시키지 않으면 이 추세와 관련하여 점점 무시무시한 결과가 닥칠 것입니다. 최근 우리는 폭풍이 거세지고 가뭄이 심해지고 산불 시기가 길어지는 것에서 기후변화의 결과를 목도했습니다. 이 현상들은 미국 전역에서 지역사회에 크나큰 피해를 끼쳤습니다.

국내에서 미국은 저탄소 경제를 추구함으로써 기후변화에 맞서는 독보적 진전을 거뒀습니다. 제가 취임한 뒤로 미국은 풍력을 3배 증가시키고 태양광을 30배 이상 확대했으며 저렴한 청정에너지원의 문턱을 낮추려고 노력했습니다. 우리는 미국 내 최대의 탄소 오염원인 발전소의 탄소 오염 기준을 사상 최초로 마련했으며 저희 행정부는 에너지 효율을 꾸준히 끌어올리기 위해 도시, 주, 기업과 지속적으로 협력했습니다. 또한 저는 재생에너지 세금 감면을 오랫동안 연장하기 위해 의회와 협력했으며 올해 의회에 제출한 예산안에 따르면 청정에너지 연구·개발 지원금을 2020년까지 두 배로 증액할 계획입니다. 민간 부문이 더 많은 일자리를 창출하고 청정에너지 비용을 낮추도록 지원하는 투자도 여기에 포함됩니다.

국외에서 미국은 기후변화에 대한 국제사회의 노력을 이끌었습니다. 지난해 12월 파리에서는 200개 가까운 나라가 모여 역사상 가장 야심찬 기후변화 협정을 마무리했습니다. 파리협정은 지구 기온 상승을 2도 아래로 유지하기 위한 토대를 확립하며 세계 경제가 청정에너지원을 향해 나아가고 있다는 강력한 신호를 민간 부문에 보냅니다. 우리의 최초 목표는 시작에 불과하지만 청정에너지 기술에서 계속 돌파구를 마련함에 따라 파리협정은 더 야심찬 목표를 만들어갈 얼개가 될 것입니다.

다시 말씀드리지만 편지를 보내주셔서 고맙습니다. 우리 세대는 아직 시간이 있을 때 이 문제에 대해 시급히 행동해야 할 유일무이한 책임이 있습니다. 저는 대통령 재임 기간과 그 이후에 우리 아이들이 안전하고 지속가능한 미래를 물려받도록 노력할 것입니다. 기후변화가 미국에 어떤 영향을 미치고 있는지에 대한 정보는 nca2014. Global1Change.gov를 참고하시기 바랍니다. 기후변화의 위협에 대처하는 저의 행동 계획을 알고 싶다면 www.WhiteHouse.gov/Climate-Change를 방문해주십시오.

고맙습니다.
버락 오바마

내가 겪어봐서 분명히 말할 수 있는데, 정부 기금을 소홀하게 관리했다며 선출직 공직자에게 고발당하는 것보다 두려운 일은 없다. 10년간 작성한 문서를 종잇조각 하나까지 제출하라고 요구받는 것보다 무지막지한 일도 없다. 그 고발과 요구를 처리하는 동안 뒷전에 밀려나는 것은? 과학이다.

나는 화석연료업계와 그들에게서 꾸준히 시빗거리와 두둑한 자금을 지원받는 방대한 기후변화 부정론자 네트워크에 휘말리면서 많은 교훈을 얻었다. 무엇보다 내 사례가 결코 유일무이하지 않음을 배웠다. 사실 공적 자금의 집행을 문제 삼고 통신 내역을 샅샅이 요구하여 과학자를 윽박지르는 수법은 기후변화 부정론자 핸드북의 첫 페이지에 실려 있다. 대수롭지 않은 일로 표적이 되는 경우도 허다하다.

텍사스 A&M 대학교의 대기과학자 앤드루 데슬러(Andrew Dessler)가 한 일이라고는 《뉴욕 타임스》 기자의 전화를 받은 것뿐이었다. 데슬러의 이름은 기후변화 부정론자와 그들의 구름 강박에 대한 기사에 두 번 등장했다. 그는 이렇게 말했다. "신뢰할 만한 기후변화 회의론자의 말을 들어보면 구름에 판돈을 모두 걸었다는 걸 알 수 있습니다."[13]

이튿날 텍사스 A&M에 정보공개 청구가 접수되었다. 청구인은 코크 형제와 연계된 초보수 싱크탱크 경쟁기업연구소에

서 근무 중이던 크리스토퍼 호너였다.[14]

정보공개 청구의 근거인 정보자유법은 연방정부에 대한 언론 보도를 지원하고 정부가 정직하게 자료를 제출하도록 하기 위해 1966년 제정되었다. 기자는 정보공개 청구를 통해 미공개 정부 문서를 열람할 수 있다. 하지만 오늘날 뉴스 매체가 정보공개를 청구하는 비율은 8퍼센트에도 못 미친다.[15] 5분의 1 이상은 호너 같은 개인이 청구한다. 호너는 데슬러의 이메일 중에서 '린즌, 마이클 맨, 하키 스틱, 기후게이트(climategate), 부정론자, 담배'가 포함된 것을 제출하라고 텍사스 A&M에 요구했다. (일부 용어는《뉴욕 타임스》기사와 전혀 상관없었다.) 호너는 자신의 단체가 "세금을 지원받는 학자들이 어떻게 지위를 이용하여 특정 의제를 선전하는지" 조사하는 일에 종사한다고 《워싱턴 이그재미너》에 썼다.[16]

PBS 탐사 다큐멘터리 프로그램 「프런트라인」에서 기후학의 정치를 다루는 편에 데슬러가 출연하자 경쟁기업연구소는 또 다른 정보공개를 청구했다.

당연하게도 두 건의 청구 모두 어떤 법적 조치로도 이어지지 않았다.

같은 해 경쟁기업연구소는 또 다른 기후학자인 텍사스 공과대학교의 캐서린 헤이호(Katharine Hayhoe)를 겨냥하여 대학에 세 건의 정보공개를 청구했다. 헤이호가 기후 정책에 대한 책의 한 장(章)을 쓰면서 공적 자금을 횡령했다는 증거를 찾기 위해서였다.(집필에 공적 자금을 지원받는 일은 어느 학자에게나 예사롭다.) 이 버거운 요구는 어떤 결과도 내놓지 못했다. 실은 법적 조치는 중요하지 않을지도 모른다.

미국참여과학자연맹에서 발표한 2015년 보고서에 따르면 "과학자를 비롯한 학술 연구자를 괴롭히고 접주거나 그들의 연구를 지연시키기 위한 공개 기록 청구가 증가하고 있다. 이것이 주목적인 경우도 많을 것이다."[17] 내가 보기엔 과학자의 평판을 떨어뜨리려는 목적도 있는 것 같다. 누군가가 공적 자금을 허투루 썼을지도 모른다는 생각만으로도 보통 미국인의 마음속에 의심이나 경멸감을 일으킬 수 있기 때문이다.

불순한 정보공개 청구가 동원된 가장 악독한 사례 중 하나는 펜실베이니아 주립대학교의 대기과학자 마이클 맨(Michael Mann)을 겨냥한 것이었다. 1990년대 후반 맨과 동료는 지난 1000년에 걸친 북반구 평균 기온을 재구성하여 그래프를 그렸는데, 이에 따르면 20세기에 기온이 급등했다. 이 그래프는 하키 스틱 그래프로 불린다.

2005년 또 다른 텍사스 하원의원 조 바턴이 맨의 연구에 대해 조사를 의뢰하면서 자금 출처, 컴퓨터 코드, 개인 정보를 요구했다. 5년 뒤 버지니아주 법무장관은 맨이 1995년부터 2005년까지 재직한 버지니아 대학교에 그와 관계된 이메일과 문서를 모조리 요청했다. 대학이 요청에 응하지 않아도 된다고 판결이 나자 미국전통연구소(지금은 에너지환경법률연구소로 이름이 바뀌었다.)가 참전하여 같은 문서에 대해 정보공개를 청구했다. 사건은 주 대법원까지 올라갔으며 결국 맨과 학문의 자유가 승리했다. 기후학이 거둔 드문 승리였다.

오랜 재판 과정에서 다양한 분야의 환경주의자들이 힘을 합쳐 맨의 소송 비용을 마련하기 위한 기금을 모금했다. 이 사업은 결국 기후과학변호기금으로 발전했으며 괴롭힘이나 검열, 협박을 당하는 기후학자에게 법률 조력을 제공한다. 로런 커츠와 기후과학변호기금은 나를 맨 처음 지원해주었다. 내가 소송에 시달리는 동안 도움을 베풀어준 것에 감사한다. 지금도 이 기금은 업계의 지원을 받는 단체들로부터 공격받는 과학자를 변호한다.

과학자들이 반격에 능숙해지고는 있지만 반(反)과학 운동도 진전을 거두고 있다. 과학계에 "상당한 신뢰"가 있다고 응답한 미국인 성인의 비율은 48퍼센트에서 5년 만에 39퍼센트로 낮아졌다. 여기에는 팬데믹 때처럼 거짓 정보가 만연한 탓도 있다. 약 13퍼센트는 신뢰가 "전혀" 없다고 답했다.[18]

지금은 기후학자에게는 힘든 시기일 수도 있다. 하지만 중요한 시기이기도 하다.

열 여덟

내가 과학계에 몸담은 55년간 연구자들은 지구의 대기, 기후계, 날씨 패턴의 경이로운 면모를 거듭거듭 발견했다. 해수 온도가 수백 킬로미터 떨어진 지역에 극적 영향을 미칠 수 있다는 것, 우리 발아래서 변하지 않는 것처럼 보이는 육지가 우리 머리에 떨어지는 비의 양을 좌우한다는 것도 그중 하나다. 동료들과 나는 기후 모델과 슈퍼컴퓨터의 가장 작은 세부 사항까지 강박적으로 챙겼으며 무수한 기구(氣球), 선박, 비행기, 위성을 띄워 정보를 수집했다. 과거의 날씨를 재분석하는 데 어마어마한 금액과 시간을 투자했으며 고성능 예측 설비를 가장 필요한 나라에 설치했다. 나와 같은 시기에 연구자의 길에 들어선 사람들이 은퇴를 앞둔 지금 우리는 장학금, 연구비, 학과 신설 등의 방법으로 다음 세대 과학자를 지원하는 일에 시간과 돈을 투자하고 있다. 올해 미국기상학회 총회에서는 기쁘게도 '자가디시 슈클라 지구 시스템 예측가능성 상'의 첫 시상이 진행되었다. 예측가능성에 대해 뛰어난 공로를 세워 사회에 이바지한 연구자에게 주는 상이다.

그럼에도, 지난 반세기 동안 온갖 성취를 이뤘음에도 이루지 못한 일이 훨씬 많았고 돕지 못한 사람이 훨씬 많았고 쓰지 못한 편지가 훨씬 많았다는 아쉬움을 떨칠 수 없다.

오바마 대통령에게 보낸 편지는 내가 참여한 가장 널리 알려진 교신일 테지만 고백건대 나는 지금껏 어마어마한 양의 편지를 썼고 지금도 쓰고 있다. 나는 아버지의 아들이다. 문제를 인식하고 그 해결 방안이 떠오르면 망설이지 않고 힘 있는 사람들에게 해결책을 들려준다. 그간 이런 태도로 성가신 사람이라는 악평을 얻었지만 중요한 목표를 많이 이룰 수도 있었다.

나의 모교 바나라스 힌두 대학교는 타 기관의 연구 부서에서 일하는 사람들에게 박사 학위를 수여하는데, 내가 몸담은 인도열대기상연구소(IITM)를 그런 기관 중 하나로 인정하도록 대학을 설득할 수 있었던 것도 편지가 한몫했다. 짐작건대 IITM이 그때까지 그런 기관으로 인정받지 못한 이유는 신설 기관이었고 당시 기상학이라는 미심쩍은 학문에 주력했기 때문일 것이다. 그래서 IITM 과학자들이 연구에 근거하여 박사 논문을 제출할 수 있도록 허용해 달라는 편지를 썼다. 몇 년 뒤 나는 논문을 제출하여 첫 박사 학위를 받았다.

1971년 MIT에 다닐 때 주미 인도 대사 트릴로키 나트 카울이 주최한 인도 학생 소모임에 참석했다. 모임이 끝나갈 무렵 대사는 인도 사회나 양국 관계를 개선할 방안이 있으면 편지를 보내라고 권유했다. 대사의 권유를 받아들인 학생이 몇 명인지는 모르겠지만 나는 분명히 받아들였다.

IITM에서 근무한 뒤로 나는 인도 기상청이 '연공서열 및 적합도(seniority-cum-fitness)' 제도를 폐지해야 한다고 믿었다. 이 제도는 직원이 어떤 성취를 거뒀느냐가 아니라 조직에 얼마나 오래 근무했고 상관에게 얼마나 총애받느냐를 기준으로 보상한다. 이 때문에 기상학에 대해 어떤 자격도 없는 사람이 기상청 총책임자가 되기도 했다. 실제로 관련 경력이라고는 지진학뿐인 사람이 평생 근무했다는 이유로 한동안 인도 기상청을 이끌었다.

그래서 카울 대사에게 편지를 썼다. 능력을 기준으로 기상청장을 임명해야 한다고 주장했다. 아무 반응이 없자 편지를 또 보냈다. 이번에는 대사가 나의 제안을 인디라 간디 총리에게 전달했다고 답변했다. 얼마 지나지 않아 나는 뉴델리에 초청받아 이 문제를 다루기 위해 설립된 위원회에서 발언했다. 몇 년 뒤 연공서열 및 적합도 정책은 폐지되었으며 능력에 근거한 임명이 정착했다.

2000년대 초에는 인도의 낙후한 예보 역량에 대해 급히 휘갈겨 쓴 편지를 인도 총리에게 보냈다. 그래서 답장이 왔을 때 조금 놀랐다. 자신의 다음번 워싱턴 방문 때 만나자는 초대도 함께였다.

그리하여 블레어 하우스⚡ 응접실에서 나는 총리 싱, 수석 각료, 인도 기획위원회 부위원장을 앞에 두고서 "세계 최대 민주주의 국가 중 하나의 일기예보 서비스가 발전도상국을 통틀어 가장 낙후했"다고 말했다. 가까이 앉은 수석 각료는 내내 심기가 불편해 보였다. 그를 위해 한마디 덧붙였다. "인도는 잠재력이 엄청납니다. 전 세계에 인도 출신 과학자가 많습니다. 날씨와 기후 전문가들입니다. 그들이 기꺼이 도와줄 겁니다."

총리는 경제학자 출신이어서 정확한 몬순 예보가 인도 경제에 얼마나 중요한지 알았다. 그가 얼마나 오랫동안 내게 질문을 쏟아내던지 보좌관이 면담을 끝내야 한다며 끼어들어야 할 정도였다. "총리님, 세계은행 총재가 기다리고 있습니다." 보좌관의 말에 깜짝 놀랐다. 총리가 명함을 달라기에 양복 주머니를 더듬었는데, 명함을 가져오지 않은 것을 깨닫고서 혼비백산했다. 하지만 상관없었다. 나의 다음번 인도 방문 때 싱 총리는 나를 관저에 초청했으며 자신이 귀국 직후 신설한 지구과학부의 국제자문위원회 위원장으로 나를 지목했다.

나는 편지 쓰기를 적극 추천한다.

물론 많은 편지는 쓰레기통에 처박히거나 비서의 책상 구석에

⚡ 미국의 영빈관.

서 먼지를 뒤집어쓴다. 나는 새 프로그램, 새 위원회, 새 기관을 요청하는 편지를 수도 없이 썼다. 어떤 것은 중대한 성과로 이어졌고 어떤 것은 무시당하거나 어떤 결실도 거두지 못했다.

2000년대 초 여러 기관에 뿔뿔이 흩어진 기후 모델을 통합하여 국가가 조율하는 기후 모델링 사업을 시작해야 한다며 미국 연방 기관들에 여러 통의 편지를 보냈는데, 영양가 있는 답장은 하나도 받지 못했다. 몇 년이 지난 2008년 세계모델링정상회의를 성공적으로 주최한 뒤 다시 시도했지만 이번에도 성공하지 못했다. 기후 모델링에 관계된 미국 기관들은 뚜렷한 과학적 근거 없이, 국가의 막대한 과학·컴퓨터 자원을 허비하면서 기관마다 독자적 기후 모델이 필요하다고 주장했으며 지금도 주장한다.

열대해양전지구대기(TOGA) 프로그램을 성공적으로 끝마친 뒤에는 TOGA를 조직하고 관리하는 모기관 세계기후연구프로그램에 편지를 써서 전지구 기후 변동 프로그램을 신설하도록 했다. 이 프로그램은 오늘날까지 운영된다. 하지만 차니의 세계기상실험과 같은 방식으로 전지구적 해양·대기·육지 상호작용과 예측가능성을 연구하는 세계기후실험을 출범시키자는 제안은 수포가 되었다.

모디 총리는 미국이 파리협정에서 철수하지 않도록 도널드 트럼프를 설득해달라는 나의 편지에 응답하지 않았으며(조치도 취하지 않았다.) 기후 적응에 필요한 포괄적 국가 기후 평가를 실시하라는 간곡한 부탁에도 답장을 보내지 않았다.

편지가 전부 과학에 관계된 것은 아니었다. 이라크 전쟁을 앞두고는 지미 카터와 넬슨 만델라에게 편지를 써서 항의 표시로 단식 투쟁을 벌이라고 촉구했다. 워싱턴 DC 시내의 마하트마 간디 조각상 앞에서 하면 금상첨화였을 것이다. 카터 대통령에게서는 한 번도 답장을 받지 못했지만 만델라의 보좌관에게서는 답변을 받았다. "애석하게도 그는 이 문제에 개입할 위치가 아닙니다."

10년 전 앤과 나는 버지니아의 한 식당에서 저녁을 먹다가 여성 종업원과 대화를 나누었다. 그녀는 최근 외국 단체 관광객이 식당을 찾아와 몇 시간 동안 머물며 수백 달러어치 식사를 한 사연에 대해 이야기했다. 관광객들은 팁 관습이 없는 나라 출신이어서 그녀에게 한 푼도 주지 않고 떠났다. 여성 종업원은 이 이야기를 들려주면서 눈물을 글썽였다. 그녀는 그날 밤 헌신적으로 일했음에도 종업원 최저임금인 시급 2달러 13센트밖에 벌지 못했다. 이 대화가 가슴에 사무쳐서 집에 돌아오자마자 식당 종업원들을 위해 싸우는 비영리단체를 찾기 시작했다. 나는 뛰어난 운동가 사루 제이라만이 이끄는 원페어웨이지(One Fair Wage)를 떠올려 당장 이메일을 보냈다. 내가 이 단체 이사회에 몸담은 10년간 원페어웨이지는 여러 도시의 정책을 변화시켰으며 지금은 팁을 받는 노동자의 최저임금을 개편하라는 국가 정책 캠페인을 벌이고 있다.

물론 나는 리코 편지 사태를 겪었다. 당시에는 일이 내가 의도한 대로 풀리지 않았다. 법무부는 우리 제안을 받아들이지 않았으며 오히려 내가 조사 대상이 되었다. 하지만 나는 그 편지를 성공 사례로 여긴다. 내 사연이 널리 알려지긴 했지만 그 밖에도 기후과학변호기금에서 공개한 비슷한 사연들은 기후변화 부정론 운동의 핵심에 있는 무자비한 탄압 수법을 폭로하는 좋은 예가 되었다. 이따금 대학원 수업에서 리코 무용담을 들려줄 때가 있는데, 매번 마지막에 박수가 터져 나와 조금 멋쩍다. 화이트하우스 하원의원의 기명 칼럼을 시무룩하게 읽은 지 10년 뒤 상황이 **정말로** 달라졌다. 이젠 희망을 품을 이유가 충분하다. 과거와 현재의 학생들, 미국과 인도의 학생들에게서 희망의 실마리를 본다.

요즘은 고향 방문이 낙이다. 간디 대학은 수천 명의 농촌 학생, 특히 젊은 여성의 삶을 변화시켰다. 이들 여성의 부모는 신랑감 가족에게 딸이 간디 대학 졸업생이라고 자랑스럽게 이야기한다. 그동안 조지 메이슨 대학교, 옥스퍼드 대학교, 워싱턴 대학교, 시애틀 대학교, 조지아 공과대학교의 친구와 동료 교수들이 미르다에 찾아와 간디 대학을 방문하고 학생들을 만났다.

COLA가 30주년 반환점을 돌면서 소속 과학자 여러 명이 교수가 되고 자신의 연구 분야를 주도하는 세계적으로 저명한 학자가 되었다는 사실이 뿌듯하다. 다른 연구소를 이끄는 사람들도 있다. 조지 메이슨 대학교의 기후역학 박사과정도 새로운 기후학 전문가를 계속 배출하고 있으며 지금까지 예순 명 이상이 박사 학위를 받았다.

나의 기후 101 강의실을 채우는 학부생들은 해마다 그전 학생들보다 더 박학하고 더 열성적이다. 실은 코로나 이전 10년간 수강생이 네 배 늘었다.

이 젊은 성인들은 파국적 기후변화의 두려운 그림자 아래서 자랐으며 문제에 대해 불평하는 게 아니라 문제를 **해결**하고 싶어 한다. 몇 년 전 학생들은 수업에서 기후의 영향, 산불과 홍수와 서식처 유실을 너무 오래 다룬다며 해결책에 집중하는 시간을 늘려달라고 요청했다. 그래서 마지막 두 강의를 변경했더니(지금은 '기후 해법의 희망적 징후들'이라고 불린다.) 학생들이 열띤 호응을 보냈다. 오래지 않아 이 젊은이들이 기업, 비영리단체, 정부의 열쇠를 쥘 것이다. 그들이 책임 있는 자리에 앉으면 선배들보다 나은 결정을 하리라 믿는다.

이것이 내가 여든 살 생일을 맞고서도 계속 가르치는 이유다. 대부분은 내가 기후학자여서 미래를 비관하리라 예상하겠지만 나는 학생들을 보면서 미래를 훨씬 낙관한다.

내가 자랄 적에는 날씨가 삶을 좌우했다. 날씨는 먹을 식량이 있는지 없는지, 씻을 물이 있는지 없는지, 망고나무 아래 숨거나 어머니 무릎 밑에 웅크려야 하는지를 결정했다. 나이를 먹으면서는 악천후를 막아주는 아파트와 제설기를 갖춘 도시를 오가며 지냈다. 날씨는 두려운 적이라기보다는 호기심거리, 이해해야 하는 대상, 해부하고 분류해야 하는 재료처럼 보였다. 결국 학문적 관심이 계절 기후로 돌아서고 그 너머로 나아가면서 하루하루의 날씨에 대한 관심은 사라졌다.

나만 그런 것이 아니다. 지금까지 수십 년간 인류는 날씨를 피할 방법을 찾으며 마치 자신이 날씨를 좌우하는 것처럼 살았다. 우리는 둑을 쌓고 대규모 관개 시설을 짓고 조상들이 한두 계절만 생존할 수 있던 장소에 영구적으로 정착했다. 누구도, 무엇도 우리에게 감 놔라 배 놔라 하지 못한다.

그런 날씨가 이제 우리의 관심을 강제로 요구하기 시작했다. 지독한 열기, 전례 없는 홍수 같은 극단적 현상은 더는 전 세계 가난한 오지 주민들만 겪는 일이 아니다. 날마다 우리의 교외 주택 문간에 당도하는 날씨가 다시 한번 내가 시골뜨기일 때처럼 변덕스럽고 혼돈스러워졌다.

이 때문에 많은 사람들이 기후불안을 겪고 있다는 걸 안다. 나는 그들을 비난하지 않는다. 세상이 얼마나 잔인하고 무질서하게 느껴지는지 몸소 겪어보았기 때문이다. 상황이 금세 나아질 가능성은 희박하며 극단적 날씨는 일상이 되었다. 하지만 희망을 품을 이유는 있다.

기후변화를 관리하고 경감하려면 세 가지가 필요하다. 좋은 소식은 처음 두 가지가 이미 해결되었다는 것이다. 첫째, 과학을 이해해야 한다. 완료. 둘째, 이산화탄소로 가득한 공기를 뿜어내는 일을 멈추게 할 수 있는 기술이 필요하다. 완료. 셋째, 과학에 귀 기울이고 기술을 받아들일 의지가 필요하다. 우리의 발목을 잡는 것은 마지막 세 번째 조건이며 정치 체제에 기생하는 기업의 탐욕이 걸림돌이다.

불과 40년 전에도 사회는 매우 비슷한 상황에 처해 있었다. 거품, 에어로졸, 에어컨 등에 쓰이는 유독 온실가스 염화불화탄소는 유해한 태양 복사를 막아주는 지구의 자연 보호벽인 오존층에 구멍을 뚫었다. 구멍을 막기 위해서는 무시무시한 경고를 발하고 신기술을 개발하고 행동을 촉구하는 과학자들에게 귀를 기울여야 했다. 오존층 구멍이 탐지된 지 불과 2년 만인 1987년 마흔여섯 개국이 몬트리올의정서를 체결하여 유해 염화불화탄소를 퇴출하기로 했다. 2008년 팔레스타인의 비준으로 몬트리올의정서는 세계 모든 나라가 비준한 최초이자 유일한 유엔 환경 협약이 되었다. 오늘날 오존 파괴 물질은 사실상 전부 생산이 중단되었으며 2060년대가 되면 오존층 구멍이 닫힐 것으로 전망된다.[1]

우리는 재난과 뉴스의 끝없는 하이라이트 장면에 종종 절망하지만 오존층 구멍 이야기에서 보듯 **기후학의 희망적 징후들**, 상황을 낙관할 수 있는 증거가 있다. 전기차 판매가 호조를 보이고 있다. 미국과 유럽에서는 CO_2 배출량이 2005년과 1979년에 각각 정점에 도달한 뒤 하락하기 시작했다.[2] 대서양에서는 풍력 발전기가 조금씩 솟아오르고 있으며 미국 내 중대형급 신규 에너지원의 80퍼센트 이상이 재생에너지다.[3] 최근 10대 청소년들이 깨끗하고 건강한 환경에 대한 권리를 위협한다는 이유로 몬태나주에 소송을 제기하여 승소했다! 앞길은 멀지만 우리는 이미 발을 내디뎠다.

내가 한쪽에 치우쳤는지도 모르지만 장담컨대 기상학은 인류가 서로를 돌보는 가장 오래되고 협력적인 시도다. 우리는 그동안 성취한 모든 것을 쉽게 잊는다. 500년 전 인류는 바람이 불고 하늘이 뚫려 비가 내리는 이유를 짐작조차 할 수 없었다. 신이나 별의 행위이거나 지구가 숨 쉬는 거라고 여겼다. 100년 전 정확한 주간 일기예보를 내놓는 것은 불가능한 판타지였다. 50년 전에는 몇 달 뒤 기후를 예측한다는 발상은 웃음거리였을 뿐 아니라 과학적으로 불가능하다고 치부되었다.

그럼에도 인도 외딴 촌구석 출신 소년의 가슴속에서 어른거리던 작은 희망은 여러 스승의 가르침을 받으며 바로 그 발상의 과학적 근거가 되었다. 소년의 낙관적 예감 덕분에 오늘날 전 세계는 미래를 계획하고 재난을 대비하여 피할 수 있게 되었다. 나의 연구는 오로지 나보다 먼저 꿈을 꾼 수많은 불굴의 위인들 덕분에 가능했다. 이들 과학자는 대기를 지배하는 법칙, 혼돈 가운데에서 질서를 찾는 방법을 발견했다.

오늘 자라고 있는 미래 과학자들이 어느 때보다 심대한 난관을 맞닥뜨리게 될 것은 사실이다. 하지만 세계 방방곡곡에서 명석한 과학자들이 모여들어 정치적·종교적·문화적 차이를 내려놓고 불가능해 보이던 난관을 이겨내는 광경을 거듭거듭 목격한 사람으로서 나는 그들이 이번에도 해내리라 굳게 믿는다. 게다가 내일의 기상학자와 기후학자는 기계학습과 인공지능이라는 근사한 기술을 곁에 두고 있다. 더 똑똑한 위성과 더 빠른 컴퓨터는 말할 것도 없다. 양자컴퓨팅이 상용화되면 컴퓨터는 더욱 빨라져 어마어마한 해상도의 지구 시스템 모델을 제작할 수 있을 것이다.

하지만 결국 우리를 구하는 것은 모델이 아니다. 슈퍼컴퓨터나

IPCC 평가보고서나 기후 관련 비정부단체도 아니다. 기후학자만도 아니다. 미래 세대를 위한 책임을 몸소 받아들이고 행동을 선택하는 모든 사람이다. 소비 패턴을 바꿀 수도 있고 짬을 내어 환경 비영리단체에서 봉사할 수도 있고 기후행동을 중시하는 정치인에게 투표할 수도 있고 마음이 동할 때 그저 앉아서 편지를 쓸 수도 있다. 내가 학생들에게 말하듯 기후불안을 이겨내는 최고의 방책은 기후행동이다.

우리 기후는 변화하고 있으며 우리 지구는 곤경에 처했다. 앞길은 때로 두렵고 불확실하게 느껴진다. 하지만 나는 카오스 한가운데에서 예측가능성을 찾았다. 그곳은 폭풍이 몰아치고 나비 떼가 몰려들 때 피신할 수 있는 안전한 장소다. 내게 그곳은 세상을 더 나은 곳으로 바꾸기 위한 꾸준하고 끝없는 연구였다.

당신도 동참하길 바란다.

세계기상기구 회장 알렉산드르 베드리츠키에게서 국제기상기구(IMO-2007)상을 받는
장면.

감 사 의 글

오늘의 저를 있게 해준 것은 어머니의 사랑과 너그러움, 아버지의 포부, 모험심, 회복력입니다.

저는 외딸고 낙후한 시골에서 아버지 찬드라셰카르 슈클라와 둘째 어머니 시타 데비의 여섯 생존 자녀 중 하나로 자랐습니다. 저희 마을에는 도로도, 화장실도, 학교도, 전기도 없었습니다. 하지만 아버지가 돌아가신 뒤 어머니와 형 마헨드라는 넉넉하지 않은 가정 형편에도 저를 대학에 보내기로 마음먹었습니다.

저를 사랑하고 지지해준 가족인 아내 아나스타샤(앤), 딸 소니아와 푸자, 손녀인 너태샤, 아루시, 아스타에게 감사합니다. (삶의 의미를 놓고 참을성 있게 나와 토론해준 앤과 소니아에게 특히 감사합니다.) 형 마헨드라, 남동생 칸하이야와 슈리람, 여동생 빔라와 수바드라, 그리고 그들의 가족이 보여준 사랑, 애정, 굳건한 지지에 감사합니다. 동생 칸하이야와 제수 만주는 가장 힘든 시기에 나를 위로해주었습니다.

친구 아서 베스와 수지 베스, 마크 케인과 바버라 케인, 수라지 지야니, 산토시 지우라지카와 키란 지우라지카, 켄 무니, 팀 파머와 질 파머, 데이비드 스트라우스와 수전 스트라우스, 두 사람의 딸 에밀리, 마이크 월리스와 수지 월리스, 피터 웹스터는 제 연구와 사회 활동에 영감을 선사했을 뿐 아니라 제 고향을 찾아 간디 대학을 방문하고 학생들을 격려했습니다. 너그럽게도 대학에 도서관을 설립해준 지우라지카 가족과 대학에 가정학 강좌를 개설해준 라메시 모디, 나레시 모디, 아쇼크 파디아와 우샤 파디아, 하르시 파디아에게 누구보다 감사합니다. 영어 강좌와 컴퓨터 학습 강좌를 개설하고 몇 년간 수업을 진행한 수지 월리스와 역시 대학에서 가르친 에밀리 스트라우스와 소니아 슈클라에게 감사합니다. 지속적인 지지와 격려를 보내준 바이자 와글레와 딜레프 와글레에게 감사합니다.

낙후한 촌 동네에서부터 바나라스 힌두 대학교, MIT, 나사, COLA, 조지 메이슨 대학교까지 제가 학문적 여정을 밟는 동안 크고 작게 도움을 준 사람들이 많습니다. 본의 아니게 누락한 분들에게 죄송합니다.

기상·기후 분야의 훌륭한 과학자들에게서 배울 수 있어 행운이었습니다. 저의 박사 지도교수가 줄 차니, 노먼 필립스, 마나베 수키, 에드워드 로렌즈 네 분이었던 것은 순전히 운이었습니다. 노벨상 수상자 마나베 수키와 정기적으로 토론하는 것은 여전히 제게 특권입니다. 압두스 살람과 로저 리벨과 소통하면서 발전도상국과의 협력에 대한 의욕이 생겼습니다.

A. K. 티와리와 B. K. 티와리에게는 아직도 빚이 있습니다. 두 사람의 지지와 격려가 없었다면 저는 바라나스 힌두 대학교에서 달아나 고향에 돌아갔을 것입니다. 1960년부터 사귄 바라나스 힌두 대학교 동기 카비르 로이 초드리, 타르케시와르 랄, R. N. 싱, S. N. 타쿠르도 언제나 저를 격려해주었으며 이날까지도 정기적으로 줌 대화를 나누고 있습니다.

저의 기상학 진로의 출발점인 인도열대기상연구소에서는 시골 출신 소년인 저를 일원으로 받아준 저의 첫 상관 K. R. 사하와 동료 D. A. 물리, D. R. 시카, R. 수리야나라야나에게 감사합니다. 일본 기상청의 닛타 T.와 감보 K.에게는 여전히 빚이 있습니다. 두 사람은 1967년 일본을 방문한 제게 마쓰노 다로와 두 층 대기 모델을 소개해주었습니다. 이 모델로 작업한 덕에 1968년 도쿄 학회에 참석하여 줄 차니를 만날 수 있었습니다.

인도에서 MIT로 갈 수 있게 해준 풀브라이트 연구비 지원 프로그램에 감사합니다. 학과장 노먼 필립스가 보낸 MIT 입학확인서에는 등록할 때 적어도 500달러가 있어야 한다고 적혀 있었습니다. 그 돈을 빌려준 R. C. 스리바스타바에게 감사합니다. 그의 수표는 제가 1971년 8월 MIT에 도착하기 전에 이미 도착해 있었습니다. 워너 체이신과 주디 체이신은 외국인 학생인 나를 묵게 해주겠다고 자청했습니다. 얼마나 운이 좋았던지요.

인도의 근사한 정부 일자리를 그만두는 것이 현명한 일인지 두 번 고민하지 않고 MIT 대학원에 진학한 것은 MIT 기상학과의 동기, 박사후 연구원, 교수들 덕분입니다. 내가 문화 충격을 이겨낼 수 있도록 도와주고 지지해준 아서 베스와 수지 베스, 마크 케인과 바버라 케인, 딘 더피, 이네스 펑, 캐시 게브하르트, 제리 허먼, 제프 크롤, 안토니우 모라, 에드 세라치크, 존 월시, 존 윌렛에게 감사합니다. 조지 필랜더와 힐다 필랜더, 데이브 핼펀과 테마 핼펀을 비롯한 몇몇은 이날까지도 만나고 함께 식사하고 웃음을 주고받습니다. MIT에서 만난 차니의 두 박사후 연구원 에드 슈나이더와 데이비드 스트라우스는 COLA 설립을 도와주었습니다.

MIT의 많은 인도 학생은 함께 식사하고 포커를 치고 발리우드 영화를 보면서 제 삶을 풍요롭게 해주었습니다. 비르 바르티야, 아닐 반다리, 나나지 사카, V. 크리슈나무르티, 쇼바나 리시, 아쇼크 파디아와 우샤 파디아, 산토시 지우라지카와 키란 지우라지카, 날리니 스리니바산, 만지트 싱 칼라, 디프 조시, 아바타르 싱, 카플레시 쿠마르와 저는 지금까지도 친구로 지내고 있으며 자주 만납니다. 저의 룸메이트이자 평생지기 V. 크리슈나무르티에게 감사합니다. 우리는 몬순에 대한 공동 연구를 계속 진행하고 있습니다. 앤과 저는 비르가 세상을 떠날 때까지 비르, 푸르니마, 아닐, 돌리와 정기적으로 만나 식사했으며 이제는 남은 다섯 명이 전통을 이어가고 있습니다.

제가 지구물리유체역학연구소(GFDL)에서 1년간 마나베 수키와 함께 연구할 수 있도록 주선해준 노먼 필립스에게 감사합니다. GFDL 과학자들, 특히 커크 브라이언, 브램 오오트, 이소도로 올란스키, 조지프 스마고린스키의 지혜와 지도에 감사합니다. 프린스턴대학교 박사후 연구원 시절 더그 한과 공동 연구를 진행하면서 적설 면적이 계절예측에 얼마나 중요한지 알게 되었습니다. GFDL에서 텍사스 인스트루먼트 슈퍼컴퓨터를 관리한 보피 달의 도움과 지원에도 감사합니다. 보피와 캄라의 평생 우정에도 감사합니다.

1968년 차니와의 만남은 제 진로와 인생을 바꿔놓았습니다. 차니는 제가 MIT에 입학할 수 있도록 도와주었으며 그곳에서 지적으로 홀로 서는 법을 가르쳐주었습니다. 저는 차니와 로렌즈의 지도와 격려에 크나큰 감사의 빚을 졌습니다. 아라비아해의 해수면 온도가 몬순에 영향을 미칠지도 모른다는 생각의 씨앗을 심어준 헨리 스토멜에게도 감사합니다.

또한 차니는 제가 MIT와 나사에서 일하도록 방문교수 자리를 제안했습니다.(처음에는 뉴욕 고더드우주연구소에서, 나중에는 메릴랜드 그린벨트 고더드우주비행센터에서 근무했습니다.) 운 좋게도 그곳에서 저와 비슷한 처지이던 제리 허먼과 마이클 길을 만났습니다. 미국 시민이 아닌 제게 연방정부 고위직을 제안한 밀턴 헤일럼에게 감사합니다. 고더드에서는 데이브 애틀러스, 에우헤니아 칼나이, 밥 애틀러스, 조엘 서스킨드, 예일 민츠, 피어스 셀러스, 데이브 랜들, 제리 노스, 조앤 심프슨, 빌 라우, 요게시 수드의 끊임없는 격려와 지지를 받았습니다. 이곳에서 헤일럼, 칼나이, 애틀러스, 서스킨드의 위성 데이터 동화 연구 덕에 재분석 아이디어를 떠올릴 수 있었습니다.

메릴랜드 대학교의 동료와 공동 연구자 짐 킨터, 브라이언 도티, 마이크 페네시, 래리 마크스, 댄 파올리노, 수만트 니감, 에드 슈나이더, 데이비드 스트라우스에게 감사합니다. 이 과학자들은 제가 재분석을 도입하고 육지-대기 상호작용의 역할이 중요함을 입증하고 역학계절예측의 과학적 토대를 확립하는 세 가지 주된 아이디어를 발전시키도록 도와주었습니다. 에드 슈나이더, 래리 마크스, 댄 파올리노는 인도에 와서 제가 인도 최초로 중기 일기예보를 위한 전지구 데이터 동화·예측 시스템을 구축하도록 도와주었습니다. 모라 박사와 크리슈나무르티 박사는 트리에스테 국제이론물리센터에서 기상·기후 훈련 활동을 시작하도록 도와주었습니다.

많은 사람들이 불가능하다고 생각한 것(계절예측을 위한 독립 연구소 설립)을 달성한 짐 킨터, 에드 슈나이더, 데이비드 스트라우스에게 감사합니다. 짐 킨터와 앤 슈클라가 없었다면 독립 기관 COLA는 존재할 수 없었을 겁니다. 짐 킨터는 전 세계의 부러움을 산 COLA 연구 환경의 조성에 일조했으며 앤 슈클라는 시간의 검증을 이겨낸 재무관리 시스템을 만들었습니다. 안정된 연방정부 일자리를 그만두고 지원금에 목매는 COLA에 합류한 데이비드 스트라우스의 결단은 제게 큰 힘이 되었습니다. COLA가 조지 메이슨 대학교와 결별한 뒤 팀 델솔, 크리스티나 스탠, 쉐융캉, 그리고 메릴랜드 대학교 박사과정생 데이비드 디윗, 폴 더마이어, 황보화, 벤 커트먼은 COLA에 합류하여 이곳을 세계적으로 손꼽히는 기후연구소로 탈바꿈시켰습니다. 저보다 훨씬 똑똑한 사람들에게 둘러싸여 있는 것은 제게 일상입니다.

COLA의 새 보금자리 조지 메이슨 대학교에 합류한 COLA 과학자들과 대기해양지구과학과에 합류한 배리 클링거, V. 크리슈나무르티, 폴 쇼프, 에밀리아 진, 나탈리 벌스, 케이시 페지언, 에릭 스벤손, 데반자나 다스와 함께 일할 수 있어서 영광이었습니다. 대기해양지구과학과를 신설하고 기후역학 박사과정을 개설하여(박사과정생 55명을 졸업시켰습니다.) COLA의 대학 이전에 도움을 준 피터 스턴스, 비카스 찬도케, (나중에는) 알리 안달리비에게 지금까지도 감사합니다. 훌륭한 조교가 되어준 두 명민한 학생 애비게일 코키나키스와 몰리 리드에게 감사합니다.

여느 교사와 마찬가지로 저는 학생들이 제게 배운 것만큼이나 많은 것을 학생들에게서 배웠습니다. D. 아추타바리에르, S. 아미니, W. 앤더슨, K. 아르스노, A. 밤자이, S. 베이츠, D. 벤슨, M. 비아수티, R. 버그먼, I. 콜페스쿠, D. 다스, D. 디윗, P. 더마이어, V. 두베이, L. 푸달레, O. 고즈, A. 하즈라, H. 쉬, Y. 허우, B. 황, B. 커트먼,

E. 진, Y. 진, J. 조시, E. 라조이, J. 망가넬로, B. 나라푸세티, C. 노브레, P. 노브레, V. 놀런, X, 판, K, 페지언, P. 펑, O. 릴, R. 싱, B. 싱, A. 스리바스타바, E. 스벤손, C. 타나주라, L. 쉬, P. 야다프, R. 양, J. 주의 도움과 지지에 감사합니다.

마지막으로, 저작권 대리인 에이비타스 크리에이티브 매니지먼트의 로런 샤프를 소개해준 기후과학변호기금 사무총장 로런 커츠에게 감사합니다. 로런 샤프는 출간 제안서에서 프로젝트 완성까지 모든 과정을 솜씨 좋게 이끌어주었습니다. 공동 저자 애슐리 스팀프슨도 로런이 소개해주었습니다. 애슐리가 없었다면 이 책을 쓸 수 없었을 겁니다. 이제 우리는 좋은 친구가 되었습니다. 저는 연구할 때와 마찬가지로 모든 사건을 시간순으로 나열하여 집필하고자 했습니다. 하지만 애슐리는 제게 시간을 거슬러 올라가 생각과 감정을 묘사하라고 주문했습니다. 그러고는 저의 두서없는 생각과 추억을 아름다운 산문으로 탈바꿈시켰습니다. 이 책을 현실로 만들어준 로런, 애슐리, 그리고 편집자 피트 울버턴, 부편집자 클레어 치크, 교정·교열자 트레이시 로에게 깊이 감사합니다.

주

하나

1. "The Global Atmospheric Research Programme (GARP)." OpenSky. 2022년 12월 1일 접속. https://opensky.ucar.edu/islandora/object/archives%3A9297.

2. Loveland, George A. "Definitive Short Range Weather Forecasting." *Bulletin of the American Meteorological Society* 8, no. 10 (1927년 10월): 153-156, JSTOR.

3. *Daily Weather Map Displayed at Smithsonian*. 1858. Smithsonian Institution Archives. Photograph. https://siarchives.si.edu/collections/siris_sic_514.

둘

1. Nagaraj, Anuradha. "'Chaotic' Monsoons Threaten India's Farmers Without

Climate Action." *Reuters,* 2021년 4월 14일. www.reuters.com/article/us-india-monsoon-climate-change/chaotic-monsoons-threaten-indias-farmers-without-climate-action-idUSKBN2C117F.

2. Schilling, Mary Kaye. "India's Drought Is Killing Crops—And Pushing People to Suicide." *Newsweek*, 2018년 8월 16일. www.newsweek.com/2018/08/24/india-drought-suicides-climate-change-farmers-skulls-heat-disaster-1072699.html.

넷

1. Laskow, Sarah. "The Very First Forecast." *The Atlantic*, 2014년 11월 20일. www.theatlantic.com/technology/archive/2014/11/the-very-first-forecast/382911/.

여섯

1. Norman A. Phillips. "The Emergence of Quasi-Geostrophic Theory." *The Atmosphere—A Challenge*. Richard S. Lindzen, Edward N. Lorenz, and George W. Platzman 엮음, 177-206. Boston: American Meteorological Society, 1990. https://link.springer.com/chapter/10.1007/978-1-944970-35-2_11.

일곱

1. Witt, Stevens. "The Man Who Predicted Climate Change." *The New Yorker*, 2021년 12월 10일. www.newyorker.com/news/persons-of-interest/the-man-who-predicted-climate-change.

열하나

1. Sellers, Peter, Amnon Doucher, Yale Mintz, and Yogesh Sud. "A Simple Biosphere Model (SiB) for Use within General Circulation Models." *Journal of Atmospheric Sciences* 43, no. 6 (1986년 3월): 505-531.

2. NASA. "Taking a Global Perspective on Earth's Climate." https://climate.nasa.

gov/nasa_science/history/.

3. Bengtsson, Lennart and Jagadish Shukla. "Integration of Space and In Situ Observations to Study Global Climate Change." *Bulletin of the American Meteorology Society* 69, no. 10 (1988년 10월): 1130-1143. https://doi.org/10.1175/1520-0477(1988)069<1130:IOSAIS>2.0.CO;2.

4. Woods Hole Oceanographic Institution. "1982-1983 El Niño: The Worst There Ever Was." www.whoi.edu/science/B/people/kamaral/1982-1983ElNino.html.

열둘

1. Shukla, Jagadish, Carlos Nobre, and Piers Sellers. "Amazon Deforestation and Climate Change." *Science* 247, no. 4948 (1990년 3월): 1322-1325. 10.1126/science.247.4948.1322.

열셋

1. Acharya, Nachiketa, and Elva Bennett. "Characteristic of the Regional Rainy Season Onset over Vietnam: Tailoring to Agricultural Application." *Atmosphere* 12, no. 2 (2021년 2월): 198. https://doi.org/10.3390/atmos12020198.

2. Tall, A., M. Simon, A. Maarten, P. Suarez, Y. Ait-Chellouche, A. Diallo, and L. Braman. "Using Seasonal Climate Forecasts to Guide Disaster Management: The Red Cross Experience during the 2008 West Africa Floods." *International Journal of Geophysics 2012*, no. 2 (2012년 1월). doi:10.1155/2012/986016.

3. NOAA. "Three-month Outlooks OFFICIAL forecasts." 2015년 9월 3일 최종 수정. www.cpc.ncep.noaa.gov/products/predictions/long_range/seasonal.php?lead=1.

4. NOAA. "US Seasonal Drought Outlook." 2024년 3월 22일 최종 수정. www.drought.gov/data-maps-tools/us-seasonal-drought-outlook.

열다섯

1. Witze, Alexandra. "Our Climate Change Crisis." *Science News*, 2022년 3월 10일. www.sciencenews.org/century/climate-change-carbon-dioxide-greenhouse-gas-emissions-global-warming#the-first-climate-scientists.

2. Revelle, Roger, and Hans E. Suess. "Carbon Dioxide Exchange Between Atmosphere and Ocean and the Question of an Increase of Atmospheric CO_2 during the Past Decades." *Tellus* 9, no. 1 (1957년 2월): 18-27. https://doi.org/10.1111/j.2153-3490.1957.tb01849.x.

3. Weart, Spencer. "Climate Change Impacts: the Growth of Understanding." *Physics Today* 68, no. 9 (2015년 9월): 46-52. https://doi.org/10.1063/PT.3.2914.

4. Elliott, W., and L. Matcha. 1979. "Carbon dioxide effects: research and assessment program." 화석연료에서 배출되는 이산화탄소의 전지구적 영향에 대한 워크숍 발표, 1977년 3월 7일 플로리다주 마이애미. www.osti.gov/servlets/purl/6385084.

5. National Research Council. *Carbon Dioxide and Climate: A Scientific Assessment*. 1979. Washington, DC: The National Academies Press. https://doi.org/10.17226/12181.

6. Elliott, W., and L. Matcha. 1979. "Carbon dioxide effects: research and assessment program." 화석연료에서 배출되는 이산화탄소의 전지구적 영향에 대한 워크숍 발표, 1977년 3월 7일 플로리다주 마이애미. https://www.osti.gov/servlets/purl/638508.

7. Huddleston, Amara. "Happy 200th Birthday to Eunice Foote, Hidden Climate Science Pioneer." Climate.gov, 2019년 7월 17일. www.climate.gov/news-features/features/happy-200th-birthday-eunice-foote-hidden-climate-science-pioneer.

8. Shepherd, Marshall. "How a Woman You Never Heard of Helped Enable Modern Weather Prediction." *Forbes*, 2017년 1월 24일. www.forbes.com/sites/marshallshepherd/2017/01/24/how-a-woman-you-never-heard-of-helped-

enable-modern-weather-prediction/?sh=6f7dd893195c.

9. Sur, Abha. "The Life and Times of a Pioneer." *The Hindu*, 2021년 10월 14일. https://web.archive.org/web/20140413141835/http://hindu.com/2001/10/14/stories/1314078b.htm.

열여섯

1. IPCC. "Structure of the IPCC." 2024년 3월 23일 접속. www.ipcc.ch/about/structure/.

2. Randall, D. A., R. A. Wood, S. Bony, R. Colman, T. Fichefet, J. Fyfe, V. Kattsov, A. Pitman, J. Shukla, J. Srinivasan, R. J. Stouffer, A. Sumi, and K. E. Taylor. "Climate Models and Their Evaluation." In Solomon, S., D. Qin, M. Manning, Z. Chen, M. Marquis, K. B. Averyt, M. Tignor, and H. L. Miller (eds.) *Climate Change 2007: The Physical Science Basis. Contribution of Working Group I to the Fourth Assessment Report of the Intergovernmental Panel on Climate Change.* Cambridge, UK, and New York: Cambridge University Press.

3. Gallant, Allie, and Sophie Lewis. "Lost in Translation: Confidence and Certainty in Climate Science." *The Conversation*, 2013년 8월 22일. https://theconversation.com/lost-in-translation-confidence-and-certainty-in-climate-science-17181.

4. IPCC. *Climate Change 2007: Synthesis Report. Contribution of Working Groups I, II and III to the Fourth Assessment Report of the Intergovernmental Panel on Climate Change.* 2008. Geneva, Switzerland: Intergovernmental Panel on Climate Change. www.ipcc.ch/site/assets/uploads/2018/02/ar4_syr_full_report.pdf.

5. Merrill, Abigail, and Grace E. Hirzel, Matthew J. Murphy, Roslyn G. Imrie, and Erica L. Westerman. "Engaging the Community in Pollinator Research: The Effect of Wing Pattern and Weather on Butterfly Behavior." *Integrative and Comparative Biology* 61, no. 3 (2021년 9월): 1039-1054, https://doi.org/10.1093/

icb/icab153.

6. van Hasselt, Sjoerd, Roelof Hut, Giancarlo Allocca, Alexei L. Vyssotski, Theunis Piersma, Niels C. Rattenborg, Peter Meerlo. "Cloud Cover Amplifies the Sleep-Suppressing Effect of Artificial Light at Night in Geese." *Environmental Pollution* 573 (2021년 1월): 온라인 게시, doi:10.1016/j.envpol.2021.116444.

7. Omand, Melissa M., Deborah K. Steinberg, Karen Stamieszkin. "Cloud Shadows Drive Vertical Migrations of Deep-Dwelling Marine Life." *Proceedings of the National Academy of Sciences of the United States of America* 118, no. 32 (2021년 8월). https://doi.org/10.1073/pnas.2022977118.

열일곱

1. Brulle, Robert. "Institutionalizing Delay: Foundation Funding and the Creation of U.S. Climate Change Counter-movement Organizations." *Climatic Change* 122 (2014년 2월): 681-694. https://doi.org/10.1007/s10584-013-1018-7.

2. Walker, Joe. "Draft Global Climate Science Communications Plan." API 전지 구기후학 팀 비망록. www.documentcloud.org/documents/784572-api-global-climate-science-communications-plan.html. 2024년 3월 26일 접속.

3. Leiserowitz, A., E. Maibach, C. Roser-Renouf, G. Feinberg, and S. Rosenthal. "Climate Change in the American Mind." New Haven, CT: Yale Project on Climate Change Communication. 2017. https://climatecommunication.yale.edu/publications/global-warming-ccam-march-2015/.

4. Bastasch, Michael. "Scientists Ask Obama to Prosecute Global Warming Skeptics," *Daily Caller*, 2017년 9월 17일. https://dailycaller.com/2015/09/17/scientists-ask-obama-to-prosecute-global-warming-skeptics/#ixzz4VDSPViaL.

5. P. Greg. "Alarmists Enraged: 20 Climate Scientists Ask Obama to Use the RICO Act to Go After Global Warming Skeptics." *twitchy*, 2015년 9월 17일. https://

twitchy.com/gregp/2015/09/17/alarmists-enraged-20-climate-scientists-ask-obama-to-use-the-rico-act-to-go-after-global-warming-skeptics-n458080.

6. Briggs, William M. "Failed Climate Scientists Call For RICO Investigation To Stop Criticisms, And Non-Scientist Claims Scientists Will Cause Next Genocide." *William M. Briggs: Statistician to the Stars!* (블로그), 2015년 9월 18일. http://www.wmbriggs.com/post/16865/.

7. Delingpole, James. "Climate Scientist Caught in 'Largest Scandal in US History.'" Breitbart, 2015년 10월 2일. www.breitbart.com/politics/2015/10/02/climate-alarmist-caught-largest-science-scandal-u-s-history/.

8. Smith, Lamar. 저자에게 쓴 편지, 2017년 10월 1일. https://science.house.gov/_cache/files/4/7/474438c2-0842-4d3a-8120-98b5c94b2fa9/2B0B259715A9322FBF9F72F7D7D7DA7C.10-1-15-cls-to-shukla.pdf.

9. Union of Concerned Scientists. "Appendix B: Groups and Individuals Associated with ExxonMobil's Disinformation Campaign." *Smoke, Mirrors & Hot Air: How ExxonMobil Uses Big Tobacco's Tactics to Manufacture Uncertainty on Climate Science.* Union of Concerned Scientists, 2007. JSTOR. http://www.jstor.org/stable/resrep00046.10.

10. Corriher, Billy. "Trump's Anti-Environment Judicial Nominees Could Lead to Polluted Air and Water." *American Progress*, 2017년 7월 27일. www.americanprogress.org/article/trumps-anti-environment-judicial-nominees-lead-polluted-air-water/.

11. "Lamar Smith," Open Secrets. 2024년 3월 27일 접속. www.opensecrets.org/members-of-congress/summary?cid=N00001811&cycle=CAREER.

12. Abraham, John. "Lamar Smith, Climate Scientist Witch Hunter." *The Guardian*, 2015년 11월 11일. www.theguardian.com/environment/climate-consensus-97-per-cent/2015/nov/11/lamar-smith-climate-scientist-witch-hunter.

13. Gillis, Justin. "Clouds' Effect on Climate Change Is Last Bastion for

Dissenters." *The New York Times*, 2012년 4월 20일. www.nytimes. com/2012/05/01/science/earth/clouds-effect-on-climate-change-is-last-bastion-for-dissenters.html#:~:text=The%20scientific%20majority%20believes%20that,climate%20researcher%20at%20Texas%20A%26M.

14. Goldenberg, Suzanne. "American Tradition Institute's fight against 'environmental junk science.'" *The Guardian*, 2012년 5월 9일. www.theguardian.com/environment/2012/may/09/climate-change-american-tradition-institute.

15. Schouten, Cory. "Who Files the Most FOIA requests? It's Not Who You Think." *Columbia Journalism Review*, 2017년 3월 17일. www.cjr.org/analysis/foia-report-media-journalists-business-mapper.php.

16. "Sunday Reflection: The Collusion of the Climate Crowd." *Washington Examiner*, 2012년 7월 7일. www.washingtonexaminer.com/sunday-reflection-the-collusion-of-the-climate-crowd.

17. Halpern, Michael. *Freedom to Bully: How Laws Intended to Free Information Are Used to Harass Researchers*. Cambridge, MA: Union of Concerned Scientists, 2015. www.ucsusa.org/resources/freedom-bully.VN4xeC7ooWU.

18. Burakoff, Maddie. "Confidence in Science Fell in 2022 While Political Divides Persisted, Poll Shows." Associate Press, 2023년 6월 15일. https://apnews.com/article/trust-science-medicine-social-survey-725ab3401f27900be6cc957eec52e45e.

열여덟

1. United Nations. "Rebuilding the Ozone Layer: How the World Came Together for the Ultimate Repair Job." 2021년 9월 15일 최종 수정. www.unep.org/news-and-stories/story/rebuilding-ozone-layer-how-world-came-together-ultimate-repair-job.

2. Shendruk, Amanda. "Tired of Feeling Hopeless About Climate Change?

Take a Look at These Graphs." *The Washington Post*, 2023년 9월 6일. www.washingtonpost.com/opinions/2023/09/06/climate-change-charts-data-optimism/.

3. Fasching, Elesia. "Wind, Solar, and Batteries Increasingly Account for More New U.S. Power Capacity Additions." *Today in Energy, U.S. Energy Information Administration*, 2023년 3월 6일. www.eia.gov/todayinenergy/detail.php?id=55719.

찾아보기

기타

내일 날씨는 맑음

날씨의 장기 예측을 가능케 한 어느 기후학자 이야기

1판 1쇄 찍음 2026월 4월 10일
1판 1쇄 펴냄 2026년 4월 20일

지은이 자가디시 슈클라
옮긴이 노승영

편집 최예원 박아름 최고은
미술 김낙훈 한나은 김혜수
전자책 이미화
마케팅 정대용 허진호 김채훈 홍수현
　　　 이지원 이지혜 이호정
홍보 이시윤 김유경
저작권 한문숙 전은서 이지민
제작 임지헌 김한수 임수아 권순택
관리 박경희 김지현 박성민

펴낸이 박상준
펴낸곳 반비

출판등록 1997. 3. 24.(제16-1444호)
(06027) 서울시 강남구 도산대로1길 62
강남출판문화센터
대표전화 515-2000
팩시밀리 515-2007
편집부 517-4263 팩시밀리 514-2329

한국어판 ⓒ (주)사이언스북스, 2026.
Printed in Seoul, Korea.

ISBN 979-11-24336-84-7 (03450)

반비는 민음사출판그룹의 인문·교양
브랜드입니다.

만든 사람들
책임편집 최고은
디자인 김혜수
조판 순순아빠